普通高等教育 "十二五" 规划教材

湖北省计算机系列优秀教材

# 大学计算机基础

主　编　郑军红
副主编　张光忠
参　编　杜芸芸　李光军　茅　洁
　　　　张　剑　陈　奇　赵　广

U0250357

WUHAN UNIVERSITY PRESS

武汉大学出版社

**图书在版编目(CIP)数据**

大学计算机基础/郑军红主编. —武汉:武汉大学出版社,2012.8
普通高等教育"十二五"规划教材
湖北省计算机系列优秀教材
ISBN 978-7-307-10085-5

Ⅰ.大… Ⅱ.郑… Ⅲ.电子计算机—高等学校—教材 Ⅳ.TP3

中国版本图书馆 CIP 数据核字(2012)第 189798 号

责任编辑:林 莉 责任校对:王 建 版式设计:支 笛

出版发行:**武汉大学出版社** (430072 武昌 珞珈山)
　　　　　　(电子邮件:cbs22@whu.edu.cn 网址:www.wdp.com.cn)
印刷:武汉珞珈山学苑印刷有限公司
开本:787×1092 1/16 印张:22.75 字数:578 千字 插页:1
版次:2012 年 8 月第 1 版 2013 年 1 月第 2 次印刷
ISBN 978-7-307-10085-5/TP·447 定价:39.00 元

　　随着计算机的普及和计算机科学技术的迅猛发展，计算机已经成为人们日常工作和生活中不可或缺的工具。掌握计算机应用基础，提高计算机的使用能力成为高等院校培养人才的基本要求之一。

　　当前，我国计算机基础教学正进入一个新的发展阶段，随着我国计算机教育在中学阶段普及与发展，越来越多大学新生的计算机基础水平逐渐摆脱"零起点"，计算机基础课程逐渐发展变化成为有大学课程特色的"大学计算机基础"。为了正确指导高等院校的计算机基础教学，教育部发布了《高等学校文科类专业大学计算机教学基本要求》和《高等学校计算机基础教学发展战略研究报告暨计算机基础课程教学基本要求》，提出大学计算机教学基本目标是培养学生掌握一定的计算机基础知识，具备使用计算机工具处理日常事务的基本能力，具备相应网络应用能力、信息处理能力，能利用计算机相关技术及工具解决本专业领域中的问题。要求大学计算机基础教学内容包含计算机发展与社会、计算机系统组成、操作系统及应用、办公软件应用、多媒体应用基础、计算机网络基础、信息安全等方面的内容。

　　为了更好地实施大学计算机基础教学，本教材编写组成员组成课题研究小组，历时1年半，在广泛调查研究的基础上，通过多次研讨论证，最后确定了本教材的章节内容，希望本书能为广大读者提供有益的帮助。为了帮助读者学习本书中的知识，我们另外编写了一本《大学计算机应用基础实训》，作为本书的配套参考书共同出版。

　　本书共10章，其中第一章介绍了计算机及基础知识，第二章介绍了计算机系统组成，第三章介绍了微机操作系统及应用，第四章介绍了计算机网络应用基础，第五章介绍了Internet基本应用，第六章介绍了多媒体知识与应用基础，第七章介绍了Word文字处理，第八章介绍了Excel电子表格，第九章介绍了PowerPoint演示文稿，第十章介绍了信息安全基础。读者可以根据自己的实际情况，有针对性地选择相应的章节进行学习，授课教师也可以根据教学班级的实际情况，选择相关章节组织教学。

　　本书从基础应用出发，图文并茂，内容详实、步骤清晰、通俗易懂，有利于培养读者的知识应用能力和实际操作技能。本书可作为本科、高职高专等各院校的计算机公共基础课教材，也可以作为成人教育、计算机培训教材，也可以供广大计算机爱好者学习和参考。

　　本书由郑军红主编，张光忠副主编，本书各章节编写人员如下：第一章（张光忠），第二章（郑军红、张光忠），第三章（张光忠），第四章（张剑），第五章（郑军红、陈奇），第六章（郑军红、张光忠）、第七章（杜芸芸）、第八章（李光军）、第九章（茅洁）、第十章（郑军红、陈奇），全书由郑军红修改定稿。

普通高等教育［十二五］规划教材

本书在编写的过程中，得到了武汉大学出版社的大力支持与帮助，在此表示衷心感谢！

在编写本书时，作者参考了参考文献中所列举的书籍和其他资料，在此向这些书籍的作者表示诚挚的感谢。

本书肯定有不足之处，竭诚希望得到广大读者的批评指正。

作　者

2012 年 7 月

# 目　　录

普通高等教育『十二五』规划教材

1

普通高等教育「十二五」规划教材

# 第1章 计算机基础知识

**【学习目的与要求】**

了解计算机的发展简史及其应用领域和发展趋势；掌握数制的概念及不同进制数之间的转换；掌握计算机常用的 ASCⅡ码、汉字编码、机器数、补码、浮点数的表示方法；了解计算机的分类、计算机文化概念；了解信息与信息化社会及信息道德规范要求；了解信息素养及特征、知识产权相关知识。

## 1.1 计算机概述

### 1.1.1 计算机的概念

计算机是一种能按照事先存储的程序，自动、高速进行大量数值计算和各种信息处理的现代化智能电子装置。计算机不仅能自动、高速、精确地进行信息处理，还具有存储、记忆信息、判断推理等功能，在很大程度上能够代替人的部分脑力劳动，具备类似人脑的"思维能力"，因此，也称为"电脑"。计算机的广泛应用标志着信息化时代的到来，它对社会、商业、政治以及人际的方式产生了深远的影响。计算机的迅速发展，推动了人类的智力解放，使科技、生产、社会和人类活动发生了重大变化，人们利用计算机能高效解决科学计算、工程设计、经营管理、过程控制、人工智能等各种问题。

### 1.1.2 计算机的发展

**1. 计算机的发展过程**

（1）早期计算机

在远古，人类的祖先没有计算工具，采用石子、绳结来计数。随着社会的发展，计算的问题越来越多，石子、绳结已不能适应社会的需要，于是人们发明了计算工具。公元前 5 世纪，中国人发明了算盘，广泛应用于商业贸易中，算盘被认为是最早的计算机，并一直使用至今。算盘的发明体现了中国人民无穷的智慧。

1642 年，法国人 Blaise Pascal 发明了自动进位加法器，能够进行 8 位加减运算。1822 年，英国人 Charles Babbage 设计出了差分机，其设计理论非常超前，类似于百年后的电子计算机。1834 年，Babbage 发明了分析机，在只读存储器中存储程序和数据。

早期的计算机都是基于机械运行方式，尽管有个别产品开始引入一些电学内容，却都是从属与机械的。

（2）现代电子计算机发展过程

1946 年，美国政府和宾夕法尼亚大学合作研发了第一台电子数字计算机(Electronic Numerical Integrator and Computer，简称 ENIAC)，如图 1-1 所示，标志着人类进入电子计算机时代。ENIAC 体积庞大，占地面积 170 多平方米，重达 30 多吨，使用了 18 000 个电子管，70 000 个电阻器，其运算速度为每秒 5 000 次，最多保存 80 个字节。

图 1-1    世界第一台计算机 ENIAC

自第一台电子计算机问世以来，计算机科学与技术以前所未有的速度迅猛发展，在社会生活中的各个领域得到了广泛的应用。计算机的主要电子元件也由早期的电子管发展到现今的大规模和超大规模集成电路，根据计算机采用的物理元器件可以将计算机的发展划分为四代。

第一代（1946—1958 年）是电子管计算机。计算机使用的主要电子元件是电子管，主存储器先采用水银延迟线，后来采用磁芯，外存储器使用磁带，使用机器语言和汇编语言编写程序。电子管计算机体积大、运算速度低（一般每秒几千次到几万次）、成本高、可靠性差、内存容量小，这一时期的计算机主要用于科学计算、军事和科学研究领域。

第二代（1959—1964 年）是晶体管计算机。计算机使用的主要电子元件是晶体管，主存储器采用磁芯，外存储器使用磁带、磁盘，开始出现了以批处理为主的操作系统，软件有了很大发展，出现了各种各样的高级语言及其编译程序。与电子管计算机现比，晶体管计算机体积较少、运算速度快（一般每秒几十万次到百万次）、可靠性好、性能稳定、内存容量增大，这一时期的计算机应用逐渐扩展到数据处理和事务处理等方面，并开始用于自动控制。

第三代（1965—1970 年）是集成电路计算机。计算机使用中小规模集成电路作为逻辑元件，主存储器仍采用磁芯，外存储器使用磁盘。软件逐渐完善，分时操作系统、会话式语言等多种高级语言都有新的发展。与晶体管计算机相比，这一时期的计算机体积更加小型化、耗电量更少、可靠性和内存容量进一步提高、运算速度更快（一般每秒百万次到几百万次）、性能更稳定。计算机应用领域日益扩大，被广泛用于科学计算、数据处理、事务管理和工业控制等领域。

第四代（1971 年至今）是大规模和超大规模集成电路计算机。计算机主要逻辑元件和主存储器都采用了大规模集成电路，主存储器仍采用半导体存储器，外存储器使用大容量软盘、硬盘和光盘，软件方面，操作系统更加完善，出现了数据库管理系统和通信软件，计算机的发展进入网络时代。这一时期的计算机运算速度极快（一般每秒百万次到几万亿次）、存储容量和可靠性很高，功能更加全面。计算机不仅向巨型机方面发展外，还向超小型机和微型机方面发展。计算机广泛应用社会的各个领域。

**2. 微型计算机的发展**

由于大规模集成电路技术和计算机技术的飞速发展，计算机开始朝着微型化方向发展，自从 1971 年微处理器和微型计算机问世以来，微型计算机就得到了异乎寻常的发展，按照其 CPU 字长和功能来划分，微型计算机的发展可以简单地划为五代。

第一代(1971—1973 年)是 4 位或低档 8 位微处理器和微型机。第一代微型机采用 PMOS 工艺，基本指令时间约为 10~20μS，字长 4 位或 8 位，指令系统比较简单，运算功能较差，速度较慢，系统结构仍然停留在台式计算机的水平上，软件主要采用机器语言或简单的汇编语言。

第二代（1973—1978 年）是中档的 8 位微处理器和微型机。第二代微型机采用 NMOS 工艺，集成度提高了 1~4 倍，运算速度提高 10~15 倍，基本指令执行时间约为 1~2μS，指令系统比较完善，已具有典型的计算机系统结构以及中断、DMA 等控制功能，寻址能力也有所增强，软件除采用汇编语言外，还配有 BASIC，FORTRAN 等高级语言及其相应的解释程序和编译程序，并在后期开始配上操作系统。

第三代（1978—1981 年）是 16 位微处理器和微型机。第三代微型机采用 HMOS 工艺，基本指令时间约为 0.05μS，其各项性能都比第二代微型机有了很大的提高。第三代微型机具有丰富的指令系统，采用多级中断系统、多重寻址方式、多种数据处理形式、段式寄存器结构、乘除运算硬件，电路功能大为增强，并都配备了强有力的系统软件。

第四代(1985—2003 年)是 32 位微处理器和微型机。第四代微型机采用 HMOS 或 CMOS 工艺，具有 32 位地址线和 32 位数据总线。每秒钟可完成 600 万条指令，微型机的功能与超级小型计算机相当，能胜任多任务、多用户的作业。

第五代(2003 年至今)是 64 位微处理器和微型机。2003 年 9 月，AMD 公司发布了面向台式机的 64 位微处理器 Athlon 64 和 Athlon 64 FX，标志着 64 位微型机时代的到来。

**3. 未来计算机的发展趋势**

未来计算机将以超大规模集成电路作为逻辑元件，逐渐朝着巨型化、微型化、网络化和智能化的方向发展。

（1）巨型化

巨型化是指运算速度高、存储容量大、可靠性高、功能更完善的计算机系统。巨型计算机的运算速度达到每秒百亿次以上，内存容量达到近千兆字节以上。例如，2010 年我国自主研发的"天河一号"超级计算机，其运算速度达到每秒钟 4 700 万亿次，成为当时世界运算速度最快的超级计算机；2011 年日本研制的超级计算机"京"，其运算速度相当于中国"天河一号"超级计算机的 3 倍。巨型计算机主要用于尖端科学技术研究、军事国防系统的研发和其他新兴的研究领域。

（2）微型化

微型化是指体积小、功能强、可靠性高、携带方便、价格便宜、使用方便、应用范围更广的计算机系统。由于超大规模集成电路的出现，计算机微型化发展十分迅速，目前，许多仪表，家用电器中都安装了微型机电脑芯片，实现了仪器设备的控制智能化。微型机除了台式微机外，还有笔记本计算机，掌上型电脑，手表型电脑等。

（3）网络化

网络化是指利用现代通信技术，将位于不同地点的众多计算机互联，形成一个规模庞大、功能多样的网络系统，实现了信息的互相传递和资源共享。计算机用户通过网络可以随时随地接收各种信息资源，目前，许多国家都在开发三网合一的系统工程，将计算机网、电信网和有线电视网合成为一个整体，实现资源和信息的最优化利用。

（4）智能化

智能化是让计算机模拟人的感觉、行为、思维过程。智能化的研究领域很多，主要包括模式识别，物性分析，自然语言的生成和理解，定理的自动证明，自动程序设计，专家系统，学习系统，智能机器人等。计算机智能化涉及的内容很广泛，需要对数学，信息论，控制论，计算机逻辑，教育学，生理学，哲学等多方面进行综合研究。智能化最终是让计算机不仅具备视觉、听觉、语言、行为和思维的能力，还具备学习，逻辑推理及证明等能力，从而替代人进行工作。

未来，计算机技术可能会向着纳米技术、光技术、生物技术、量子技术和超导技术方向发展，最终研制出纳米计算机、光子计算机、生物计算机和量子计算机和超导计算机。

## 1.1.3 计算机的主要特点

（1）运算速度快

运算速度是计算机的一个重要性能指标。计算机能以极快的速度进行计算，现在普通的微型计算机每秒可执行几十万条指令，而巨型机则达到每秒几千亿次甚至几万亿次。计算机高速运算的能力极大地提高了工作效率，把人们从浩繁的脑力劳动中解放出来。过去用人工旷日持久才能完成的计算，计算机在"瞬间"即可完成。曾有许多数学问题，由于计算量太大，数学家们终其毕生也无法完成，使用计算机则可轻易地解决。

（2）运算精度高

电子计算机具有无法比拟的计算精度，目前已达到小数点后上亿位的精度。在科学研究和工程设计中，对计算的结果精度有很高的要求。一般的计算工具只能达到几位有效数字，使用计算机对数据进行处理，其精度可达到十几位、几十位有效数字，利用计算机可以计算出精确到小数 200 万位。

（3）存储容量大

计算机的存储器可以存储大量数据，这使计算机具有了"记忆"功能。目前计算机的存储容量越来越大，已高达千兆数量级的容量。计算机不仅可以把参与运算的数据、程序、结果以及运算过程中产生的中间数据保存起来，还能存储庞大的多媒体信息。

（4）具有记忆和逻辑判断功能

计算机的运算器除了能够完成基本的算术运算外，还具有进行比较、判断等逻辑运算的功能。计算机可以借助于逻辑运算进行逻辑判断，并根据判断结果自动地确定下一步该做什么。

（5）具有自动控制能力

计算机的工作方式是将程序和数据先存放在机内，工作时按程序规定的操作，一步一步地自动完成，一般无须人工干预，因而自动化程度高。计算机启动工作后就可以不在人参与的条件下自动完成预定的全部处理任务。

### 1.1.4　计算机的分类

随着计算机科学与技术的快速发展，计算机的应用领域也越来越多，各种用途的新型计算机也不断地出现，因此，计算机的分类方法也多种多样。

**1. 按对信息的处理方式分类**

可分为模拟计算机和数字计算机两大类。

模拟计算机中，参与运算的数值由不间断的连续量表示，输入的运算量一般是电压、电流等连续的物理量，输出结果仍是连续的物理量，其运算过程是连续的。模拟计算机由于受元器件质量影响，其计算精度较低，应用范围较窄。

数字计算机中，参与运算的数值用断续的数字量表示，其运算过程按数字位进行计算，输入的运算量是离散的数字量，输出结果是数值。数字计算机由于具有逻辑判断等功能，是以近似人类大脑的"思维"方式进行工作，目前，我们的使用的计算机大多是数字计算机。

**2. 按用途分类**

可分为专用计算机和通用计算机两大类。

专用计算机是为某种特定目的所设计制造的计算机，功能单一，针对某类问题能显示出最有效、最快速和最经济的特性，但它的适应性较差，不适于其他方面的应用。例如，在导弹和火箭上使用的计算机很大部分就是专用计算机。这些东西就是再先进，你也不能用它来玩游戏。

通用计算机是目前广泛应用的计算机，功能多样，适应性很强，应用面很广，可用于解决各类问题，但其运行效率、速度和经济性依据不同的应用对象会受到不同程度的影响。

**3. 按规模和性能分类**

可分为巨型机、大型机、小型机、微型机及单片机五大类。这些类型之间的基本区别通常在于其体积大小、结构复杂程度、功率消耗、性能指标、数据存储容量、指令系统等方面的不同。

巨型计算机是一种超大型的电子计算机，运算速度很高，可达每秒执行几亿条指令，数据存储容量很大，规模大结构复杂，价格昂贵，主要用于大型科学计算、重大科学研究和尖端科技领域。巨型计算机也是衡量一个国家科学实力的重要标志之一。

大型计算机在计算速度、存储容量、规模结构等方面稍弱于巨型计算机，主要用于商业处理、大型数据库和数据通信等领域。

小型计算机在性能上比较接近大型计算机，但其规模结构、体积与功耗明显低于大型计算机，小型计算机主要用于企事业单位和科研院所。

微型计算机是目前使用最广泛的一种计算机，体积小、性能可靠、功能全面、操作方便，普遍用于社会生活的各个领域。

单片机是由一片集成电路制成，其体积小，重量轻，结构十分简单，主要用于某个特定目的。

**4. 按机器字长分类**

可分为 8 位机、16 位机、32 位机、64 位机类。在计算机中，字长是衡量计算机性能的主要指标之一。一般巨型计算机的字长在 64 位以上，微型计算机的字长在 16～64 之间。

### 1.1.5 计算机的应用领域

计算机用途及其广泛，能应用于社会生活中的各个领域，例如科学研究、军事技术、工农业生产、文化教育、办公自动化等各个方面，归纳起来有以下几个方面。

**1. 科学计算（数值计算）**

科学计算是指应用计算机处理科学研究和工程技术中所遇到的数学计算，是计算机最重要的应用之一。工程设计，地震预测，气象预报，火箭发射等都需要由计算机承担庞大复杂的计算任务。计算机高速度，高精度的运算能力可解决过去靠人工无法解决的问题，如气象预报的精确化，以及高能物理实验数据的实时处理等，都要依据计算机才能得以实现。计算机的运行能力和逻辑判断的能力，改变了某些学科传统的研究方法，促成了计算力学，计算物理，计算化学，生物控制论和按需要设计新材料等新学科的出现。在社会研究领域，由于变量多，随机因素多，长期停留在定性研究阶段，计算机将社会科学的定性研究和定量研究逐步结合起来，使社会科学的研究方法更加科学化。

**2. 信息处理(数据管理)**

信息处理是对原始数据进行收集、整理、分类、选择、存储、制表、检索、输出等的加工过程。信息处理是计算机应用的一个重要方面，涉及的范围和内容十分广泛，如自动阅卷、图书检索、财务管理、生产管理、医疗诊断、编辑排版、情报分析等。计算机用于信息管理，为管理自动化、办公自动化创造了条件。

**3. 过程控制 （实时控制）**

过程控制是指及时搜集检测数据，按最佳值对事物进程的调节控制，如工业生产的自动控制。利用计算机进行过程控制，既可提高自动化水平，保证产品质量，也可降低成本，减轻劳动强度。

利用计算机及时采集数据、分析数据、制定最佳分案、进行自动控制，不仅可大大提高自动化水平、减轻劳动强度，还可以提高产品质量及产品合格率。在冶金、机械、石油、化工、电力等行业，计算机过程已经得到十分广泛的应用，并获得了非常好的效果。

**4. 计算机辅助工程**

（1）计算机辅助设计（CAD）。利用计算机高速运算、大容量存储和图形处理功能，辅助设计人员进行产品设计。计算机辅助设计技术已广泛应用于电路设计、机械设计、土木建筑设计以及服装设计等各个方面，不仅提高了设计速度，还提高了产品设计质量。

（2）计算机辅助制造（CAM）。在制造业中，利用计算机控制机床和设备，自动完成产品的加工、装配、检测和包装等过程。

（3）计算机辅助教学（CAI）。通过学生与计算机系统之间的对话，实现教学过程，计算机辅助教学使教学内容生动、形象、逼真，模拟其他手段难以做到的动作和场景，通过交互帮助学生自学、自测，可满足不同层次人员对教学的不同要求。

（4）其他计算机辅助系统。利用计算机作为辅助工具，可以促进多种生产活动，例如，计算机辅助测试（CAT）可以进行产品测试；计算机辅助教育（CBE）可以对教学、训练和教学事务进行管理；计算机辅助出版系统（CAP）可以对文字、图像等信息进行编辑、排版。当前，人们已经把计算机辅助设计（CAD）、辅助制造(CAM)和辅助测试(CAT)联系在一起，组成了设计、制造、测试的集成系统，形成了高度自动化的"无人"生产系统。

### 5. 办公自动化

由于计算机技术的普及与应用，人们借助计算机的信息处理技术和网络通信技术，将企事业单位管理行为与办公活动纳入到自动化轨道，实现网络化办公和无纸化办公。

### 6. 人工智能

利用计算机模拟人类智力活动，以替代人类部分脑力劳动，人工智能是计算机智能化发展的趋势。人工智能主要应用在机器人、专家系统、模式识别、自然语言理解、机器翻译，定理证明等方面，智能计算机作为人类智能的辅助工具，将被越来越多地用到人类社会的各个领域。例如，智能机器人具备人类的某些智能，使它具有"视听"、"学习"、"联想"和"推理"的功能，可以代替人类去一些恶劣的环境进行探索。

### 7. 通信与网络

计算机技术与通信技术的结合构成了计算机网络。计算机通信和网络应用的发展将处在不同地域的计算机用通信线路连接起来，配以相应的软件，有效地促进了各类数据的传输与处理，达到了资源共享的目的。人们通过网络可以进行信息发布、文件检索、电子邮件、IP 电话、远程应用、即时通虚拟社区、电子商务、娱乐休闲等，网络使我们的世界变小。

### 8. 计算机在体育方面的应用

计算机在体育中的应用是指利用计算机网络、计算机软件、体育数学建模、数据库、多媒体、人工智能、计算机仿真、虚拟现实等技术在体育领域中的应用，主要包括体育信息管理、辅助训练、比赛分析、运动竞赛等方面。

## 1.2 计算机中常用的数制

在计算机中，尽管可以使用各种形式的信息数据，但这些信息数据在计算机内部是以二进制形式表示的，因此，二进制是计算机内部存储和数据处理的基本形式。计算机中采用二进制的主要原因如下：

（1）符合电路状态

计算机是由逻辑电路组成的，逻辑电路通常只有两个状态。例如开关的接通和断开，晶体管的饱和与截止，电压的高与低等。这两种状态正好用来表示二进制的两个数码 0 和 1。若是采用十进制，则需要有十种状态来表示十个数码，实现起来比较困难。

（2）计算简单

二进制数的运算规则简单，无论是算术运算还是逻辑运算都容易进行，采用二进制可以简化计算机的运算器结构，另外，二进制数码 1 和 0 正好与逻辑代数中的真（true）和假（false）相对应，因此，用二进制来表示值逻辑，进行逻辑运算十分方便。

（3）可靠性高

两种状态表示两个数码，数码在传输和处理中不容易出错，更加可靠。

### 1.2.1 进位计数制

数制也称计数制，是指用一组固定的符号和统一的规则来表示数值的方法。按进位的方法进行计数，称为进位计数。在日常生活中，人们最常用的是十进位计数制，即按照"逢十进一"的原则进行计数。

普通高等教育『十二五』规划教材

（1）数码

一组用来表示某种数制的符号。例如十进位计数中的 0、1、2、3、4、5、6、7、8、9 等。

（2）基数

在进位计数制中，每个数位上所能使用的数码的个数称为基数，例如中，每个数位上可以使用的数码为十个数码，其基数为十。

（3）位权

是指在某种进位计数制中，每个数位上的数码所代表的数值的大小，等于在这个数位上的数码乘上一个固定的数值，这个固定的数值就是这种进位计数制中该数位上的位权。数码所处的位置不同，代表的大小也不同。例如在十进位计数制中，小数点左边第一位为个位数，其位权为 1，第二位为十位数，其位权为 10，第三位是百分位数，其位权为 $10^2$；小数点右边第一位是十分位数，其位权为 $10^{-1}$，第二位是百分位数，其位权为 $10^{-2}$。

## 1.2.2　几种常用的进位计数制

进位计数制很多，这里主要介绍与计算机技术相关的几种常用进位计数制。

**1. 十进制**

十进位计数制简称十进制。十进制数具有以下特点：

① 由 0、1、2、3、4、5、6、7、8、9 十个数码组成。

② 基数为 10，权为 $10^n$。

③ 运算规则为"逢十进一，借一当十"。

十进制数可以表示成按"权"展开的多项式，形式如下：

$D=D_{n-1}\times 10^{n-1}+D_{n-2}\times 10^{n-2}+\cdots+D_1\times 10^1+D_0\times 10^0+D_{-1}\times 10^{-1}+\cdots+D_{-m}\times 10^{-m}$

例如，$(123.456)_{10}=1\times 10^2+2\times 10^1+3\times 10^0+4\times 10^{-1}+5\times 10^{-2}+6\times 10^{-3}$。

在计算机中，数据的输入和输出一般采用十进制数。

**2. 二进制**

二进制计数制简称二进制，二进制数具有以下特点：

① 由 0 和 1 两个数码组成。

② 基数为 2，权为 $2^n$。

③ 运算规则为"逢二进一，借一当二"。

二进制数成按"权"展开的多项式形式如下：

$B=B_{n-1}\times 10^{n-1}+B_{n-2}\times 10^{n-2}+\cdots+B_1\times 10^1+B_0\times 10^0+B_{-1}\times 10^{-1}+\cdots+B_{-m}\times 10^{-m}$

例如，$(100.10)_2=1\times 2^2+0\times 2^1+0\times 2^0+1\times 2^{-1}+0\times 2^{-2}$。

在计算机内部，数据的存储和运算都采用二进制。

**3. 八进制**

八进制计数制简称八进制，八进制数具有以下特点：

① 由 0、1、3、4、5、6、7 八个数码组成。

② 基数为 8，权为 $8^n$。

③ 运算规则为"逢八进一，借一当八"。

八进制数按"权"展开的多项式形式如下：

$O=O_{n-1}\times 10^{n-1}+O_{n-2}\times 10^{n-2}+\cdots+O_1\times 10^1+O_0\times 10^0+O_{-1}\times 10^{-1}+\cdots+O_{-m}\times 10^{-m}$

例如，$(100.10)_8=1\times8^2+0\times8^1+0\times8^0+1\times8^{-1}+0\times8^{-2}$。

八进制数是计算机中常用的一种数制，可以弥补二进制数书写位数过长的不足。

**4. 十六进制**

十六进位计数制简称为十六进制，具有以下特点：

① 由 0，1，2，3，4，5，6，7，8，9，A，B，C，D，E，F，十六个数码组成，其中，A~F 六个英文字母表示数值 10~15。

② 基数为 16，权为 $16^n$。

③ 运算规则为"逢十六进一，借一当十六"。

十六进制数按"权"展开的多项式形式如下：

$$H=H_{n-1}\times10^{n-1}+H_{n-2}\times10^{n-2}+\cdots+H_1\times10^1+H_0\times10^0+H_{-1}\times10^{-1}+\cdots+H_{-m}\times10^{-m}$$

例如，$(3AB.4B)_{16}=3\times16^2+10\times16^1+11\times16^0+4\times16^{-1}+B\times16^{-2}$。

十六进制数是计算机常用一种计数方法，通常用来表示计算机存储单元的地址。

## 1.2.3 不同进位计数制之间的转换

不同进位计数制之间的转换，实质是基数之间的转换，在进行转换时，应分别对整数部分和小数部分单独进行转换。

**1. R 进制数（非十进制数）转换成十进制数**

非十进制数转换成十进制数的方法：直接将非十进制数按权展开求和。

例如：

$$
\begin{aligned}
(110101)_2 &=1\times2^5+1\times2^4+0\times2^3+1\times2^2+0\times2^1+1\times2^0\\
&=32+16+0+4+0+1\\
&=(53)_{10}
\end{aligned}
$$

$$
\begin{aligned}
(1101.101)_2 &=1\times2^3+1\times2^2+0\times2^1+1\times2^0+1\times2^{-1}+0\times2^{-2}+1\times2^{-3}\\
&=8+4+0+1+0.5+0+0.125\\
&=(13.625)_{10}
\end{aligned}
$$

$$
\begin{aligned}
(305)_8 &=3\times8^2+0\times8+5\times8^0\\
&=192+5\\
&=(192)_{10}
\end{aligned}
$$

$$
\begin{aligned}
(456.124)_8 &=4\times8^2+5\times8^1+6\times8^0+1\times8^1+2\times8^2+4\times8^3\\
&=256+40+6.125+0.03125+0.0078125\\
&=(302..1640625)_{10}
\end{aligned}
$$

$$
\begin{aligned}
(2A4E)_{16} &=2\times16^3+10\times16^2+4\times16^1+14\times16^0\\
&=8192+2560+64+14\\
&=(10830)_{10}
\end{aligned}
$$

$$
\begin{aligned}
(32CF.48)_{16} &=3\times16^3+2\times16^2+13\times16^1+15\times16^0+4\times16^{-1}+8\times16^{-2}\\
&=12288+512+192+15+0.25+0.03125\\
&=(13007.28125)_{10}
\end{aligned}
$$

**2. 十进制数转换成 R 进制数（非十进制数）**

把十进制转换成其他 R 十进制数的方法：整数转换用"除 R 取余"，小数转换用"乘 R 取整"。"除 R 取余"是将十进制数的整数部分连续地处以 R 取余数，直到商为 0，余数从右往左排列，首次取得的余数排在最右边。"乘R取整"是将十进制小数部分不断地乘以R取整数，直到小数部分为0或达到要求的精度为止，取得的整数在小数点后从左往右排列，首次取得的数排在最左边。

【例1.1】 将十进制数$(125.6875)_{10}$转换成二进制数，转换过程如下：

即$(125.6875)_{10}=(1111101.1011)_2$

【例1.2】 将十进制数$(1725.703125)_{10}$转换成八进制数，转换过程如下：

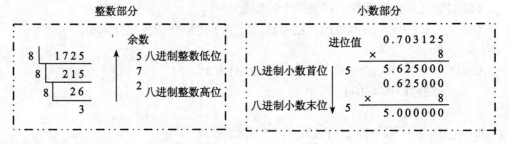

即$(1725.703125)_{10}=(3275.55)_8$

【例1.3】 将十进制数$(12345.671875)_{10}$转换为十六进制数，转换过程如下：

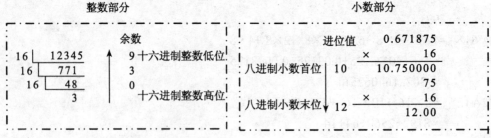

即$(12345.671875)_{10}=(3039.AC)_{16}$

**3. 二进制、八进制和十六进制数之间的相互转换**

由于$8^1=2^3$，即1位八进制数相当于3位二进制数，因此，当将八进制数转换成二进制数时，应需以小数点为界，向左或向右每1位八进制用相应的3位二进制数取代即可。如果不足三位，可用零补足。反之，二进制数转换成相应的八进制数，应以小数点为界，向左或向右每3位二进制数用相应的1位八进制数取代。

同样，$16^1=2^4$，即 1 位十六进制数相当于 4 位二进制数，因此，当将十六进制数转换成二进制数时，应需以小数点为界，向左或向右每 1 位十六进制数用相应的 4 位二进制数取代即可。如果不足三位，可用零补足。反之，二进制数转换成相应的十六进制数，应以小数点为界，向左或向右每 4 位二进制数用相应的 1 位十六进制数取代。

二进制、八进制和十六进制数之间的相互转换关系如表 1-1 所示。

表 1-1　　　　　　　十进制、二进制、八进制和十六进制数之间的相互转换关系

| 十进制 | 二进制 | 八进制 | 十六进制 | 十进制 | 二进制 | 八进制 | 十六进制 |
|---|---|---|---|---|---|---|---|
| 0 | 0000 | 0 | 0 | 9 | 1001 | 11 | 9 |
| 1 | 0001 | 1 | 1 | 10 | 1010 | 12 | A |
| 2 | 0010 | 2 | 2 | 11 | 1011 | 13 | B |
| 3 | 0011 | 3 | 3 | 12 | 1100 | 14 | C |
| 4 | 0100 | 4 | 4 | 13 | 1101 | 15 | D |
| 5 | 0101 | 5 | 5 | 14 | 1110 | 16 | E |
| 6 | 0110 | 6 | 6 | 15 | 1111 | 17 | F |
| 7 | 0111 | 7 | 7 | 16 | 10000 | 20 | 10 |
| 8 | 1000 | 10 | 8 | | | | |

【例 1.4】　将八进制数$(714.431)_8$转换成二进制数。

$$\underset{111}{7}\quad\underset{001}{1}\quad\underset{100}{4}\quad\bullet\quad\underset{100}{4}\quad\underset{011}{3}\quad\underset{001}{1}$$

即$(714.431)_8 = (111001100.100011001)_2$

【例 1.5】　将二进制数$(11101110.00101011)_2$转换成八进制数

$$\underset{3}{011}\quad\underset{5}{101}\quad\underset{6}{110}\quad\bullet\quad\underset{1}{001}\quad\underset{2}{010}\quad\underset{6}{110}$$

即$(11101110.00101011)_2 = (356.126)_8$

【例 1.6】　将十六进制数$(1AC0.6D)_{16}$转换成相对应的二进制数。

$$\underset{0001}{1}\quad\underset{1010}{A}\quad\underset{1100}{C}\quad\underset{0000}{0}\quad\bullet\quad\underset{0110}{6}\quad\underset{1101}{D}$$

即$(1AC0.6D)_{16}= (1101011000000.01101101)_2$

【例 1.7】　将二进制数$(10111100101.00011001101)_2$转换成相对应的十六进制数。

$$\underset{5}{0101}\quad\underset{E}{1110}\quad\underset{5}{0101}\quad\bullet\quad\underset{1}{0001}\quad\underset{9}{1001}\quad\underset{A}{1010}$$

即$(10111100101.00011001101)_2 = (5E5.19A)_{16}$

## 1.2.4　数值型数据在计算机中的表示

计算机中，数值型数据分为整数和实数两类。整数是指没有小数部分的数，不使用小数点（或者小数点隐含在个位数的右边，因此也称为定点数）。实数是指带有小数部分的数，使用小数点，也称为浮点数。

### 1. 整数在计算机中的表示

在计算机中，整数是以二进制补码的形式存放的。整数可以分为两类：不带符号的整数和带符号的整数，不带符号的整数通常用来表示非负数，带符号的整数必须使用一个二进制位作为其符号位，通常将二进制的首位（最左边的一位）作为符号位，其余的位表示整数的实际数值。由于计算机不能直接识别"+"和"−"，因此，计算机中规定用"0"表示"+"，用"1"表示"−"。

在计算机中，一个数被表示成二进制形式，称为该数机器数，这个数的本身（去掉符号位）称为真值。计算机中，机器数的形式有三种：原码、反码和补码。

（1）原码

用符号位和数值表示带符号数，正数的符号位用"0"表示，负数的符号位用"1"表示，真值部分用二进制形式表示。

例如，$[+90]_{原}=01011010$，$[-90]_{原}=11011010$。

在原码表示法中，0 有两种表示形式。$[+0]_{原}=00000000$，$[-0]_{原}=10000000$。可以看出：0 的原码表示不唯一，因此，原码不适合计算机运算。

（2）反码

正数的反码与其原码相同，负数的反码为该数的原码按位取反（符号位除外），即 0 变为 1，1 变为 0。

例如，$[+90]_{反}=00100101$，$[-90]_{反}=10100101$。

同样，在反码表示法中，0 有两种表示形式。$[+0]_{反}=00000000$，$[-0]_{反}=11111111$。可以看出：0 的反码表示不唯一，因此，反码也不适合计算机运算。

（3）补码

正数的补码与其原码相同，负数的补码是它的反码加 1。

例如，$[+90]_{补}=00100101$，$[-90]_{补}=10100110$。

$[+0]_{补}=00000000$，$[-0]_{补}=00000000$

因此，在补码表示法中，0 表示形式唯一，补码适合计算机运算。补码表示的两个数进行加减法运算，可以统一用加法运算来实现，此时两数的符号位也当成数值直接参加运算，并且两数的补码之"和"等于两数"和"的补码。

例如，计算 1-2 的差，可以看成是 1+(−2)的和。

$$(1)_{10} - (2)_{10} = (1)_{10} + (-2)_{10}$$
$$= (00000001)_{补} + (11111110)_{补}$$
$$= (11111111)_{补} = (11111110_{反}$$
$$= (10000001)_{原}$$
$$= (-1)_{10}$$

### 2. 实数在计算机中的表示

绝大多数现代计算机遵循 IEEE754（IEEE 二进制浮点数算数标准）标准，利用科学计数法来表达实数，即用一个尾数、一个基数、一个指数以及一个表示正负的符号来表达实数。例如，123.45 用十进制科学计数法可以表达为 $1.2345 \times 10^2$，其中 1.2345 为尾数，10 为基数，2 为指数。实数利用指数达到了浮动小数点的效果，从而可以灵活地表达更大范围的实数。

## 1.2.5　字符型数据在计算机中的表示

字符型数据包括各种文字、数字和符号等。计算机中的数据是用二进制数表示的，计算机识别的机内数据只能是二进制数的形式，所以，计算机处理字符型数据时，必须先对字符进行数字化处理，编译成二进制码，用二进制码来表示字符型数据。与数值型数据不同，字符型数据需要按照事先约定的编码值来表示，而且字符编码涉及世界范围内有关信息的表示、交换、处理、存储、输出等问题，因此，各类字符编码都是以国家标准或国际标准的形式颁布和施行的。

### 1. 西文字符的编码

计算机系统中，最常用的西文字符编码是 ASCII 码（American Standard Code for Information Interchange，美国信息交换标准码)。ASCII 码有 7 位码和 8 位码两种，国际上通用的是 7 位码，即每个字符占一个字节（即用 8 位二进制数表示），最高位为 0，后 7 是有效位。7 位二进制位的表示范围是 0～127，能表示 128 个字符（包括 10 个阿拉伯字符、52 个英文字母、33 个其他符号、33 个控制字符）。为了便于对字符进行检索，ASCII 码中将 7 位二进制数分为高 3 位（b7b6b5）和低 4 位(b4b3b2b1)，如表 1-2 所示。

表 1-2　　　　　　　　　　　　　　　　　ASCII 码表

| 二进制低四位 $(b_3b_2b_1b_0)$ | 二进制高三位 $(b_6b_5b_4)$ | | | | | | | |
|---|---|---|---|---|---|---|---|---|
| | 000 | 001 | 010 | 011 | 100 | 101 | 110 | 111 |
| 0000 | NUL | DEL | SP | 0 | @ | P | ` | p |
| 0001 | SOH | DC1 | ! | 1 | A | Q | a | q |
| 0010 | STX | DC2 | " | 2 | B | R | b | r |
| 0011 | ETX | DC3 | # | 3 | C | S | c | s |
| 0100 | EOT | DC4 | $ | 4 | D | T | d | t |
| 0101 | ENQ | NAK | % | 5 | E | U | e | u |
| 0110 | ACK | SYN | & | 6 | F | V | f | v |
| 0111 | BEL | ETB | ' | 7 | G | W | g | w |
| 1000 | BS | CAN | ( | 8 | H | X | h | x |
| 1001 | HT | EM | ) | 9 | I | Y | i | y |
| 1010 | LF | SUB | * | : | J | Z | j | z |
| 1011 | VT | ESC | + | ; | K | [ | k | { |
| 1000 | FF | FS | , | < | L | \ | l | \| |
| 1101 | CR | GS | — | = | M | ] | m | } |
| 1110 | SO | RS | . | > | N | ∧ | n | ~ |
| 1111 | SI | US | / | ? | O | _ | o | DEL |

为了表示更多的欧洲常用字符，人们对 ASCII 码进行了扩展，扩展的 ASCII 字符集使用 8 位表示一个字符，共有 256 个字符，扩充的符号有表格符号、计算符号、希腊字母和特殊的拉丁符号等。

**2. 中文字符的编码**

使用计算机处理汉字时，需要对汉字进行编码，将汉字转换成二进制机器数。

（1）国标码（汉字信息交换码）

我国于 1980 年颁布了《信息交换汉字编码字符集·基本集》（标准代号为 GB2312-80，简称国标码），作为汉字信息处理使用的代码依据。

GB2312-80 收录 6 763 个汉字和 682 个非汉字图形符号，其中，使用频度较高的 3 755 个汉字为一级字符，以汉语拼音为序排列，使用频度稍低的 3 008 个汉字为二级字符，以偏旁部首进行排列。682 个非汉字字符主要包括拉丁字母、俄文字母、日文假名、希腊字母、汉语拼音符号、汉语注音字母、数字、常用符号等。

GB2312-80 标准中，每个汉字（图形符号）用 2 个字节表示。国标码字符集由 94 行×94 列构成，其行号称为区号，列号称为位号，行号和列好一起构成汉字的"区位码"，其中，非汉字图形符号置于第 1~11 区，一级汉字 3 755 个置于 16~55 区，二级汉字 3 008 个置于第 56~87 区。

（2）汉字机内码

汉字的机内码是计算机系统内部对汉字进行存储、处理、传输而编制的代码，又称为汉字内码，汉字输入到计算机，只有在转换为内码后，才能被计算机处理。由于汉字数量多，一般用 2 个字节来存放一个汉字的内码，内码中两个字节的每个字节的最高位置为 1。英文字符的机内码是用一个字节来存放 ASCII 码。 区位码、国标码与机内码之间的转换关系如图 1-2 所示。

图 1-2　区位码、国标码与机内码之间的转换关系图

（3）汉字输入码

汉字输入码是为了将汉字输入计算机而编制的代码，也叫外码，是用户从键盘上输入的代表汉字的编码。目前汉字常用的输入码很多，主要有区位码、拼音码、五笔字型号码、自然码等。尽管每种汉字输入码对同一汉字的输入编码都不相同，但经过转换后存入计算机的机内码是相同的。

（4）汉字字形码

汉字字形码是存放在字库中的汉字字形点阵码或轮廓字形码，代表计算机中储存的汉字字形信息，用于汉字的显示和打印。经过计算机处理的汉字信息，如果要显示或打印出来阅读，必须先将汉字内码转换为用户可读的方块汉字，因此，需要将每个汉字的字形信息预先存放在计算机内。

计算机中，汉字字形是以点阵方式表示汉字，将汉字分解成由若干个"点"组成的点阵字形，将此点阵字形置于网状方格上，每一小方格就是点阵中的一个"点"，常用字形点阵有 16×16 点阵、24×24 点阵、32×32 点阵等。以 24×24 点阵为例，网状横向划分为 24 格，纵向也分成 24 格，共 576 个"点"，点阵中的每个点可以有黑、白两种颜色，有字形笔画的点用黑色，其他用白色，这样，点阵就可以描写出汉字的字形。例如，汉字"跑"的字形点阵如图 1-3 所示。

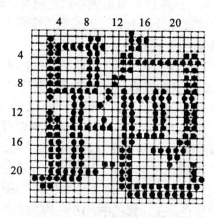

图 1-3　汉字"跑"的字形点阵图

汉字字形点阵中每个点的信息用一位二进制码来表示，1 表示对应位置处是黑点，0 表示对应位置处是空白。字形点阵的信息量很大，所占存储空间也很大。例如 16×16 点阵，每个汉字要占 32 个字节；24×24 点阵，每个汉字要占 72 个字节。因此字形点阵只适合用来构成"字库"，存储每个汉字的字形点阵代码，而不能作代替内码存储汉字信息。计算机中，不同的字体对应不同的字库。在输出汉字时，计算机要先到字库中找到它的字形描述信息，然后输出字形。汉字信息处理过程如图 1-4 所示。

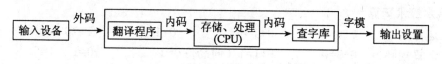

图 1-4　汉字信息处理过程示意图

（5）汉字地址码

汉字地址码是指汉字库中存储汉字字形信息的逻辑地址码。如果要向输出设备输出汉字时，必须通过地址码。在计算机中，汉字编码的转换过程如图 1-5 所示。

图 1-5　汉字编码转换过程示意图

### 1.2.6 多媒体信息在计算机中的表示

**1. 图像在计算机中的表示**

在计算机中，图像由若干离散的像点（像素）组成。为了准确表示图像，将图像划分成均匀的网格状，得到许多大小均等的单元格，每个单元格称为像素，图像可以看成这些像素的集合，通过对每个像素进行编码，就可以得到整个图像的编码。

对于单色图像而言，"像素"的颜色只有黑色和白色两种，计算机中用 0 表示黑色，用 1 表示白色，图像的每一行像素可以看成由 0 和 1 组成的编码序列，然后按顺序将所有行的编码连起来，就构成了单色图像的编码。

对灰度图像而言，"像素"的颜色除了黑、白两种之外，还有介于两者之间的不同程度的灰色。计算机中通常用 256 级灰度来表示灰度图像，每个"像素"可以是白色、黑色或 254 级灰色中的任何一个，用 11111111 表示白色，用 00000000 表示黑色，按灰度由深到浅，用 00000001～11111110 来表示其余 254 种颜色，因此，可以得到灰度图像的每个"像素"的 8 位编码，这些"像素"编码集合就是整个灰度图像的编码。

对彩色图像而言，"像素"的颜色更加丰富。计算机中显示彩色图形的方法主要有 16 色、256 色、24 位真彩色等。16 色是以红、绿、蓝 3 种主色调合成 16 种颜色，256 色是以红、绿、蓝 3 种主色调合成 256 种颜色，在计算机中，16 色的"像素"编码是 4 位，256 色的"像素"编码是 8 位。24 位真彩色图像的"像素"编码是 32 位，可以表达 1 677 216 种颜色。

**2. 声音在计算机中的表示**

声音是一种物理信号，在计算机中，以二进制数字的编码形式来表示声音。计算机中数字声音有两种不同的表示方法。一种称为"波形声音"，通过对实际声音的波形信号进行数字化而获得，它可表示任何种类的声音。另一种是"合成声音"，它使用符号对声音进行描述，然后通过合成的方法生成声音。数字语音的压缩编码主要有波形编码、参数编码（模型编码）、混合编码等。

### 1.2.7 计算机基本算数运算与逻辑运算

**1. 基本算术运算**

加法运算规则：　0+0=0　　　　0+1=1　　　　1+0=1　　　　1+1=10

减法运算规则：　0-0=0　　　　0-1=1（向高位借 1）　　1-0=1 1-1=0

乘法运算规则：　0×0=0　　　　0×1=0　　　　1×0=0　　　　1×1=1

**2. 基本逻辑运算**

计算机的逻辑运算有"或"、"与"和"非"三种。其他复杂的逻辑关系都由这三个基本逻辑关系组合而成。

（1）逻辑"与"运算（AND）

逻辑"与"运算符通常用"·"或"∧"。

运算规则：当两个参与运算的数中有一个数为 0，则运算结果为 0，否则结果为 1。

例如　0·0=0　　　　0·1=0　　　　1·0=0　　　　1·1=1

（2）逻辑"或"运算（OR）

逻辑"或"运算符通常用"+"或"∨"表示。

运算规则：当两个参与运算的数中有一个数为 1，则运算结果为 1，否则结果为 0。

例如 0+0=0　　　0+1=1　　　1+0=1　　　1+1=1

（3）逻辑"非"运算（NOT）

逻辑"非"运算符通在逻辑值或变量符号上加一横线表示。

运算规则：取反。

例如 $\bar{0}=1$　　　$\bar{1}=0$

### 1.2.8 计算机中数据的存储单位

计算机中数据的常用存储单位有位、字节和字等。

**1. 位**

计算机中的任何数据都是以二进制形式表现的，二进制的一个数位是计算机中最小的数据单位，简称为位，英文名称是 bit。一个二进制位只能表示两种状态 0 或 1。

**2. 字节**

8 个二进制位称为 1 个字节（Byte）。字节是计算机中存储数据的基本计量单位，常用来表示计算机的内存容量和磁盘容量。除了用字节为单位表示存储空间的容量外，还可以用千字节(KB)、兆字节(MB)、吉字节(GB)、太字节(TB)、批字节(PB)等表示计算机的存储容量，它们之间的换算关系如下：

$1KB=1024B=2^{10}B$　　　　　　$1MB=1024KB=2^{20}B$

$1GB=1024MB=2^{30}B$　　　　　　$1TB=1024GB=2^{40}B$

$1PB=1024TB=2^{50}B$

**3. 字**

字是计算机在同一时间内处理的一组二进制数，这组二进制数的位数称为"字长"。字长一般是字节的整数倍，常见的计算机字长有 8 位、16 位、32 位和 64 位等。

字长是计算机的一个重要技术指标，直接反映了计算机处理信息的能力和计算精度，当其他指标相同时，字长越大的计算机处理信息的速度越快。

## 1.3 信息与信息社会

### 1.3.1 计算机文化概述

计算机文化是人类文化的一个重要组成部分，是人类社会的生存方式因使用计算机而发生根本性变化而产生的一种崭新文化形态。计算机文化形态来源于计算机技术，它促进了计算机技术的进步与计算机应用的拓展，同样，计算机技术的发展也孕育并推动了计算机文化的产生和成长。

计算机技术经过几十年的发展，其应用领域日益广泛，涉及人们社会生活中的各个方面，计算机已经成为人们工作、生活和学习中不可或缺的重要组成部分，人们的计算机基本应用能力和操作技能也成为衡量人才素质的关键要素之一。特别是计算机教育的普及，加快了计算机文化形态的形成。由于计算机理论及其技术对自然科学、社会科学的广泛渗透，表现出更加丰富的文化内涵；计算机的软、硬件设备丰富了人类文化的物质设备品种；计算机应用介入人类社会的方方面面，创造和形成了新的科学思想、科学方法、科学精神、价值标准等，成为一种崭新的文化观念。

计算机文化作为当今最具活力的一种崭新文化形态，加快了人类社会前进的步伐，其所产生的思想观念、所带来的物质基础条件以及计算机文化教育的普及有利于人类社会的进步、发展。同时，计算机文化也带来了人类崭新的学习观念，面对浩瀚的知识海洋，人脑所能接受的知识是有限的，计算机可以解放人们繁重的记忆性劳动，提高人们的创造性劳动。

网络技术的飞速发展，使互联网渗透到了人们工作、生活的各个领域，成为人们获取信息、享受网络服务的重要来源。网络文化作为计算机文化的一个重要组成部分，不仅深刻地影响着人们的生活，也给人们带来了前所未有的挑战。随着网络经济时代的到来，信息成为重要的战略资源，信息业已上升为一个国家最重要的产业，成为衡量信息社会是否成熟的标志。

## 1.3.2　信息人才与信息素养

信息是对某个事件或者事物的一般属性的描述。信息总是通过数据形式来表示，加载在数据之上并对数据的具体含义进行解释。因此，也可以说，信息就是经过加工处理后有价值的数据。一般而言，信息在一定的范围内有效，具有价值，信息不仅可以通过各种方法存储，还能随着时间的变化进行扩充，人们根据需要对信息进行加工、整理和传递。

信息人才是指具有一定的专业技能，能从事信息资源的组织、管理、开发和利用的人。随着国家信息化战略的推进，我国开始步入信息化社会，急需大量的信息人才，据相关部门分析，当前我国信息人才的缺口达千万以上。

信息素养是一种对信息社会的适应能力，是评价人才素质的重要组成部分。信息素养不仅包括利用信息工具和信息资源的能力，还包括获取信息、加工、处理、传递信息及创造信息的能力。

大学生的信息素养是在校学生根据社会信息环境和信息发展的要求，在接受学校教育和自我提高的过程中形成的对信息活动的态度，以及利用信息和信息手段去解决问题的能力，既包括大学生对信息基本知识的了解，对信息工具使用方法的掌握以及在未来的教学中所具备的信息知识的学习，还包括对信息道德伦理的了解与遵守。

信息素养教育要以培养学生的创新精神和实践能力为核心，针对我国教育的实际情况，大学生的信息素养培养主要包括以下五个方面的内容。

① 热爱生活，有获取新信息的意愿，能主动地从生活实践中不断地查找、探究新信息。

② 具有基本的科学和文化常识，能够较为自如地对获得的信息进行辨别和分析，正确地加以评估。

③ 能灵活地支配信息，较好地掌握选择信息、拒绝信息的技能。

④ 能够有效地利用信息、表达个人的思想和观念，并乐意与他人分享不同的见解或信息。

⑤ 无论面对何种情境，能够充满自信地运用各类信息解决问题，有较强的创新意识和进取精神。

## 1.3.3　信息化社会道德准则与行为规范

信息道德是指在信息的采集、加工、存储、传播和利用等信息活动各个环节中，用来规范其间产生的各种社会关系的道德意识、道德规范和道德行为的总和，是在信息领域中，用以规范人们相互关系的思想观念与行为准则。它通过社会舆论、传统习俗等，使人们形成一定的信念、价值观和习惯，从而使人们自觉地通过自己的判断规范自己的信息行为。

信息道德是当前社会道德的重要组成部分，主要包括个人信息道德和社会信息道德两部分。前者指人类个体在信息活动中以心理活动形式表现出来的道德观念、情感、行为和品质，如对信息劳动的价值认同，对非法窃取他人信息成果的鄙视等；后者指社会信息活动中人与人之间的关系以及反映这种关系的行为准则与规范，如扬善抑恶、权利义务、契约精神等。

当前，信息技术道德和网络道德已经成为信息道德中最为热议的范畴。如何从道德的角度，对信息技术的研制、开发以及利用进行必要的规范和约束，使得信息技术的负面效应尽量减少，最大限度地促使信息技术应用的正面效果，从而保证信息技术朝着有利于人类生存、有利于社会发展的方向进行，显得尤为重要。另外，互联网的发展，使得一个全新的网络社会产生并逐渐繁荣，成了人们现实生活社会之外的另一个虚拟生活社会。更重要的是，网络社会在人们生活和社会发展中的趋势是不容置疑的。它对人们的工作、学习、生活的意义日趋重要，对社会经济、政治、文化发展的影响也日趋提升。但是，在网络社会中，知识产权、个人隐私、信息安全、信息共享等各种问题也纷纷出现，使得传统的社会伦理道德在网络空间中显得苍白无力。如何规范和管理网络社会中的各种关系逐渐受到人们的日益重视。

目前为止，很多国家都在信息道德建设方面给予了极大的关注。其中很多团体、组织，尤其是计算机专业的组织，纷纷提出了各自的伦理道德原则、伦理道德戒律等，国外比较著名的主要有《计算机伦理十诫》、《南加利福尼亚大学网络伦理声明》。在 1995 年，中国信息协会通过了《中国信息咨询职务工作者的职业道德准则的倡议书》，提出了我国信息咨询服务工作者所应当遵循的道德准则，这些道德准则涉及信息咨询服务的基本指导思想、咨询服务中的职业道德等诸多方面。

法律是道德的底线，我国信息道德的最基本要求就是国家关于计算机管理方面和网络应用方面的法律法规。自 20 世纪 80 年代以来，我国制定颁布了一系列的计算机管理方面的法律法规，如《全国人民代表大会常务委员会关于维护互联网安全的决定》、《计算机软件保护条例》、《互联网信息服务管理办法》、《互联网电子公告服务管理办法》、《中华人民共和国计算机信息系统安全保护条例》、《全国青少年网络文明公约》等。这些法律法规应当被人们普遍知晓，严格遵守这些法律法规是每位中国公民的信息道德的最基本要求。

对于在校学生而言，应努力提高个人修养，加强计算机使用道德培养，遵守计算机使用道德规范，在使用计算机时做到尊重并维护个人隐私、使用合法软件、遵守相关法律等。

## 1.3.4　计算机知识产权

随着计算机技术的快速发展，特别是计算机软件和计算机网络的进步将人类社会推进了信息社会和知识经济时代，并创造了一个超时空的网络空间，其中，计算机软件产业的发展在很大程度上影响着一个国家的社会经济，并迅速地渗透到人们的生活，产生巨大的冲击力。计算机技术不仅增进了经济的发展和社会的进步，也打破了传统法律体系所建立起来的利益平衡，因此，各国为了保护计算机技术的有序发展，保证计算机新技术的研究与创新，逐步建立了计算机知识产权保护相关法律法规。计算机知识产权主要包括软件知识产权、网络知识产权等内容。

自 20 世纪 60 年代软件产业兴起开始，计算机软件被侵权的现象就逐渐凸显，几乎在同一时期，德国学者首先提出了计算机软件的法律保护问题。至此，关于计算机软件的法律保护问题的讨论，一直争论不休。目前，对计算机软件进行保护，国际上比较流行的做法是将其纳入版权法，有些国家除版权法外，还兼采用专利法、商业秘密法对其进行综合保护，另

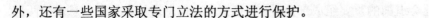

外，还有一些国家采取专门立法的方式进行保护。

　　我国政府历来十分重视计算机知识产权保护，先后制定颁布了一系列的法律法规对计算机知识产权进行保护。例如，在 1997 年修订的《中华人民共和国刑法》中加入了"未经著作权人许可，复制发行其文字作品、音乐、电影、电视、录像作品、计算机软件及其他作品的，属于犯罪行为"；2002 年颁布施行了《计算机软件保护条例》，明确规定：未经软件著作人的同意，复制其软件的行为是侵权行为，侵权者要承担相应的民事责任；2011 年发布了《关于办理侵犯知识产权刑事案件适用法律若干问题的意见》，明确规定了对计算机知识产权的保护。

# 第 2 章 计算机系统组成

**【学习目的与要求】**

理解与掌握计算机硬件、软件的基本概念；计算机系统的基本组成及计算机的工作过程；了解计算机硬、软件之间的关系及各部部件的功能及其组成框图；微型计算机系统的维护；理解冯·诺伊曼型计算机的设计思想。

## 2.1 计算机系统及工作原理

### 2.1.1 计算机系统组成

计算机系统由硬件系统和软件系统两部分组成，硬件系统是计算机系统的物理部件，是软件系统的载体与物质支持，软件系统是计算机系统的灵魂，没有软件的"裸机"只能是一堆无法发挥作用的废物。计算机系统组成如图 2-1 所示。

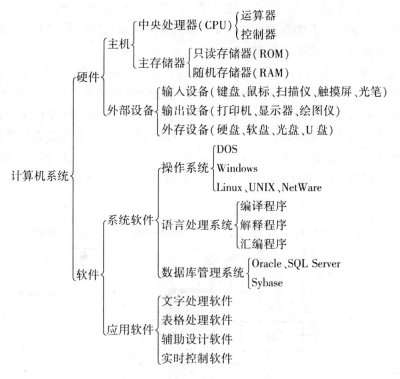

图 2-1 微型计算机系统的组成

计算机硬件系统一般指用电子器件和机电装置组成的计算机设备实体，其功能是在计算机程序的控制下完成对数据的输入、存储、处理、输出等任务。硬件系统包括主机和外部设备，主机包括中央处理（运算器、控制器）、主存储器（RAM、ROM）。外部设备包括输入设备（键盘、鼠标、写字板、扫描仪、麦克风等）、输出设备（显示器、打印机、绘图仪、耳机、音柱）、外存储器（硬盘、磁盘、光盘等）、调制解调器、网卡、各种扩充设备等。

软件系统一般指为计算机运行工作服务的全部技术和各种程序，其基本功能是控制、管理、维护计算机系统运行，解决用户的各种实际问题。系统软件包括操作系统（Windows、Linux、Unix、DOS）、语言处理系统、数据库管理系统。应用软件包括程序库、数据库应用系统、各专业软件及各种用户程序等。

### 2.1.2　计算机工作原理

计算机的基本原理是存储程序和程序控制。预先要把指挥计算机如何进行操作的指令序列（称为程序）和原始数据通过输入设备输送到计算机内存储器中。每一条指令中明确规定了计算机从哪个地址取数，进行什么操作，然后送到什么地址去等步骤。

计算机在运行时，先从内存中取出第一条指令，通过控制器的译码，按指令的要求，从存储器中取出数据进行指定的运算和逻辑操作等加工，然后再按地址把结果送到内存中去。接下来，再取出第二条指令，在控制器的指挥下完成规定操作。依此进行下去，直至遇到停止指令。

程序与数据一样存储，按程序编排的顺序，一步一步地取出指令，自动地完成指令规定的操作是计算机最基本的工作原理。这一原理最初是由美籍匈牙利数学家冯·诺伊曼于1945年提出来的，故称为冯·诺伊曼原理。

按照冯·诺伊曼存储程序的原理，计算机在执行程序时须先将要执行的相关程序和数据放入内存储器中，在执行程序时 CPU 根据当前程序指针寄存器的内容取出指令并执行指令，然后再取出下一条指令并执行，如此循环下去直到程序结束指令时才停止执行。其工作过程就是不断地取指令和执行指令的过程，最后将计算的结果放入指令指定的存储器地址中。计算机工作过程中所要涉及的计算机硬件部件有内存储器、指令寄存器、指令译码器、计算器、控制器、运算器和输入/输出设备等。计算机工作原理如图 2-2 所示。

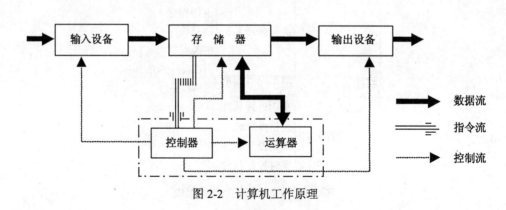

图 2-2　计算机工作原理

## 2.2　计算机硬件系统

### 2.2.1　计算机系统基本组成

　　计算机硬件是指组成计算机的任何机械的、磁性的、电子的装置或部件，是构成计算机的设备实体，一台计算机的硬件系统由运算器、控制器、存储器、输入和输出设备五个基本部分组成。目前，大多数计算机的各部件之间通过总线设备相互连接，通过系统总线完成指令所传达的操作。计算机的总线系统主要有三类：数据总线、地址总和控制总线。其中，数据总线负责各部件之间的数据传送，地址总线负责指出数据存放的存储位置，控制总线在传输信息时起控制作用。如图 2-3 所示。

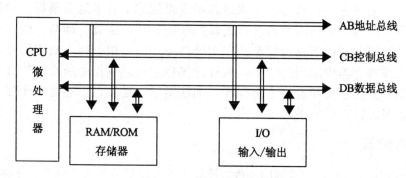

图 2-3　计算机系统的三总线

### 2.2.2　中央处理器

　　中央处理器（Central Processing Unit）也称 CPU，由控制器、运算器和寄存器组成，通常集中在一块芯片上，是计算机系统的核心设备。计算机以 CPU 为中心，输入和输出设备与存储器之间的数据传输和处理都通过 CPU 来控制执行。CPU 外部结构如图 2-4 所示。

图 2-4　CPU 的外部结构

### 1. 控制器

控制器是对输入的指令进行分析，并统一控制计算机的各个部件完成一定任务的部件。

它一般由指令寄存器、状态寄存器、指令译码器、时序电路和控制电路组成。计算机的工作方式是执行程序，程序就是为完成某一任务所编制的特定指令序列，各种指令操作按一定的时间关系有序安排，控制器产生各种最基本的不可再分的微操作的命令信号，即微命令，以指挥整个计算机有条不紊地工作。当计算机执行程序时，控制器首先从指令指针寄存器中取得指令的地址，并将下一条指令的地址存入指令寄存器中，然后从存储器中取出指令，由指令译码器对指令进行译码后产生控制信号，用以驱动相应的硬件完成指纹操作。简言之，控制器就是协调指挥计算机各部件工作的元件，它的基本任务就是根据种类指纹的需要综合有关的逻辑条件与时间条件产生相应的微命令。

**2. 运算器**

运算器又称算术逻辑单元 ALU（Arithmetic Logic Unit），是计算机进行数据处理的部件。运算器的主要任务是执行各种算术运算和逻辑运算。算术运算是指各种数值运算，即加、减、乘、除等。逻辑运算是进行逻辑判断的非数值运算，即与、或、非、比较、移位等。计算机所完成的所有运算都是在运算器中进行，根据指令规定的寻址方式，运算器从存储器或寄存器中取得操作数，进行计算后，送回到指令所指定的寄存器中。运算器的核心部件是加法器和若干个寄存器，加法器用于运算，寄存器用于存储参加运算的各种数据以及运算后的结果。

## 2.2.3 内存储器

存储器是用来存放程序和数据的部件，计算机的存储器分为内存储器、外存储器和高速缓冲存储器三类。

内存储器（简称内存或主存）是计算机主机的一个重要组成部分，用来存放当前正在使用的或即将使用的程序或数据。CPU 可以直接访问内存储器，数据或程序在执行之前，必须先存入内存储器中，然后由 CPU 进行处理。内存储器（内存条）外形如图 2-5 所示。

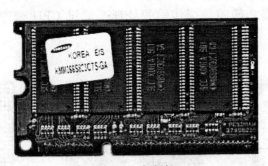

图 2-5 内存条

计算机的内存储器一般由半导体存储器构成。这种采用大规模或超大规模集成电路制造的半导体存储器，具有密度大、体积小、重量轻、存取速度快等优点。半导体存储器可分为三大类：随机存取存储器、只读存储器、特殊存储器。

**1. 随机存取存储器**

随机存取存储器（Random Access Memory，简称 RAM），其特点是可以读写，用于存放当前正在使用或常要使用的程序和数据。随机存储器只能在加电后保存数据和程序，一旦断电则其内所保存的所有信息将自然消失。RAM 可分为动态（Dynamic RAM，简称 DRAM）和静态（Static RAM，简称 SRAM）两大类。动态随机存储器 DRAM 是用 MOS 电路和电容来作存储元件的，由于电容会放电，所以需要定时充电以维持存储内容的正确，例如每隔2ms 刷新一次，因此称这为动态存储器。静态随机存储器 SRAM 是用双极型电路或 MOS 电路的触发器来作存储元件，没有电容放电造成的刷新问题，只要有电源正常供电，触发器就能稳定地存储数据。DRAM 的特点是集成密度高，主要用于大容量存储器。SRAM 的特点是存取速度快，主要用于调整缓冲存储器。

**2. 只读存储器**

只读存储器（Read Only Memory，简称 ROM），用于存储由计算机厂家为该机编写好的一些基本的检测、控制、引导程序和系统配置等，如系统的 BIOS 等。只读存储器的特点是存储的信息只能读出，不能写入，断电后信息不会丢失。ROM 可分为可编程（Programmable）ROM、可擦除可编程（Erasable Programmable）ROM、电擦除可编程（Electrically Erasable Programmable）ROM。其中，EPROM 存储的内容可以通过紫外光照射来擦除，EEPROM 存储的内容可以用通电方式来擦除，这使得它们存储的内容可以反复更改。

**3. 高速缓冲存储器**

高速缓冲存储器（Cache）是介于内存与 CPU 之间的临时存储器，由静态存储芯片(SRAM)组成，容量比较小，存取速度比主存高得多，接近于 CPU 的速度。高速缓冲存储器通常由高速存储器、联想存储器、替换逻辑电路和相应的控制线路组成。

当中央处理器存取主存储器某一单元时，计算机硬件就自动地将包括该单元在内的那一组单元内容调入高速缓冲存储器，因此，中央处理器就可以直接对高速缓冲存储器进行存取。在整个处理过程中，如果中央处理器绝大多数存取主存储器的操作能为存取高速缓冲存储器所代替，计算机系统处理速度就能显著提高。

**4. 特殊存储器**

特殊存储器主要包括电荷耦合存储器、磁泡存储器、电子束存储器等，它们多用于特殊领域内的信息存储。

## 2.2.4　外存储器

外存储器又称辅助存储器，它既是输入设备、又是输出设备，用于存放等待运行或处理的程序或文件，存放在外存储器中的程序必须调入内存储器才能执行，因此外存储器主要用于和内存储器交换信息。与内存相比，外存储器的主要特点是存储容量大，价格便宜，断电后信息不会丢失，但存取速度慢。常用的外存储器主要有硬盘、光盘 、U 盘、移动硬盘等。

**1. 硬盘**

硬盘由盘片、读写磁头和传动装置等组成，如图 2-6 所示。盘片一般是由涂有磁性材料的铝合金构成，读写硬盘时，磁性盘片高速旋转产生的托力使读写磁头悬浮在盘面上而不接触盘面，常用的硬盘转速主要有 7 200 转与 5 400 转两种。硬盘按照盘径的大小可分为 3.5英寸、2.5 英寸、1.8 英寸等。目前，大多数计算机上使用的硬盘为 3.5 英寸。硬盘的容量较大，目前微机配置的硬盘容量单位为 GB。

影响硬盘的性能指标有很多，存取速度是其中一个很重要的指标，影响存取速度的因素主要有：平均寻道时间、数据传输率、盘片的旋转速度和缓冲存储器的容量等。一般情况下，转速越高，其平均寻道时间就越短，数据传输率也就越高，存取速度就更快。

### 2. 光盘

光盘（Optical Disk）是利用激光技术进行读写信息的外存储器，通过激光在硬塑料片上烧出凹痕的方法记录数据，光盘用盘面的凸凹不平表示"0"和"1"信息，光盘驱动器利用其激光头产生激光扫描光盘盘面。从而读出"0"和"1"信息。光盘的特点是记录密度高，存储容量大，数据保存时间长，目前使用的光盘尺寸主要有 5 英寸和 3 英寸两种，如图 2-7 所示。

图 2-6　硬盘

图 2-7　光盘

当前使用较多的光盘主要有只读光盘、一次性写入光盘和可擦型光盘三类。其中，只读光盘只能读出信息，不能写入； 一次性写入光盘只能写入一次，写后不能修改，必须采用专用的光盘刻录机才能刻录信息。可擦型光盘是可反复擦写的光盘，其盘片就像软盘片一样，可以进行多次写入。

用光盘保存数据，十分方便，同其他存储设备相比，光盘的特点如下：

① 存储容量大。一张普通光盘的最大容量大约是 700MB，一张 DVD 盘片单面 4.7GB，一张双面或双层的 DVD 盘片容量达 9.4G。一张蓝光光盘（BD）盘片容量达 25GB、双层或双面 BD 盘片容量达 50GB。

② 可靠性高。光盘中信息保留的时间长，不容易受到损坏，可以用来保存重要的文献档案或其他重要资料。

③ 读取速度快。目前，一张普通光盘的读取速度达 40 倍速率（一倍速率＝150KB/秒）。蓝光光盘的读取速度达到每秒 4.5~9 兆的记录速度。

④ 价格便宜，携带方便。

### 3. U 盘

U 盘，全称"USB 闪存盘"，英文名"USB flash disk"。它是一个 USB 接口的无需物理驱动器的微型高容量移动存储产品，可以通过 USB 接口与电脑连接，实现即插即用，其外观如图 2-8 所示。

图 2-8 U 盘

与传统存移动存储产品相比较，U 盘体积小、重量轻，便于携带、存储容量大、价格便宜、性能可靠。一般的 U 盘容量有 1G、2G、4G、8G、16G、32G、64G 等，U 盘中无任何机械式装置，抗震性能极强。另外，闪存盘还具有防潮防磁、耐高低温等特性，安全性与可靠性很好。

### 2.2.5 输入设备

计算机系统中常用的输入设备有键盘、鼠标器、图形扫描仪、数字化仪、条形码输入器、光笔、触摸屏等，其中，使用最广泛的是键盘和鼠标。

**1. 键盘**

键盘是最常见的计算机输入设备，它广泛应用于微型计算机和各种终端设备上，计算机操作者通过键盘向计算机输入各种指令、数据，指挥计算机的工作。键盘是由一组开关矩阵组成，包括数字键、字母键、符号键、输入设备功能键及控制键等。

键盘通常由主键盘区、功能键区、编辑键区、辅助键区和状态指示区五个部分组成，如图 2-9 所示。

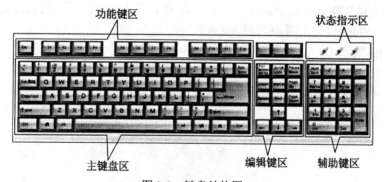

图 2-9 键盘结构图

（1）主键盘区

也称打字键区，主要包括字母键、数字键和各种符号（如；、，、=、*等）键。

（2）功能键区

由 F1～F12 键共 12 个功能键组成，在不同的系统软件环境下，其功能定义也有所不同，用户可以根据软件的需要自行定义功能键的具体功能。

（3）编辑键区

由编辑控制键组成，例如，退格键（Backspace，除输入的字符）、光标移动键（↑、↓、←、→，移动光标位置）、打印屏幕键（PrintScreen，打印屏幕）等。

（4）辅助键区

也称数字键区，用来快速输入与编辑数字，由数字输入键和数字编辑键组成。例如，数字锁定键（Num Lock，转换数字与移动输入方式）、删除键（Del，删除输入的数据与符号）等。

（5）状态指示区

如图 2-9 所示。

## 2. 鼠标

鼠标（Mouse）是一种控制显示屏上光标移动位置的指点式设备，其作用可代替光标移动键进行光标定位操作和替代回车键操作；在软件支持下，通过鼠标器上的按钮完成某种特定的操作。图 2-10 所示的是一款常见的鼠标。

图 2-10　鼠标

鼠标器按其结构分为机电式（机械）和光电式两类。前者有一滚动球，可在普通桌面上使用，当鼠标器在桌面上移动时，金属球与桌面摩擦，发生转动。金属球与四个方向的电位器接触，可测量出上下左右四个方向的位移量，用以控制屏幕上光标的移动。光标和鼠标器的移动方向是一致的，而且移动的距离成比例。后者有一光电探测器，要在专门的反光板上移动才能使用，当鼠标器在反射板上移动，光源发出的光经反射板反射后，由鼠标器接收，并转换为电移动信号送入计算机，使屏幕的光标随之移动。

鼠标器的主要性能指标是分辨率（指它每移动 1 英寸所能检测出的点数 dpi），目前，鼠标器分辨率在 400dpi 以上，最高超过 500dpi。

## 3. 图形扫描仪

图形扫描仪（Scaner）是图形与图像的专用输入设备，利用它可以迅速地将图形、图像、照片、文本从外部环境输入到计算机中。常见的图形扫描仪如图 2-11 所示。

图 2-11　图形扫描仪

目前使用最普遍的是由线性 CCD（Charge-Coupled Device，电荷耦合器件）阵列组成的电子式扫描仪。这种扫描仪按扫描方式可分为平板扫描仪和手持扫描仪两类，若按灰度和彩色来分，有二值化扫描仪、灰度扫描仪和彩色扫描仪三种。

CCD 扫描仪的主要性能指标如下：

（1）扫描幅面

即对原稿尺寸的要求。台式扫描仪幅面一般可达 8.5×14 英寸（A4）。

（2）分辨率

即每英寸的点数（dpi）现在分辨率一般已达 600dpi，高的可达 2 000dpi。

（3）灰度层次

即灰度扫描仪可达到的灰度级别，目前可达到的灰度级别有 16、64 及 256 层（位数分别为 4bit、6bit 和 8bit）。

（4）扫描速度

扫描速度依赖于每行感光的时间，一般在 3~30ms 范围内。

**4. 条形码读入器**

条形码是用线条和线条间的间隔按一定规则来表示数据的一种条形符号，它具有准确、可靠、灵活、实用、制作容易、输入速度快等优点，广泛用于物资管理、商业、银行、医院等各部门，如图 2-12 所示。

阅读条形码要用专门的条形码阅读设备在条形码上扫描，将光信号转换为电信号，经译码后输入计算机。条形码阅读设备按其外形可分为笔式和卡槽式两类，按工作原理可分为 CCD 和激光枪两种。

**5. 光笔**

光笔是计算机的一种输入设备，常用于交互式计算机图形系统中。光笔对光敏感，外形像钢笔，多用电缆与主机相连。在图形系统中，用户可以使用光笔在屏幕上进行绘图等操作，并对显示屏幕上所显示的图形进行选择或修改。

光笔的工作方式有指点式和跟踪式两种。指点式又称定标式，用于取出笔尖所指亮点位置数码。跟踪式由光笔带动屏幕上光标移动作图。常见的光笔如图 2-13 所示。

图 2-12　条形码读入器

图 2-13　光笔

**6. 触摸屏**

触摸屏（Touch Panel）又称为触控面板，是一个可接收触头等输入讯号的感应式液晶显示装置，当接触了屏幕上的图形按钮时，屏幕上的触觉反馈系统可根据预先编程的程式驱动各种联结装置，可用以取代机械式的按钮面板，并借由液晶显示画面制造出生动的影音效果。

触摸屏具有坚固耐用、反应速度快、节省空间、易于交流等许多优点。用户只要用手指轻轻地碰计算机触摸屏上的图符或文字就能实现对主机操作，从而使人机交互更为直截了当，这种技术大大方便了那些不懂电脑操作的用户。它赋予了多媒体以崭新的面貌，是极富吸引力的全新多媒体交互设备。触摸屏在我国的应用范围非常广泛，主要是公共信息的查询（如电信局、税务局、银行、电力等部门的业务查询）、城市街头的信息查询等方面，此外，触摸屏还广泛应用于领导办公、工业控制、军事指挥、电子游戏、点歌点菜、多媒体教学、房地产预售等领域。图 2-14 所示的是银行系统常用的触摸屏。

图 2-14　银行系统常用的触摸屏

### 7. 数码输入设备

目前，越来越多的数码设备如数码照相机、摄像头、数码摄像机等都可以直接与计算机相连，很方便地将数据从这些设备中导入到计算机中，然后通过专门的软件进行处理。图 2-15 所示的是常见的数码输入设备。

数码照相机　　　　　　　　　摄像头　　　　　　　　　数码摄像仪

图 2-15　常见的数码输入设备

## 2.2.6　输出设备

输出设备（Output Device）是计算机的终端设备，主要作用是把计算机处理的数据、计算结果等内部信息转换成人们习惯接受的信息形式输出，供用户使用。常见的输出设备有显示器、打印机、绘图仪等。

**1. 显示器**

　　显示器通过电子屏幕显示输出计算机的处理结果及用户需要的程序、数据、图形等信息，也可以将输入的信息直接显示出来，是计算机必不可少的输出设备。显示器是电脑的输出窗口，主要由监视器和显示控制器（显卡）两部分组成。

　　按使用技术的不同，显示器可分为 CRT 显示器和 LCD 显示器两种。LCD 显示器（液晶显示器）具有图像显示清晰、体积小、重量轻、便于携带、能耗低和对人体辐射小等优点，逐渐被广大用户使用。如图 2-16 所示。

图 2-16　显示器

　　显示器的主要性能指标有分辨率、彩色条目和屏幕尺寸等。

　　显示器的分辨率是显示器的一个重要指标。显示器的屏幕画面（帧）由若干条线来显示，每条线又分为若干个点，每个点称为像素。每帧的线数和每线的点数的乘积就是显示器的分辨率，乘积越大，也就是像素点越小，数量越多，分辨率就越高，图形就越清晰美观。常用的分辨率有 800×600 、1024×768、1280×1024 等。

　　显示器按颜色分为单色显示器和彩色显示器两种，其中，单色显示器一般为黑白两种颜色显示，显示精度较高。彩色显示器可以显示图像，显示的颜色美观、五彩缤纷。目前常用的显示器尺寸主要有 17 英寸、19 英寸和 21 英寸几种。

　　通常情况下，显示器必须配置正确的显卡，才能正常显示。显卡如图 2-17 所示。

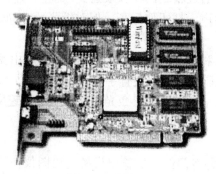

图 2-17　显卡

　　显卡全称为显示接口卡（Video Card，Graphics Card），又称为显示适配器（Video Adapter），是电脑最基本组成部分之一。显卡的用途是将计算机系统所需的显示信息进行转换驱动，并向显示器提供行扫描信号，控制显示器的正确显示，是连接显示器和个人电脑主板的重要元件，是"人机对话"的重要设备之一。显卡作为电脑主机里的一个重要组成部分，承担输出显示图形的任务，对于从事专业图形设计的人来说显卡非常重要。民用显卡图形芯片供应商主要包括 AMD（ATI）和 Nvidia(英伟达)两家。

### 2. 打印机

打印机（Printer) 是计算机的输出设备之一，用于将计算机的处理结果、用户数据或文字打印到相关介质（纸张等）上。打印机的种类很多，按打印元件对纸是否有击打动作，分击打式打印机与非击打式打印机，目前微机系统常用的针式打印机（点阵打印机）属于击打式打印机。非击打式打印机依靠电磁作用实现打印，分辨率较高，打印速度快，常用的有喷墨打印机、激光打印机等。常用激光打印机如图 2-18 所示。

图 2-18　激光打印机

衡量打印机的性能指标有三项，即打印分辨率，打印速度和噪声。分辨率越高，性能好的打印机打印分辨率高、打印速度快，噪声低。

（1）点阵式打印机

点阵式打印机主要由走纸机构、打印头和色带组成。打印头通常是由 24 根针组成的点阵，根据主机在并行端口送出的各个信号，使打印头中的一部分针击打色带，从而在打印纸上产生一个个由点阵构成的字符。点阵式打印机具有宽行打印、连续打印的优点，但打印速度慢、噪声大、字迹质量不高。主要用于财会记账、票据打印等方面。

（2）喷墨打印机

喷墨打印机主要靠墨水通过精制的喷头喷射到纸面上形成输出的字符或图形。喷墨打印机价格便宜、体积小、无噪声、打印质量高、但对纸张要求高、墨水的消耗量大。

（3）激光打印机

激光打印机是激光技术和电子照相技术相结合的产物，由受到控制的激光束射向感光鼓表面，感光鼓充电部分通过碳粉盒时，使有字符或图像的部分吸附不同厚度的碳粉，再经过高温高压定影，使碳粉永久粘附在纸上。激光打印机具有高速度、高精度、低噪声、打印出的图形清晰美观等优点。

### 3. 绘图仪

绘图仪（Plotter）是一种专门的图标输出设备。绘图仪在绘图软件的支持下可以绘制出复杂、精确的图形，是各种计算机辅助设计（CAD）不可缺少的工具。绘图仪有笔式、喷墨式和发光二极管（LED）三大类。笔式绘图仪是目前使用最广泛的。绘图仪的性能指标主要有绘图笔数、图纸尺寸、分辨率、接口形式及绘图语言等。

绘图仪一般是由驱动电机、插补器、控制电路、绘图台、笔架、机械传动等部分组成，按结构和工作原理可以分为滚筒式和平台式两大类，其中，平台式绘图仪绘图精度高，对绘图纸无特殊要求，应用比较广泛。绘图仪如图 2-19 所示。

**4. 声卡**

声卡（Sound Card）也叫音频卡（如图 2-20 所示），是多媒体技术中最基本的组成部分，是实现声波/数字信号相互转换的一种硬件。声卡的基本功能是把来自话筒、磁带、光盘的原始声音信号加以转换，输出到耳机、扬声器、扩音机、录音机等声响设备，或通过音乐设备数字接口(MIDI)使乐器发出美妙的声音。

图 2-19　绘图仪

图 2-20　声卡

## 2.2.7　主板

主板，又叫主机板（Mainboard）、系统板（Systemboard）或母板（Motherboard）；它安装在机箱内，是微机最基本的也是最重要的部件之一，是整个计算机内部结构的基础，计算机的硬件系统依靠主板来协调工作。因此，主板的好坏，将直接影响计算机性能的发挥。

主板一般为矩形电路板，上面安装了组成计算机的主要电路系统，一般有 BIOS 芯片、I/O 控制芯片、键盘和面板控制开关接口、指示灯插接件、扩充插槽、主板及插卡的直流电源供电接插件等元件。如图 2-21 所示。

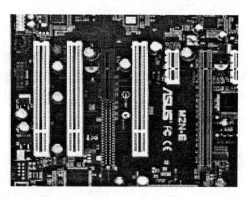

图 2-21　主板

在电路板下面，是错落有致的电路布线；在上面，则为棱角分明的各个部件：插槽、芯片、电阻、电容等。当主机加电时，电流会在瞬间通过 CPU、南北桥芯片、内存插槽、AGP 插槽、PCI 插槽、IDE 接口以及主板边缘的串口、并口、PS/2 接口等。随后，主板会根据 BIOS（基本输入输出系统）来识别硬件，并进入操作系统发挥出支撑系统平台工作的功能。

主板采用了开放式结构。主板上大多有 6~15 个扩展插槽,供 PC 机外围设备的控制卡(适配器)插接。通过更换这些插卡,可以对微机的相应子系统进行局部升级,使厂家和用户在配置机型方面有更大的灵活性。主板在整个微机系统中扮演着举足轻重的角色,可以说,主板的类型和档次决定着整个微机系统的类型和档次,主板的性能影响着整个微机系统的性能。

### 2.2.8 微型计算机系统主要技术指标

**1. CPU 类型**

CPU 类型是指微型计算机系统所采用的 CPU 芯片型号,CPU 类型决定了微机的档次。

**2. 字长**

字长是指微型计算机系统能直接处理的二进制信息的位数。字长越长,微机的运算速度就越快,运算精度就越高,内存容量就越大,微机的功能就越强。按微机的字长可分为 8 位机(如早期的 Apple E 机)、16 位机(如 286 微机)、32 位机(如 386、486 奔腾机)和 64 位机(高档微机)等。

**3. 主频**

主频是指微型计算机系统 CPU 的时钟频率。主频的单位是 MHz(兆赫兹)。主频的大小在很大程度上决定了微机运算速度的快慢,主频越高,微机的运算速度就越快。例如,286 微机的主频为 4~10MHz;386 微机的主频为 16~40MHz;486 微机的主频为 25~100MHz;奔腾机的主频目前最高已达 300MHz。

**4. 运算速度**

运算速度是指微型计算机系统每秒钟能执行多少条指令。运算速度的单位用 MIPS(百万条指令／秒)。由于执行不同的指令所需的时间不同,因此,运算速度有不同的计算方法。现在多用各种指令的平均执行时间及相应指令的运行比例来综合计算运算速度,即用加权平均法求出等效速度,作为衡量微机运算速度的标准。目前微型计算机系统的运算速度在 200~300MIPS 以上。

**5. 存取周期**

存取周期是指对存储器进行一次完整的存取(即读／写)操作所需的时间,即存储器进行连续存取操作所允许的最短时间间隔。存取周期越短,则存取速度越快。存取周期的大小影响微机运算速度的快慢。微机中使用的是大规模或超大规模集成电路存储器,其存取周期在几十到几百毫微秒(ns)之间。

**6. 内存容量**

内存容量是指微机内存储器的容量,它表示内存储器所能容纳信息的字节数。内存容量越大,它所能存储的数据和运行的程序就越多,程序运行的速度就越高,微机的信息处理能力就越强。例如,286 微机的内存容量多为 1MB。386 微机的内存容量为 2~4MB,486 微机的内存容量一般为 4~8MB,高档微机(如奔腾机)的内存一般为 8~16MB、32MB、64MB 或更大。

**7. 外存容量**

外存储器容量通常是指硬盘容量(包括内置硬盘和移动硬盘)。外存储器容量越大,可存储的信息就越多,可安装的应用软件就越丰富。目前,硬盘容量一般在 100G 以上,有的甚至已达到 1 000 G。

## 2.2.9　微型计算机的配置与选购

### 1. 微型计算机的配置与选购原则

（1）先进性

计算机技术是当今世界上发展最快的技术之一，根据摩尔定理，计算机硬件每 18 个月性能提高一倍，价格下降一半。因此，在选购计算机时一定要保证系统整体的先进性，避免购买的计算机很快遭到淘汰；另一方面，为了获得高性价比，如无特殊需要，不必购买最先进的计算机。

（2）适用性

因为计算机有多种不同的型号和档次，其功能、价格相差悬殊，如不顾实际需要，盲目选购高档机，容易造成功能冗余，资金变相浪费；由于计算机更新快，购得的高档机很快又被新型机替代；所以选购计算机时，千万不要盲目追求功能全、档次高，应从实际需要出发，选购最适合自己使用的机型。

（3）兼容性

选购计算机时，应考虑计算机的兼容性。兼容性好的计算机可以直接采用各种通用硬件及软件，便于使用。因此，要选择购买主流机型，因为主流机型批量大、开发的软件品种多、维修方便，用户多、学习掌握容易。

（4）良好的售后服务

计算机是高科技产品，用户在使用计算机的过程中会遇到各种机器故障和技术问题，这都需要良好的售后服务。售后服务不仅仅指计算机的维修，还包括厂家和经销商对用户的技术支持，如提供产品的技术资料和技术培训等。

### 2. 组装机与品牌机的对比

组装机是用户根据自己的需要，将电脑配件（包括 CPU、主板、内存、硬盘、显卡、光驱、机箱、电源、键盘、鼠标、显示器）组装到一起的电脑。品牌机是有一个明确品牌标识的电脑，一般由专业的计算机公司按照某种需要和使用性质进行组装，在通过兼容性测试后正式对外整套销售。

组装机与品牌机各有优劣，用户可以根据需要进行选择，组装机与品牌机之间的差别主要有以下几个方面：

（1）综合性能

品牌机的配件采用大批量采购的方式，有自己独立的组装车间和测试车间，有自己的品牌理念和使用定位，在组装后要进行兼容性测试，产品稳定性较好。组装机一般由用户自己进行组装，大多数用户不了解配件的性能参数，也没有良好的组装环境和测试环境，容易出现兼容性方面的问题。因此，多数组装机看起来配置都很高，但实际上的综合性能却很差。

（2）产品价格

品牌机的价格比相同配置的组装机价格高，因为品牌机在生产与销售的过程中，生产厂家需要投入大量的人力与物力，生产成本较高。这是因为品牌机生产厂家不仅需要有自己的生产车间、专门的技术人员、严格的管理体系、庞大的销售网络和完善的售后服务，还需要有较高的广告投入和宣传投入。组装机由用户自己购买配件组装，省略了很多中间环节，不需要额外的成本投入，因此价格偏低。

（3）配置与升级

组装机配置丰富多样，用户可以根据需要和经济条件来任意配置组装机，升级容易，可以随时进行升级，改造方便。品牌机的配置单一，用户无法更改品牌机的配置，而且，品牌机的升级空间较少，不能随意升级。

（4）售后服务

品牌机生产厂家技术力量雄厚，售后服务全面，有专门的部门负责维修，维修及时，维修效果较好。组装机由于使用了许多品牌的零部件，所以厂家不负责维，一般是由销售商来负责维修，但由于经销商没有经过厂家的培训，且势单力薄，维修的时效性、范围都有限制，服务态度、维修效果一般。

**3. 微型计算机的配置与选购**

（1）CPU 的选购

选购 CPU 时，应以"实用、够用"为原则，目前，CPU 主要由 Intel 公司和 AMD 公司生产，Intel 公司生产的 CPU 性能稳定，AMD 公司生产的 CPU 价格相对便宜。CPU 的主要技术参数包括字长、核心类型与数量、主频、外频、倍频、总线类型与频率、高速缓存、指令集、超线程技术、虚拟化技术、工作电压、制造工艺、封装技术等。

（2）主板的选购

选购主板时，除了重点考虑主芯片组即整合芯片、支持的 CPU 规格、内存规格、扩展插槽及 I/O 接口、供电方式等主要技术参数外，还要考虑用户的实际需求、主板做工工艺、品牌和服务等方面的因素，例如，对于一般的家用、办公及商务处理来说，应选购一般的主流主板。主板的工艺对主板的使用影响较大，一块优秀的主板，通常表现出 PCB 板厚实、质感较沉、表面做工光滑、边缘切割整齐，布线清晰规整、CPU 插座周围有蛇形走线，板上文字印刷清晰、元件布局合理、排列整齐，焊点明亮、光滑整齐等特点。

（3）内存的选购

选购内存时应注意内存条的外观工艺、内存芯片、内存条的品牌、频率的匹配和内存容量等五个方面。例如，外观与做工都差的内存一定不会太好；一般情况下，品牌内存条的性能比非品牌内存条要可靠得多。另外，为了使 CPU 发挥最大的性能，内存的工作频率应与 CPU 及主板支持的内存工作频率相匹配，以免造成内存瓶颈。还有，内存的容量越大，存储的信息就越多。

（4）显卡的选购

选购显卡时，不仅要重点考虑显卡的核心频率、流处理器的数量、核心位宽、显存频率、显存容量、显存的位宽和带宽、最大显示分辨率、刷新频率、总线接口类型和输出接口类型等主要技术参数，还要考察显卡的做工工艺及散热性能。

（5）硬盘的选购

选购硬盘时，除重点考虑查硬盘容量、转速、平均访问时间、缓存容量、接口、传输速度及连续无故障时间外，还应注意硬盘的单碟容量、数据保护与抗震技术、保修等方面。例如，硬盘的单碟容量越大，工作时稳定性越好，其内部数据传输速率越高；一块优秀的硬盘应具备较高的数据安全性和可靠的稳定性。

（6）光驱的选购

选购光驱时，应重点考虑光驱的速度、数据传输速率、平均访问时间、缓存容量、接口、纠错能力与兼容性等主要技术参数指标。

（7）机箱与电源的选购

选购机箱主要考虑机箱内的空间大小、通风条件、接口、散热情况、电磁屏蔽性能等因素。选购电源重点考虑电源功率、输出电压稳定性、散热能力、噪声强度等。

（8）显示器的选购

建议选购液晶显示器，重点考虑显示器的屏幕尺寸、亮度、对比度、色彩、可视角度、背光类型等技术参数。

## 2.3　计算机软件系统

### 2.3.1　计算机软件系统基本组成

软件是指为运行、管理与维护计算机而编制的各种程序、数据及文档的集合。软件系统是计算机中软件的总称，是计算机系统的重要组成部分，保证计算机硬件系统的功能得以正常发挥，并为用户提供良好的工作环境，可以说，没有软件系统支持的计算机硬件系统，只能是一堆废物，也不可能工作。

计算机软件系统分为系统软件和应用软件两大类。系统软件主要包括操作系统、语言处理程序、数据库管理系统和一些服务性程序。应用软件主要包括数据库应用系统、各专业软件及各种用户程序，例如文字处理软件、杀毒软件、财会软件、人事管理软件等都属于应用软件。

### 2.3.2　计算机系统软件

系统软件是管理、监控和维护计算机资源的软件，一般用来管理、维护计算机及协调计算机内部更有效地工作。系统软件是一种公共通用性软件，不依赖特定的应用领域和用户，更是一种基础性软件，其他软件都是在系统软件的支持下开发和运行的。

**1. 操作系统**

操作系统是最基本、最重要的系统软件，负责管理计算机系统的全部软件资源和硬件资源，使计算机系统所有资源最大限度地发挥作用，合理地组织计算机各部分协调工作，为应用软件提供支持和服务，并为用户提供操作和编程界面。

操作系统是计算机软件系统中最核心和最基础的部分，主要功能是资源管理，程序控制和人机交互等。操作系统位于底层硬件与用户之间，是两者沟通的桥梁。用户可以通过操作系统的用户界面，输入命令；操作系统对命令进行解释，驱动硬件设备，实现用户要求。

目前的操作系统种类繁多，很难用单一标准统一分类，根据操作系统的功能和使用环境，大致可以分为以下几类：

（1）单用户操作系统

单用户操作系统是指一台计算机在同一时间只能由一个用户使用，该用户独自享用系统的全部硬件和软件资源。计算机在单用户单任务操作系统控制下，只能串行地执行用户程序，CPU 运行效率低。

早期的 DOS 操作系统是单用户单任务操作系统，Windows XP 则是单用户多任务操作系统，Linux 、UNIX 是多用户多任务操作系统。

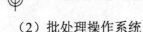
（2）批处理操作系统

批处理操作系统以作业处理为对象，连续处理在计算机系统中运行的作业流，这类操作系统的特点是：作业的运行完全由系统自动控制，系统的吞吐量大，资源的利用率高。

（3）分时操作系统

分时操作系统使多个用户同时在各自的终端机上联机使用同一台计算机，CPU 按优先级别分配各个终端的时间片，轮流为各个终端服务，对用户而言，有"独占"这一台计算机的感觉。分时操作系统侧重于及时性和交互性，使用户的请求尽量在较短的时间内得到响应。

常见的分时操作系统有 UNIX、VMS 等。

（4）实时操作系统

实时操作系统及时响应外部事件的请求，在规定的严格时间内完成对该事件的处理，并控制所有实时设备和实时任务协调一致地工作。外部事件一般指来自于计算机系统相联系的设备的服务要求和数据采集。实时操作系统广泛应用于工业生产过程控制和事务数据处理中，常用的实时操作系统有 RDOS 等。

（5）网络操作系统

为计算机网络配置的操作系统称为网络操作系统，它负责网络管理、网络通信、资源共享和系统安全等工作。常用的网络操作系统有 UNIX、Netware、Windows NT、Windows Server 等。

（6）分布式操作系统

为分布式计算机系统配置的操作系统称为分布式操作系统。分布式计算机系统由多个并行工作的处理器组成的系统，提供高度的并行性和有效的同步算法及通信机制，自动实行全系统范围内的任务分配，并自动调节各处理机的工作负载，如 MDS、CDCS 等。

分布操作系统是网络操作系统的更高形式，它保持了网络操作系统的全部功能，而且还具有透明性、可靠性和高性能等。网络操作系统和分布式操作系统虽然都用于管理分布在不同地理位置的计算机，但最大的差别是：网络操作系统知道确切的网址，而分布式系统则不知道计算机的确切地址；分布式操作系统负责整个的资源分配，能很好地隐藏系统内部的实现细节，如对象的物理位置等。

**2. 语言处理程序**

人和计算机交流信息使用的语言称为程序设计语言（计算机语言），语言处理程序是为用户设计的编程服务软件，其作用是将高级语言源程序翻译成计算机能识别的目标程序。语言处理程序一般由汇编程序、编译程序、解释程序和相应的操作程序等组成。

计算机语言通常分为机器语言、汇编语言和高级语言三类。

（1）机器语言

机器语言是用二进制代码 0 和 1 表示的、能被计算机直接识别和执行的一种机器指令的集合。用机器语言编写的程序称为机器语言程序。机器语言具有灵活、直接执行和速度快等特点。不同型号的计算机其机器语言是不相通的，按照一种计算机的机器指令编制的程序，不能在另一种计算机上执行。

用机器语言编写程序，编程人员要首先熟记所用计算机的全部指令代码和代码的涵义。编写程序时，程序员不仅需要自己处理每条指令和每一数据的存储分配和输入输出，还需要记住编程过程中每步所使用的工作单元处在何种状态。这是一件十分繁琐的工作，编写程序花费的时间往往是实际运行时间的几十倍或几百倍。而且，编出的程序全是二进制指令代码，直观性差，容易出错。机器语言是一种低级语言，目前，除了计算机生产厂家的专业人员外，绝大多数的程序员已经不再使用机器语言来编写程序。

（2）汇编语言

汇编语言是一种用助记符表示的面向机器的程序设计语言，汇编语言的每条指令对应一条机器语言代码。在汇编语言中，用助记符代替操作码，用地址符号或标号代替地址码，因此，汇编语言也称为符号语言。使用汇编语言编写的程序称为汇编语言程序，不能直接被计算机识别，必须由"汇编程序"将汇编语言翻译成机器语言后才能被计算机执行。"汇编程序"是汇编语言的翻译程序，用来将汇编语言编写的源程序翻译成能被计算机识别的目标程序。

汇编语言比机器语言易于读写、调试和修改，同时具有机器语言全部优点。但在编写复杂程序时，相对高级语言代码量较大，而且汇编语言依赖于具体的处理器体系结构，不能通用，不能直接在不同处理器体系结构之间移植。

（3）高级语言

高级语言是一种比较接近自然语言和数学表达式的计算机程序设计语言。高级语言是面向用户的语言，无论何种类型的计算机，只要有相应的高级语言的编译或解释程序，就可以采用编译的方式或解释的方式执行，因此，用高级语言编写的程序可以通用。

计算机系统不能直接识别和执行用高级语言编写的源程序，必须先将源程序"翻译"成机器指令后，计算机系统才能识别和执行，这种"翻译"通常有两种方式，即编译方式和解释方式。

编译方式是将源程序整体编译成目标程序，然后通过连接程序将目标程序链接称为可执行程序。编译方式对源程序只需编译一次，生成的目标代码经过链接后就能够脱离编译器单独运行，运行效率高。

解释方式是源程序输入到计算机后，解释程序将源程序进行逐行逐句翻译，翻译一句执行一句，边翻译边执行，不产生目标程序。尽管解释方式具有良好的动态性，调试程序方便，移植性好，但程序运行离不开解释程序，程序的执行效率低，占用空间大。

当前常用的高级语言程序：C、C++、Java、Visual Basic、LISP、Visual C++等。

**3. 数据库管理系统**

数据库管理系统（简称 DBMS）是一种操纵和管理数据库的大型软件，是有效进行地数据存储、共享和管理的工具，主要用于建立、使用和维护数据库。DBMS 对数据库进行统一的管理和控制，以保证数据库的安全性和完整性。用户通过 DBMS 访问数据库中的数据，数据库管理员通过 DBMS 进行数据库的维护工作。DBMS 可使多个应用程序和用户采用不同的方法，在同时或不同时刻去建立，修改和询问数据库。

数据库管理系统主要用于档案管理、财务管理、图书资料管理、仓库管理和人管理等方面。目前常用的数据库管理系统主要有 Access、SOL Server、Oracle、Sybase 等。

## 2.3.3 计算机应用软件

应用软件是用户利用计算机及其提供的系统软件，为解决各种实际问题而编制的计算机程序，是除了系统软件以外的所有软件，由各种应用软件包和面向问题的各种应用程序组成。由于应用软件具有很强的实用性和专业性，才使得计算机的应用日益渗透到社会的方方面面。目前，广泛使用的应用软件主要有：文字处理软件、表格处理软件、图形处理软件、多媒体处理软件等。

**1. 文字处理软件**

文字处理软件主要用于文本处理，用户利用文字处理软件不仅可以将文字输入到计算机中，对文字进行修改、排版、打印等操作，还可以将输入的文字以文件的形式保存到硬盘或其他存储器中。目前常用的文字处理软件有 Microsoft Word 和金山 WPS 等。

**2. 表格处理软件**

表格处理软件主要用于表格中的数据处理，用户利用表格处理软件不仅可以对表格中的数据进行编辑、排序、筛选及各种计算，还可以利用表格中的数据制作各种图表等。目前常用的表格处理软件有 Microsoft Excel 等。

**3. 辅助设计软件**

计算机辅助设计(CAD)技术是近二十年来最有成效的工程技术之一。由于计算机具有快速的数值计算、数据处理以及模拟的能力，因此目前在汽车、飞机、船舶、超大规模集成电路 VLSI 等设计、制造过程中，CAD 占据着越来越重要的地位。辅助设计软件主要用于绘制、修改、输出工程图纸。目前常用的辅助设计软件有 AutoCAD 等。

**4. 图像处理软件**

图像处理软件主要用于绘制和处理各种图形图像，用户利用图像处理软件可以绘制自己需要的图像，也可以对现有图像进行简单加工及艺术处理。常用的图像处理软件有 Adobe Photoshop 等。

**5. 多媒体处理软件**

多媒体处理软件主要用于音频处理、视频处理及动画处理，安装和使用多媒体处理软件对计算机的硬件配置要求相对较高。播放软件是重要的多媒体处理软件，例如暴风影音和 Winamp 等。常用的视频处理软件有 Adobe Premier 及 Ulead 会声会影等。Flash 常用于制作平面动画，Maya 和 DMAX 用于制作大型的 3D 动画。

## 2.4 微型计算机系统的维护

### 2.4.1 微型计算机的系统维护概述

微型计算机系统维护主要包括硬件维护、软件维护和数据维护，其目的是减少计算机系统的故障，提高运行效率，并在一定程度上延长计算机的运行寿命。

人们在使用计算机时，如果使用操作不当、系统参数设置不对、人为干扰(如计算机病毒)以及客观环境干扰(如掉电、电压不稳)等都会造成计算机不能正常工作，导致计算机发生故障。计算机系统发生的故障大致分为三大类。第一类是因计算机系统硬件电路产生的故障，称为硬件故障。第二类是计算机系统的软件遭到破坏、或计算机系统配置的系统参数遭到破坏导致系统无法正常工作而产生的故障，称为软件故障。第三类是计算机系统中的数据遭到破坏导致计算机在某一领域或行业不能正常运用的故障，称为数据故障。因此，为了保证计算机系统能够正常运行，预防故障发生，人们必须做好计算机系统的日常维护工作，定期对计算机系统进行检测、修理和优化。

### 2.4.2　软件系统故障处理及维护

**1. 软件故障**

在计算机的使用过程中，由于文件被误删除或破坏、使用软件出了问题、感染了计算机病毒等原因而导致计算机系统不能正常运行所产生的故障称为软件故障，主要包括以下几个方面：

（1）操作系统故障

操作系统故障是最常见的软件故障，一旦操作系统出现故障，很可能影响整个计算机系统的使用。造成该故障发生的主要原因是操作系统中的某个文件被删除、修改或破坏，引起计算机不能正常运行或无法运行。

（2）驱动程序不正确引起的故障

硬件正常运行，需要安装相应的驱动程序，如果没有安装驱动程序或驱动程序安装不正确都会引起一系列的故障。例如，声卡不能发声，显卡不能正常显示色彩等，这些都与驱动程序有关。

（3）误操作引起的故障

在使用计算机的过程中，由于执行了不该使用的命令或运行了某些具有破坏性的程序，导致计算机系统不能正常工作。例如，删除了系统运行时必须使用的文件，将会导致系统不能正常运行；对磁盘执行格式化操作导致磁盘内数据的丢失；执行卸载软件操作导致系统内的软件消失等。

（4）计算机病毒引起的故障

病毒故障对计算机系统的影响非常大，不但影响软件、操作系统的运行速度，还影响计算机的硬件。计算机病毒具有很强的破坏性，染上病毒的计算机其运行速度会变慢，存储的数据和信息可能会遭受破坏，甚至全部丢失。

（5）不正确的设置引起的故障

计算机系统必须在正确设置后方能正常工作，例如系统启动时的 CMOS 设置、系统引导实时配置程序的设置、注册表的设置等都会对系统产生影响，如果这些设置不正确或没有设置，将会造成计算机不工作或产生操作故障。

（6）数据故障

系统中的某些数据遭到破坏，导致系统中的某个专业软件无法正常运行，引起计算机系统无法在行业中应用。例如系统中的数据库受到破坏，直接影响使用该数据库的专业软件运行。

**2. 软件系统的主要维护措施**

① 选择合适的操作系统，做好操作系统备份。

② 安装正版的硬件驱动程序。

③ 备份重要数据，必要时还原。

④ 安装防病毒软件，定期对计算机系统进行病毒检测与查杀。

⑤ 采用"系统优化软件"优化系统设置，使用"系统还原"功能快速恢复系统设置。

⑥ 安装网络防火墙软件。

⑦ 定期进行磁盘碎片整理，清理垃圾文件。

普通高等教育「十二五」规划教材

### 2.4.3　硬件系统故障处理及维护

**1. 硬件故障**

由于计算机系统硬件损坏、品质不良、安装或设置不正确、接触不良等引起的故障称为硬件故障。引起计算机系统故障的原因多种多样，主要原因是产品质量不过关、元件老化、运行环境差（如电源电压不稳、外界干扰、温度过高或过低、灰尘过多、湿度过高等）、用户使用不当、计算机病毒等。常见的硬件故障主要包括以下几个方面：

（1）电源故障

计算机电源损坏或主板、硬盘等设备供电线路损坏或接触不良，导致不能正常加电，引起计算机无法正常启动。

（2）芯片故障

芯片的电路板断裂、针脚损坏、接触不良，或者因发热过大、温度过高等原因导致计算机无法正常工作。

（3）连线故障

计算机中各设备之间的数据线连接错误，或者设备没有连接到正确的位置，引起计算机系统发生故障。

（4）部件故障

计算机系统中的主要部件如 CPU、主板、显示器、硬盘等硬件设备因质量不过关、老化等原因产生故障，造成计算机系统不能正常工作。

（5）兼容性故障

计算机硬件的主要技术指标决定了其工作性能与工作环境要求，各硬件之间是否能相互配合，在工作速度、频率、温度等方面能否具有一致性，决定了硬件之间是否相互兼容，如果不兼容就会引起故障。

**2. 硬件系统的主要维护措施**

① 定期进行设备检查、诊断。

② 开机前进行电源检查，做好防静电、防雷击工作。

③ 平时注意做好防尘、防湿工作，及时清理灰尘。

④ 在合适的温度下使用计算机、做到机箱内通风。

⑤ 硬件出现故障时，及时更换。

# 第 3 章 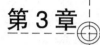 计算机操作系统及其应用

**【学习目的与要求】**

了解计算机常用的操作系统，掌握 Windows XP 操作系统的基本操作，包括安装、启动与退出、桌面管理及系统优化、文字输入、文件与文件夹操作、控制面板使用及附件工具使用等。

## 3.1 常用计算机操作系统介绍

目前，计算机上常用的操作系统主要有以下几种：

（1）Windows 操作系统

Windows 操作系统是一款由美国微软公司开发的窗口化操作系统，采用了 GUI 图形化操作模式，多任务处理方式，操作方便。Windows 操作系统是目前世界上使用最广泛的操作系统。

（2）Unix 操作系统

Unix 操作系统是一款功能强大的分时操作系统，具有多用户、多任务的特点，支持多种处理器架构，主要用于服务器/客户机体系。

（3）Linux 操作系统

Linux 操作系统是一款在 Unix 操作系统基础上发展起来的、源代码开放的网络操作系统。Linux 性能稳定，能免费使用和自由传播，具有多用户、多任务的特点，能支持多线程和多 CPU 的操作。

（4）Mac OS 操作系统

Mac OS 操作系统是一款运行于苹果 Macintosh 系列电脑上的操作系统。Mac OS 具有较好的图形处理能力，主要用于桌面出版和多媒体应用领域。 另外，目前疯狂肆虐的电脑病毒几乎都是针对 Windows 的，由于 Mac OS 的架构与 Windows 不同，所以很少受到病毒的袭击。

## 3.2 Windows XP 操作系统及其应用

### 3.2.1 Windows XP 操作系统概述

Windows XP 是微软公司于 2001 年推出的一款视窗操作系统，XP 是英文 Experience（体验）的缩写，Microsoft 公司希望这款操作系统能够在全新技术和功能的引导下，给 Windows 的广大用户带来全新的操作系统体验。Windows xp 不仅简化了 Windows 2000 的用户安全特性，还整合了防火墙，用来解决长期以来一直困扰微软的安全问题。

目前，Windows XP 主要有三个版本，家庭版(Home)、专业版(Professional)和 64 位版（64-Bit Edition）。家庭版的消费对象是家庭用户，专业版是在家庭版的基础上，添加了面

普通高等教育『十二五』规划教材

**43**

向商业服务的网络认证、双处理器等特性，64 位版是一个 64 位操作系统，支持大内存管理和高浮点运算性能，主要用于电影特效制作、3D 动画制作、工程应用与科学计算等方面。

### 3.2.2 Windows XP Professional 特点

Windows XP Professional 发布以后，很快得到了广大用户的认同及广泛使用，同先前的 Windows 操作系统相比，Windows XP Professional 具有以下几个明显的特点：

（1）功能全面、运行稳定

Windows XP Professional 的用户界面简便易用，操作方便，运行稳定、安全可靠，并为用户提供了一系列的实用工具。Windows XP Professional 不仅能很好地管理个人计算机系统，还为用户提供了强大的网络通信功能，可以更加简单的连接、共享计算机和其他设备。另外，Windows XP Professional 的帮助和支持系统的功能十分强大，可以很容易从故障中恢复。

（2）具有移动支持功能

Windows XP Professional 可以自动进行无线网络配置，帮助用户快速实现无线上网，其新配置的远程桌面系统，可以让用户从另一台 Windows PC 上远程访问自己的 Windows XP Professional PC，实现了远程使用本机上的所有数据和应用程序。Windows XP Professional 提供了脱机文件和文件夹功能，在计算机与服务器断开连接时，也可以访问网络共享区中的文件和文件夹。

（3）具有高响应能力，可以同时处理多个任务

Windows XP Professional 改进了快速启动和电源管理，使计算机的启动和恢复工作所用的时间更短，能同时支持多个应用程序同时运行。

（4）具备数据安全保护和维护隐私功能

Windows XP Professional 提供了 Internet 连接防火墙，加强了对个人隐私的保护，当用户登录 Internet 时，可以自动屏蔽对计算机的未授权访问。加密文件系统增加了文件保护功能，可以保护基于 NTFS 文件系统存储的文件数据，访问控制功能可以对选定的文件、应用程序和其他资源设置限制访问。

（5）使用更加高效的管理解决方案

使用新增的中央管理功能，用户可以将 Windows XP Professional 系统加入到一个 Windows Server 域中，充分利用域的管理和安全工具。组策略的使用简化了用户或计算机组的管理。强大的软件安装与维护功能可以自动安装、配置、修复或删除软件应用程序。漫游用户配置文件，可以使用户不管在何处登录，都可以访问自己所有的文档和设置。远程安装服务（RIS）支持远程操作系统的安装，这种情况下桌面可以通过网络进行安装。

（6）可以与世界各地的其他用户高效通信

Windows XP Professional 不仅可以更改用户界面所使用的语言，还可以输入任何语言的文本，并可以在 Windows XP Professional 上运行所有语言版本的 Win32 应用程序。

### 3.2.3 Windows XP Professional 运行环境与安装

**1. Windows XP Professional 的最低硬件配置要求**

在安装中文 Windows XP Professional 前，计算机系统必须具备如下的最低硬件需求：

（1）CPU

时钟频率最少 233MHz，推荐计算机使用时钟频率为 300 MHz 或更高的处理器。

（2）内存

最少 128 MB RAM ，推荐使用 256MB 或更高。

（3）硬盘

1.5 GB 可用硬盘空间。

（4）显卡

Super VGA (800×600) 或分辨率更高的视频适配器和监视器。

（5）其他

CD-ROM 或 DVD 驱动器、键盘、鼠标、显示器等。

**2. 安装 Windows XP Professional**

将 Windows XP Professional 安装光盘放到光驱中，运行 Windows XP 的安装光盘，在安装系统向导的提示下完成相关的安装步骤。

### 3.2.4　Windows XP Professional 基本操作

**1. Windows XP 的启动与关闭**

（1）启动计算机

如果计算机中已经安装了 Windows XP Professional，按下主机上的电源按钮，计算机将自动启动 Windows XP Professional。启动成功后屏幕上将显示如图 3-1 所示的 Windows XP 的登录画面。单击相应的用户名图标，输入与该用户名对应的密码，按回车键即可登录 Windows XP Professional 系统。

图 3-1　Windows XP 的登录

（2）注销与切换 Windows XP 用户

Windows XP Professional 可以让多个用户共享同一台计算机，每个使用该计算机的用户都可以通过个性化设置和私人文件创建独立的密码保护账户。具体操作如下：

单击"开始"按钮，在弹出的开始菜单中选择"注销"命令，出现如图 3-2 所示的"注销 Windows"对话框,在该对话框中可选择"切换用户"或者"注销",执行切换或注销用户操作。

切换用户:在不关闭当前登录用户的情况下而切换到另一个用户,用户可以不关闭正在运行的程序,而当再次返回时系统会保留原来的状态。

注销:保存设置并关闭当前登录用户,用户不必重新启动计算机就可以实现多用户登录。

(3)退出 Windows XP

不能直接关闭计算机电路,这样操作可能会造成致命的错误(如硬盘损坏或启动文件损坏),导致系统无法再次启动。如果未退出 Windows 就关闭电路,系统将认为是非正常关机,在下次开机时将自动对硬盘进行检测,延长了开机时间。退出 Windows XP 方法如下:

单击"开始"按钮,在弹出的菜单中选择"关闭计算机"命令,在弹出的如图 3-3 所示的"关闭计算机"对话框中可选择"待机"、"关闭"、"重新启动"以执行相应的操作。

图 3-2 注销 Windows

图 3-3 关闭计算机

待机:系统将保持当前的运行,计算机将转入低功耗状态,将正在使用的内容保存在硬盘上,继续保留内存的电源。当用户再次使用计算机时,在桌面上移动鼠标即可以恢复原来的状态。

关闭:系统将停止运行,保存设置退出,并且会自动关闭电源。用户不再使用计算机时选择该项可以安全关机。

重新启动:将重新启动计算机。

休眠:在"关闭计算机"对话框中,按下键盘上的 shift 按钮,对话框的"待机"按钮变成"休眠"按钮,此时单击"休眠"按钮,计算机进入休眠状态,将正在使用的内容保存在硬盘上,然后切断计算机所有部件的电源。计算机"休眠"比"待机"更节省电。

另外,按下 Ctrl+Alt+Del 组合键,或右击任务栏,在弹出的快捷菜单中单击"任务管理器"命令,显示"windows 任务管理器"对话框,在此对话框中单击"关机/关闭"命令实现关闭计算机,单击"关闭/重新启动"实现重新启动计算机。如图 3-4 所示。

**2. 鼠标操作**

(1)鼠标的基本操作

鼠标的基本操作有指向、单击(单击左键)、双击、右击(单击邮件)和拖曳(拖动)等。

① 指向:移动鼠标,使鼠标指针指向操作对象。

② 单击:快速按下鼠标左键并立即释放。单击用于选择对象或执行命令。

③ 双击:连续快速两次单击鼠标左键。双击用于启动程序或打开文件。

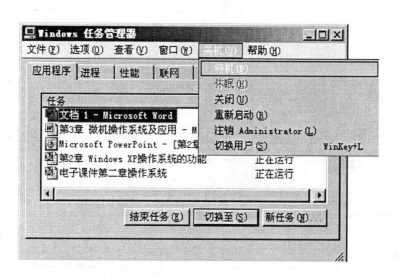

图 3-4 Windows 任务管理器

④ 右击：快速按下鼠标右键并立即释放。右击将弹出快捷菜单，方便完成对所选对象的操作。当鼠标指针指示到不同的操作对象上时，会弹出不同的快捷菜单。

⑤ 拖曳：将鼠标指针指向操作的对象，按下鼠标左键不放，移动鼠标使鼠标指针指示到目标位置后释放鼠标左键。拖曳用于移动对象、复制对象或者拖动滚动条与标尺的标杆等。

（2）鼠标指针形状

鼠标指针形状一般是一个小箭头，但在一些特殊场合和状态下，鼠标指针形状会发生变化。不同的鼠标指针形状代表的不同含义，如图 3-5 所示。

| | 正常选择 | + | 精确定位 | ↕ | 垂直调整 | ✛ | 移动 |
|---|---|---|---|---|---|---|---|
| | 帮助选择 | I | 选定文本 | ↔ | 水平调整 | ↑ | 候选 |
| | 后台运行 | | 手写 | ↘ | 延对角线调整 1 | | 链接选择 |
| | 忙 | ⊘ | 不可用 | ↗ | 延对角线调整 2 | | |

图 3-5 鼠标指针形状及含义

## 3. 键盘操作

用户可以利用键盘向计算机输入信息，如英文字母、汉字、数字及各种符号，也可以利用键盘实现对计算机的控制，完成相应的操作。

在 Windows 中，用户可以利用几个键组合成快捷键代替鼠标，简单快速地实现与计算机交互。例如，按下 Ctrl+C 组合键就可以复制所选定的对象。表 3-1～表 3-3 列出了 Windows XP 中的主要快捷键。

表 3-1                                    常规键盘操作快捷键

| 快 捷 键 | 功 能 |
|---|---|
| Ctrl + C | 复制 |
| Ctrl + X | 剪切 |
| Ctrl + V | 粘贴 |
| Ctrl + Z | 撤销 |
| Delete（Del） | 删除 |
| Shift + Delete | 永久删除所选项，而不将它放到"回收站"中 |
| 拖动某一项时按 Ctrl | 复制所选项 |
| 拖动某一项时按 Ctrl + Shift | 创建所选项目的快捷键 |
| Shift + 任何箭头键 | 在窗口或桌面上选择多项，或者选中文档中的文本 |
| Ctrl + A | 选中全部内容 |
| Alt + F4 | 关闭当前项目或者退出当前程序 |
| Alt + Enter | 显示所选对象的属性 |
| Alt + 空格键 | 打开当前窗口的系统菜单 |
| Alt + Tab | 在打开的项目之间切换 |
| Alt + Esc | 以项目打开的顺序循环切换 |
| Ctrl + Esc | 显示"开始"菜单 |
| Esc | 取消当前任务 |
| F2 | 重新命名所选项目 |
| F3 | 搜索文件或文件夹 |
| F4 | 显示"地址"栏下拉列表框 |
| F5 | 刷新当前窗口 |
| F6 | 在窗口或桌面上循环切换屏幕元素 |
| F10 | 激活当前程序中的菜单条 |
| Shift + F10 | 显示所选项的快捷菜单 |
| PrintScreen | 复制当前屏幕图像到剪贴板 |
| Alt+ PrintScreen | 复制当前窗口、对话框或其他对象的图像到剪贴板 |

表 3-2　　　　　　　　　　　　　　　　　　　对话框快捷键

| 快 捷 键 | 功　　能 |
| --- | --- |
| Ctrl + Tab | 在选项卡之间向前移动 |
| Ctrl + Shift +Tab | 在选项卡之间向后移动 |
| Tab | 在选项之间向前移动 |
| Shift + Tab | 在选项之间向后移动 |
| ALT + 带下画线的字母 | 执行相应的命令或选中相应的选项 |
| Enter | 执行活动选项或按钮所对应的命令 |
| F1 | 显示帮助 |
| BackSpace | 打开上一级文件夹 |
| End | 显示当前窗口的底端 |
| Home | 显示当前窗口的顶端 |
| 左箭头键 | 折叠当前文件夹，或选定其他文件夹 |
| 右箭头键 | 展开当前文件夹，或选第一个子文件夹 |

表 3-3　　　　　　　　　　　　　　　　　　　自然键盘快捷键

| 快 捷 键 | 功　　能 |
| --- | --- |
| WIN | 显示或隐藏"开始"菜单 |
| WIN+ BREAK | 显示"系统属性"对话框 |
| WIN+ D | 显示桌面 |
| WIN+ M | 最小化所有窗口 |
| WIN+ Shift + M | 还原最小化的窗口 |
| WIN+ E | 打开"我的电脑" |
| WIN+ F | 搜索文件或文件夹 |
| CTRL+WIN+ F | 搜索计算机 |
| WIN+ F1 | 显示 Windows 帮助 |
| WIN+ L | 快速锁定计算机或切换用户 |
| WIN+ R | 打开"运行"对话框 |
| KEY | 显示所选项的快捷菜单 |
| WIN+ U | 打开"工具管理器" |

**4. 桌面的基本操作**

计算机桌面是指屏幕工作区域，Windows XP 刚刚启动后的屏幕画面就是桌面。所有的程序、窗口、图标都是在桌面上显示和运行的。

（1）桌面的组成

Windows XP 桌面包括图标、任务栏与开始菜单、桌面背景等。如图 3-6 所示。

图 3-6　Windows 桌面

① 图标：是停留在桌面上，代表 Windows XP 各对象的图像，双击图标可以执行或显示图标所代表的应用程序、文件及相应信息。刚安装完的 Windows XP 桌面图标有我的文档、我的电脑、网上邻居、回收站、Internet Explorer 等。

● "我的文档" ：："我的文档"是一个文件夹，使用它可存储文档、图片和其他文件（包括保存的 Web 页），它是系统默认的文档保存位置，每位登录到该台计算机的用户均拥有各自唯一的"我的文档"文件夹。

● "我的电脑" ：：在桌面上双击"我的电脑"图标后，将打开"我的电脑"窗口，通过"我的电脑"窗口，用户可以管理本地计算机的资源，进行磁盘、文件或文件夹操作，也可以对磁盘进行格式化和对文件或文件夹进行移动、复制、删除和重命名，还可以设置计算机的软硬件环境。

● "网上邻居" ：：通过"网上邻居"可以访问其他计算机上的资源。"网上邻居"指的是网络意义上的邻居。一个局域网是由许多台计算机相互连接而组成的，在这个局域网中每台计算机与其他任意一台联网的计算机之间都可以称为是"网上邻居"。通过双击该图标展开的窗口，用户可以查看工作组中的计算机、查看网络位置及添加网络位置等。

- "Internet Explorer" ：用于浏览互联网上的信息，通过双击该图标可以访问网络资源。
- "回收站" ：回收站可暂时存储已删除的文件、文件夹或 Web 页，当从硬盘中删除任意项目时，Windows 将其暂存在回收站中，当回收站存放的项目达到一定量后，Windows 将自动删除那些最早进入回收站的文件或文件夹。Windows 为每个硬盘或硬盘分区分配了一个回收站，用户可以利用回收站来恢复误删的文件，也可以清空回收站，以释放磁盘空间。

② 任务栏与开始菜单：位于桌面的下方，由开始菜单按钮、快速启动工具栏、窗口管理区、语言栏、系统提示区等组成。通过任务栏，可以快速对 Windows 当前的工作任务进行管理。

- "开始"菜单按钮：是运行应用程序的入口，提供对常用程序和公用系统区域（如，我的电脑、控制面板、搜索等）的快速访问。
- 快速启动工具栏：由一些小型的按钮组成，单击其中的按钮可以快速启动相应的应用程序，一般情况下，它包括网上浏览工具 Internet Explorer 图标、收发电子邮件的程序 Outlook Express 图标和显示桌面图标等。
- 窗口管理区（按钮栏）：当用户启动应用程序而打开一个窗口时，在任务栏上会出现相应的有立体感的按钮，表明当前程序正在被使用，在正常情况下，按钮是向下凹陷的，而把程序窗口最小化后，按钮则是向上凸起的，这样用户的观察将更方便。
- 语言栏：用户可通过语言栏选择所需的输入法，单击任务栏上的语言图标 EN，或键盘图标 ，将显示一个菜单。在弹出的菜单中可对输入法进行选择。语言栏可以最小化以按钮的形式在任务栏显示，也可以独立于任务栏之外。
- 系统提示区：提供了一种简便的方式来访问和控制程序。右击通知区域的图标时，将出现该通知区域对应图标的菜单。该菜单为用户提供了特定程序的快捷方式。

③ 桌面背景：图标以外的区域为桌面背景，可以通过更改桌面背景的图案是桌面变得更加美观。

（2）添加桌面图标

直接用鼠标将选定的对象直接拖曳到桌面上，或者在桌面上任意空白位置右击鼠标，在弹出的快捷菜单中单击"新建"子菜单，选择相应的快捷方式，直接在桌面上创建相应图标。

（3）删除桌面图标

选定图标，在键盘上按下 Delete 键，将其放入到回收站中；如果在选定该对象后，按下 Shift+Delete 键，直接将图标从桌面上删除；也可以使用鼠标右击图标，在显示的快捷菜单中选择"删除"命令，将该图标放入到回收站中。

（4）重新排列桌面图标

鼠标右击桌面空白位置，在弹出的快捷菜单中单击"排列图标"子菜单，选择相应的排列方式。

① 名称：按图标名称的字母顺序排列图标。

② 大小：文件大小顺序排列图标。如果图标是某个程序的快捷方式，文件大小指的是快捷方式文件的大小。

③ 类型：按图标类型顺序排列图标。例如，如果在桌面上有几个 PowerPoint 图标，它们将排列在一起。

④ 修改时间：按图标对应的对象最后所做修改的时间排列图标。

⑤ 自动排列：将桌面上的图标从左到右按列排列，并使图标相互对齐。

（5）启动程序或窗口

双击桌面上图标，启动相应程序或窗口。

（6）创建快捷方式

桌面上的快捷方式图标指向它所代表的某个程序、文件或文件夹，添加或删除图标不会影响实际的程序或文件。创建桌面快捷方式有以下几种方法：

① 找到文件所在的位置，右击鼠标将文件拖曳到桌面上，然后释放鼠标右键，在弹出的快捷菜单中选择"在当前位置创建快捷方式"命令。

② 找到文件所在的位置，按下 ALT 键，单击鼠标左键，将文件拖曳到桌面。

③ 选定文件或文件夹，按下 CTRL+C 快捷键，鼠标右击桌面空白处，在弹出的快捷菜单中选择"粘贴快捷方式"命令。

④ 在"资源管理器"窗口中，鼠标右击文件或文件夹，在弹出的快捷菜单中选择"发送到/桌面快捷方式"命令。

⑤ 在桌面空白处右击鼠标，在弹出的快捷菜单中选择"新建/快捷方式"命令，然后根据提示向导输入文件名和快捷方式名称。

**5. 窗口操作**

（1）窗口的组成

Windows XP 中程序是通过窗口进行管理的，每启动一个程序都会生成一个程序窗口，同时在任务栏上产生一个按钮。程序、窗口、任务栏按钮是一一对应的，例如，关闭程序窗口就是终止该程序的运行，最小化程序窗口就是让该程序在后台运行。

Windows XP 允许同时打开多个窗口，在所有打开的窗口中只有一个是正在操作的窗口，称为当前活动窗口。活动窗口的标题栏呈深蓝色，非活动窗口的标题栏一般呈灰色。

Windows XP 窗口主要由标题栏、窗口控制按钮（最小化按钮、最大化/还原按钮、关闭按钮）、菜单栏、工具栏、地址栏、状态栏、窗口工作区、滚动条、窗口边框等组成，如图3-7所示。

① 标题栏：出现在窗口的顶部，用于显示窗口的名称，拖动标题栏可移动整个窗口。

② 菜单栏：一般出现在标题栏的下面，菜单栏中有多个菜单，用于对窗口进行操作。

③ 控制按钮：位于窗口右上角、标题栏右端，包含最小化按钮、最大化按钮、还原按钮、关闭按钮等按钮。用鼠标单击该按钮，可以对窗口进行最小化、最大化、还原和关闭等操作。

④ 工具栏：由一组常用的工具按钮组成，单击工具栏中的工具按钮，执行相应操作。

⑤ 状态栏：显示当前窗口的状态。

⑥ 工作区域：是窗口的内部区域，用来显示当前窗口的内容。

⑦ 滚动条：当窗口中的内容不能完全显示出来时，工作区域就会显示水平滚动条或垂直滚动条，用户可以通过拖动滚动条或单击滚动条两端的滚动箭头，显示窗口中的所有内容。

⑧ 地址栏：无需关闭当前窗口就能导航到不同的文件夹或文件，可以运行指定程序或打开指定文件。

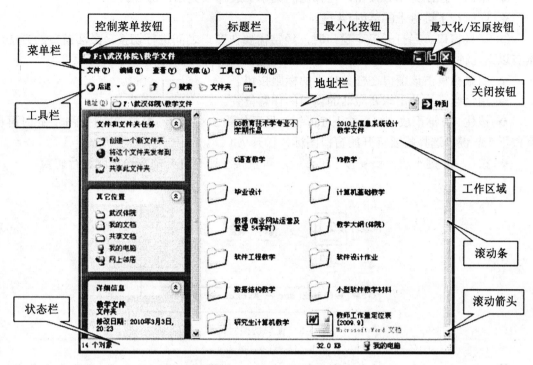

图 3-7 Windows 窗口

（2）窗口的基本操作

① 打开窗口。选中要打开的窗口图标，鼠标双击该图标。或者右击选中的图标，在弹出的快捷菜单中选择"打开"命令。

② 移动窗口。当窗口没有被最大化或最小化时，可以对窗口进行移动。将鼠标移动到窗口的标题栏处，单击鼠标左键不放，拖动鼠标可以将窗口移动到其他位置。或者单击"控制菜单"按钮，在弹出的菜单中选择"移动"命令，鼠标指针改变为✛，此时按下键盘的上、下、左、右光标移动键可移动窗口位置，按回车键结束。

③ 改变窗口大小。当窗口没有被最大化或最小化时，可以改变窗口大小。将鼠标移到窗口的边框或窗口的边角上，当鼠标指针变成双向箭头时，按住鼠标左键不放，拖曳鼠标改变窗口大小。或者单击"控制菜单"按钮，在弹出的菜单中选择"大小"命令，鼠标指针改变为✛，此时按键盘的上、下、左、右光标移动键可调整窗口大小，按回车键结束。

④ 最大化、最小化、还原窗口。单击最小化按钮▭，将窗口缩小为任务栏按钮；单击最大化按钮▭，以全屏方式显示窗口；最大化窗口以后，单击还原按钮▭，可将窗口还原为原来的大小；双击窗口的标题栏，可以最大化窗口或将窗口还原到原来的大小；单击快速启动栏上的显示桌面按钮▭，可以最小化或还原所打开的窗口及对话框。

⑤ 关闭窗口。关闭窗口的方法很多，通常用以下几种方法关闭窗口：

◆ 单击关闭按钮▭。

◆ 右击窗口在任务栏上的按钮，在弹出的快捷菜单中选择"关闭"命令。

◆ 双击控制菜单按钮。

普通高等教育『十二五』规划教材

◆ 单击"控制菜单"按钮，在弹出的菜单中选择"关闭"命令。

◆ 同时按下键盘上的 Alt+F4 键。

⑥ 切换窗口。当打开多个窗口时，经常需要在窗口之间进行切换。激活窗口的方法通常有以下几种：

◆ 用鼠标单击该窗口在任务栏上的标题按钮。

◆ 用鼠标直接单击想要激活的窗口的任意位置。

◆ 按住 Alt 键不放，然后按下 Tab 键，显示如图 3-8 所示的窗口切换对话框，此时再反复按下 Tab 键，选择将要打开的窗口图标，松开 Alt 键。

◆ 按住 Alt 键不放，反复按下 Esc 键，可直接在所有打开的窗口之间进行切换。

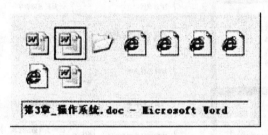

图 3-8　窗口切换对话框

⑦ 排列窗口。对打开的多个窗口，Windows 提供了三种排列的方式，分别是层叠窗口、横向平铺窗口和纵向平铺窗口，用户可以根据需要选择窗口的排列方式。右击任务栏的空白区域，在弹出的快捷菜单上选择"层叠窗口"命令、"横向平铺窗口"命令或"纵向平铺窗口"命令。

**6. 菜单与工具栏操作**

菜单是一些命令的列表，除"开始"菜单外，Windows 还提供了应用程序菜单、控制菜单和快捷菜单。不同程序窗口的菜单是不同的。应用程序菜单通常出现在窗口的菜单栏上，快捷菜单一般通过右击鼠标激发。

Windows 中，控制菜单和应用程序菜单属于下拉式菜单，下拉菜单列出了可供选择执行的若干命令，一个命令对应一种操作。快捷菜单属于弹出式菜单。

（1）菜单命令的使用说明

Windows 菜单命令很多，其一般使用规则如下：

① 正常的菜单命令是以黑色字符显示的，表示该命令当前可用，用灰色字符显示的菜单命令标识当前不可用。

② 如果菜单命令带有省略号"…"，表示选择执行该命令时会弹出对话框，需要用户提供进一步的信息。

③ 如果菜单命令后有一个指向右方的黑三角符号▶，表示选择执行该命令时，会显示一个子菜单。

④ 如果菜单命令前面有标记"√"，表示该命令正处于有效状态。如果再次选择该命令，将删除该命令前的"√"，该命令不再有效。

⑤ 如果命令名的右边还有一个键符或组合键符，则该键符表示快捷键。使用快捷键可以直接执行相应的命令。

（2）下拉菜单操作

单击菜单名或同时按下 Alt 键和菜单名后面的英文字母，可以打开该下拉菜单，如图 3-9 所示打开"我的电脑"查看菜单。打开菜单后，若想取消菜单选择，单击菜单以外的任何地方或按 Esc 键即可取消菜单选择。

图 3-9　打开下拉菜单

（3）快捷菜单操作

用鼠标右击对象，会弹出一个带有关于该对象的常用命令的菜单，称为快捷菜单。快捷菜单是 Windows 系统提供给用户的一种即时菜单，它为用户的操作提供了更为简单、方便、快捷、灵活的工作方式。例如，用鼠标右击桌面空白处，就会弹出如图 3-10 所示的快捷菜单。

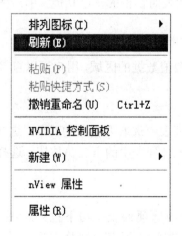

图 3-10　桌面快捷菜单

（4）控制菜单操作

用鼠标右击窗口左上角的图标，会弹出一个控制窗口大小、位置等常用命令的菜单，称为控制菜单。如图 3-11 所示。

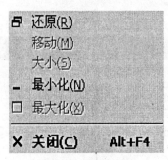

图 3-11　控制菜单

（5）工具栏及其操作

工具栏是菜单中各项命令的快捷按钮，使用时只需单击工具栏上的命令按钮。大多数按钮会在鼠标指针指向时显示一些有关功能的文本。

如果要改变工具栏的位置，将鼠标指针指向工具栏最左端按，当鼠标指针变为十字移动箭头形状✛时，按住左键不放，拖动工具栏到目的位置后释放鼠标。

**7. 对话框操作**

对话框实际上是一个小型的特殊的窗口，一般出现在程序执行过程中。对话框是 Windows 系统与用户之间进行信息交流的界面，大小是固定的，不可以改变。Windows 通过对话框接受用户的回答来获取信息，从而改变系统设置、选择选项或其他操作。对话框组成如图 3-12 所示。

（1）标题栏

标题栏是对话框的名称标识，可以使用鼠标拖曳标题栏移动对话框。

（2）标签及选项卡

有些对话框由多个选项卡组成，各个选项卡相互重叠，以减少对话框所占空间。每个选项卡都有一个标签，每个标签代表对话框的一个功能，单击标签名可以进入标签下的相关选项卡对话框。

（3）文本框

文本框是用来输入文本或数值数据的区域，用户可以直接向文本框输入数据或修改文本框中的数据。

（4）下拉列表框

下拉列表框可以让用户从列表中选取要输入的对象，这些对象可以是文字、图形或图文相结合的方式。用户可以单击下拉列表中的下三角按钮，选择下拉列表框中的列表选项，但不能直接修改其中的内容。

（5）列表框

列表框中显示了可以选择的选项列表。与下拉列表不同，用户不需要打开列表就可以看到某些选项或所有选项。若要从列表中选择选项，单击该选项即可。如果看不到想要的选项，可以使用滚动条上下滚动列表。如果列表框上面有文本框，也可以直接输入选项的名称或值。

（6）复选按钮

在一组选项中，可以根据需要选择零个或多个选项。选项被选中时，前面的方框内出现"√"，再次单击该选项时，原来的"√"消失，表明该选项未被选中。

（7）单选按钮

在一组选项中，必须且只能选择一个选项，当选项被选中时，前面的圆圈内出现"●"，同时，本组选项中其他选项前面的圆圈内的"●"被取消。

（8）命令按钮（普通按钮）

单击命令按钮会立即执行一个命令。对话框中常见的命令按钮有"确定"和"取消"两种。如果命令按钮呈灰色，表示该按钮当前不可用，如果命令按钮后有省略号"…"，表示单击该按钮时将会弹出一个对话框。

（9）帮助按钮

单击帮助按钮，鼠标指针呈现带有问号的形状，此时单击某个命令选项，可获取该项的帮助信息。

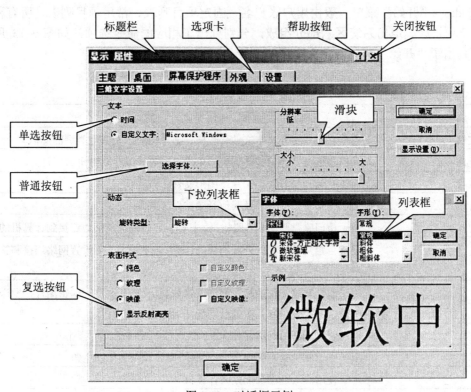

图 3-12　对话框示例

### 8. "开始"菜单

在 Windows XP 操作系统中，所有的应用程序都在"开始"菜单中显示。单击"开始"按钮，或者在键盘上按下 Windows 徽标键，可打开"开始"菜单。如图 3-13 所示。

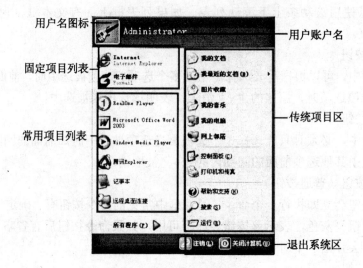

用户名图标 —— 用户账户名

固定项目列表 ——

常用项目列表 —— 传统项目区

—— 退出系统区

图 3-13  开始菜单

（1）Windows "开始"菜单组成

Windows "开始"菜单一般由用户账户名、固定项目列表、常用项目列表、所有程序列表、传统项目区、退出系统区六部分组成，分别列出了相应的命令选项，如图 3-13 所示。表 3-4 列出了"开始"菜单中各命令项的功能。

表 3-4

| 菜单项命令 | 功　　能 |
| --- | --- |
| 我的文档 | 用于存储和打开文本文件、表格、演示文档以及其他类型的文档 |
| 我最近的文档 | 列出最近打开过的文件列表，单击该列表中某个文件可将其打开 |
| 图片收藏 | 用于存储和查看数字图片及图形文件 |
| 我的音乐 | 用于存储和播放音乐及其他音频文件 |
| 我的电脑 | 用于访问磁盘驱动器、照相机、打印机、扫描仪及其他连接到计算机的硬件 |
| 控制面板 | 用于自定义计算机的外观和功能、添加或删除程序、设置网络连接和管理用户账户 |
| 设定程序访问和默认值 | 用于制定某些动作的默认程序，诸如制定 Web 浏览、编辑图片、发送电子邮件、播放音乐和视频等活动所使用的默认程序 |
| 连接到 | 用于连接到新的网络，如 ADSL 等 |
| 帮助和支持 | 用于浏览和搜索有关使用 Windows 和计算机的帮助主题 |
| 搜索 | 用于使用高级选项功能搜索计算机 |
| 运行 | 用于运行程序或打开文件夹 |

（2）"开始"菜单的设置

① 鼠标右击任务栏的空白处或"开始"按钮，在弹出的快捷菜单中选择"属性"命令，打开任务栏和开始菜单属性对话框，如图 3-14 所示。

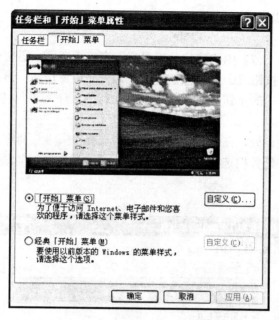

图 3-14　任务栏和开始菜单属性

② 选择"开始"菜单样式，用户根据需要可以选择默认的"开始"菜单样式和经典"开始"菜单样式。

③ 单击"自定义"按钮，打开自定义开始菜单对话框。

④ 在"常规"选项卡中，对"开始"菜单中的程序图标、程序列表、和是否在"开始"菜单中显示 Internet 与电子邮件进行设置，如图 3-15 所示。

⑤ 在"高级"选项卡中，对"开始"菜单中的程序显示、子菜单打开方式、菜单项目、使用文档等进行设置。如图 3-16 所示。

图 3-15　开始菜单常规选项卡

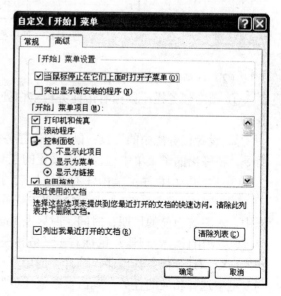

图 3-16　开始菜单高级选项卡

普通高等教育『十二五』规划教材

⑥ 设置完毕，单击"确定"按钮。

**9. 任务栏**

任务栏位于桌面的下方，由快速启动工具栏、窗口管理区、语言栏等组成。每打开一个窗口时，代表该窗口的按钮就会出现在任务栏上，关闭该窗口后，该按钮即消失。用户可以通过任务栏与开始菜单中的按钮运行程序，或在运行的程序间进行切换。

（1）任务栏设置

鼠标右击任务栏空白处，在弹出的快捷菜单中选择"属性"命令，打开"任务栏和开始菜单属性"对话框，在任务栏选项卡中对任务栏外观、通知区域等进行设置。如图 3-17 所示。

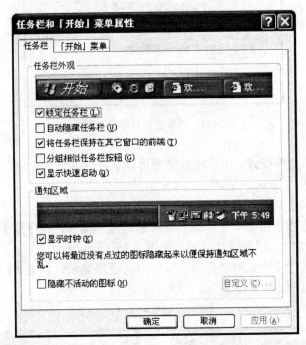

图 3-17　任务栏和开始菜单属性

（2）任务栏的基本操作

① 锁定任务栏：鼠标右击任务栏空白处，在弹出的快捷菜单中选择"锁定任务栏"命令。

② 设置任务栏中的工具：鼠标右击任务栏空白处，在弹出的快捷菜单中选择"工具栏"命令，在弹出的子菜单中选择需要设置的工具栏。

③ 启动应用程序：单击任务栏中相应的程序"快速启动"按钮，快速启动该程序。

④ 查看与设置系统时间：鼠标双击任务栏中的时间图标，在弹出时间和日期属性对话框中，对系统当前的日期、时间、时区及 Internet 时间进行设置。如图 3-18 所示。

⑤ 使用任务管理器：鼠标右击任务栏空白处，在弹出的快捷菜单中选择"任务栏管理器"命令，打开任务管理器，选择"应用程序"选项卡，如图 3-19 所示。用户可以在任务列表框中选择相应的任务，单击"结束任务"按钮关闭该任务；单击"切换至"按钮切换任务；单击"新任务"按钮，添加新任务。

图 3-18　时间与日期属性对话框

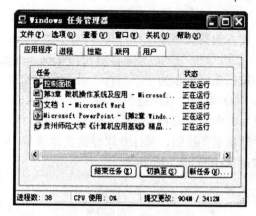

图 3-19　任务管理器

### 10. 中文输入

Windows XP 中中文输入方式主要有三种：键盘输入中文、鼠标输入中文和光笔手写输入中文，大多数人采用键盘方式输入中文。

（1）中文输入法的选择

Windows XP 系统默认状态下，为用户提供了微软拼音、全拼、智能 ABC、郑码等多种汉字输入方法。用户可以通过使用鼠标或键盘选用不同的汉字输入法。

① 使用鼠标选择中文输入法。用鼠标单击任务栏右侧的输入法图标，显示输入法菜单，如图 3-20 所示。在输入法菜单中选择所需的中文输入法后，任务栏上显示出该输入法图标，并显示该输入法状态栏，如图 3-21 所示。

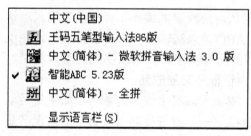

图 3-20　输入法菜单

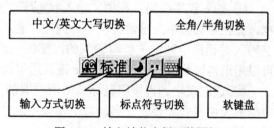

图 3-21　输入法状态栏及其图标

② 使用键盘切换选择中文输入法。按 Ctrl+shift 快捷键，可以快速切换中文输入法。每按一次 Ctrl+Shift 键，系统按照一定的顺序切换到下一种中文输入法，按 Ctrl+空格键，可以快速启动或关闭所选的中文输入法。

（2）汉字输入法状态的设置

图 3-20 所示是智能 ABC 输入法状态栏，从左至右各按钮名称依次为"中文/英文大写切换"按钮、"输入方式切换"按钮、"全角/半角切换"按钮、"中文/英文标点符号切换"按钮和"软键盘"按钮。

① 单击"中文/英文大写切换"按钮，可以进行中文输入状态和英文输入状态切换，当按钮图标显示为"A"时，表示处于英文大写输入状态。

② 单击"全角/半角切换"按钮，选择全角状态输入或半角状态输入。在全角状态下，所输入的英文字母或标点符号占一个汉字的位置。

③ 单击"中文/英文标点符号切换"按钮，选择中文标点符号输入或英文标点符号输入，当按钮图标显示为'。'时，"表示为中文标点符号输入状态。

④ 单击"软键盘"按钮，打开系统提供的软键盘。使用鼠标操作软键盘可以直接输入汉字、中文标点符号、数字序号、数字符号、单位符号、外文字母和特殊符号等。鼠标右击"软键盘"按钮，在打开软键盘快捷菜单中，可以更改当前软键盘类型。软键盘快捷菜单与软键盘如图 3-22 所示。

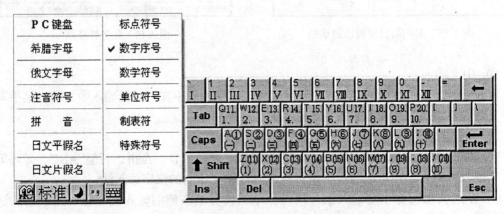

图 3-22　软键盘菜单与数字序号软键盘

（3）汉字输入的过程

① 输入汉字编码。在中文输入状态下，直接输入对应汉字的编码，弹出汉字输入对话框，并在对话框中列出候选汉字。例如，利用智能 ABC 输入法输入了拼音编码 shu ，在汉字输入对话框中列出了当前输入的汉字编码所对应的所有汉字。如果汉字编码输入有错，可以用退格键修改，也可以按 Esc 键或用鼠标单击对话框外某处放弃。

② 选取汉字。直接用鼠标单击所选取的汉字，或输入该汉字前面的数字。如果对话框中的列表中没有需要的汉字，按下键盘中的"＝"键或"－"键进行翻页，直至所需汉字显示在候选列表中。

**11. 应用程序启动与关闭**

（1）应用程序的启动

① 双击应用程序图标，直接启动应用程序。

② 单击"开始"菜单，选择要运行的应用程序。

③ 通过"开始"菜单，选择"运行"命令，执行应用程序。

（2）应用程序的关闭

① 双击程序窗口图标，关闭程序。

② 单击"关闭"按钮，关闭程序。

③ 按下 Alt+F4 快捷键，关闭程序。

④ 单击或右击程序窗口图标，在弹出的控制快捷菜单中，选择"关闭"命令，关闭程序。

⑤ 通过任务管理器，选择正在执行的应用程序任务，单击"结束任务"，强行关闭程序。

### 3.2.5　Windows XP 系统设置

**1. 桌面与显示器属性的设置**

用户可以根据自己的需要设置 Windows 桌面显示效果。用鼠标右击桌面的空白处，或者在控制面板窗口中双击"显示"图标，在打开的 Windows 显示属性对话框中更改桌面的背景、主题、外观、分辨率等。

（1）更改桌面主题

主题直接影响桌面的整体外观，包括背景、屏幕保护程序、图标、窗口、鼠标指针和声音等。在显示属性对话框中选择"主题"选项卡，在"主题"下拉列表框中选择新的桌面主题，单击"确定"按钮。如图 3-23 所示。

图 3-23　更改桌面主题

（2）更改桌面背景

在显示属性对话框中选择"桌面"选项卡，在如图 3-24 所示的对话框中更改桌面背景。

① 在背景列表框中直接选择所需的背景文件。如果列表框中的文件不能满足需要，单击"浏览"按钮，在打开的浏览对话框中选择所需的图片文件，单击"打开"按钮将会在预览窗口中显示所选择的图片效果。

② 单击"位置"下拉列表框，显示居中、平铺、拉伸三种显示方式，选择合适的显示方式。

③ 单击"颜色"下拉列表框，选择合适的背景颜色。

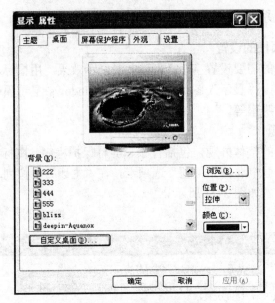

图 3-24　更改桌面背景

④ 单击"自定义桌面"按钮，在弹出的"桌面项目"对话框中设置桌面的图标显示与否、更改桌面图标的式样、设置桌面清理等，单击"确定按钮"。如图 3-25 所示。

⑤ 背景更改完毕后，单击"确定"按钮。

（3）设置屏幕保护程序

在显示属性对话框中选择"屏幕保护程序"选项卡，在如图 3-26 所示的对话框中设置桌面保护程序。

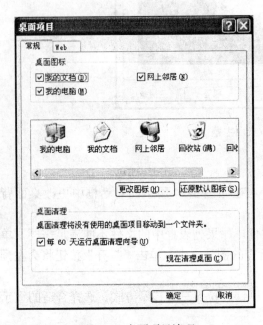

图 3-25　桌面项目清理

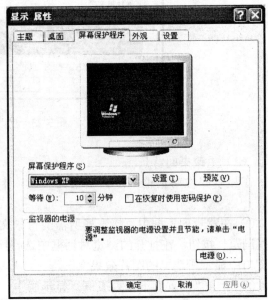

图 3-26　设置屏幕保护程序

① 在"屏幕保护程序"下拉列表框中选择自己所喜欢的屏幕保护程序，如"三维文字"，单击"预览"按钮，查看显示器画面效果。

② 若要修改三维文字内容，单击"设置"按钮，在弹出的三维文字设置窗口中的"自定义文字"文本框中输入新的文字内容，并对文字的字体、分辨率、大小、旋转样式等进行相应设置，然后单击"确定"按钮。

③ 设置屏幕保护启动等待时间，选择是否"在恢复时使用密码保护"选项，单击"确定"按钮。

（4）自定义桌面外观

在显示属性对话框中选择"外观"选项卡，在如图 3-27 所示的对话框中重新定义桌面的外观显示。

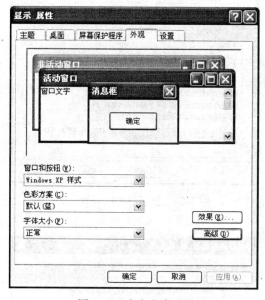

图 3-27  自定义桌面外观

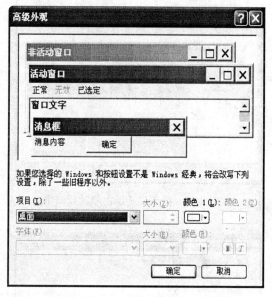

图 3-28  高级外观

① 在"窗口和按钮"下拉列表中选择 Windows 样式，在"色彩方案"下拉列表框中选择相应色彩方案，在"字体大小"下拉列表框中选择所需字体大小。

② 单击"效果"按钮，在弹出的对话框中选择菜单与工具栏的过渡效果、屏幕字体的边缘平滑方式、是否使用大图标、显示菜单阴影等。

③ 单击"高级"按钮，弹出如图 3-28 所示的高级外观对话框，在"项目"下拉列表中选择需要进行更改设置的选项，并更改其大小和颜色等，若所选项目中包含字体，可以在相应下拉列表框中选择字体类型、字体大小、字体颜色等。单击"确定"按钮返回。

④ 单击"确定"按钮，完成桌面外观定义。

（5）调整显示色彩及分辨率

在显示属性对话框中选择"设置"选项卡，在如图 3-29 所示的对话框中调整显示器色彩及分辨率。

① 在"显示"下拉列表框中选择监视器类型，在"颜色质量"下拉列表框中选择所需的颜色质量，例如，选择 32 位真彩色。

② 拖动滑块调整屏幕分辨率，单击"应用"按钮，出现提示框，单击"确认"按钮，改变屏幕的分辨率。

③ 单击对话框中的"高级"命令按钮，出现显示器高级设置对话框，选择"常规"选项卡，进行 DPI 设置和兼容性设置，如图 3-30 所示。选择"监视器"选项卡，设置屏幕刷新频率，如图 3-31 所示。选择"适配器"选项卡，设置适配器类型属性，如图 3-32 所示。

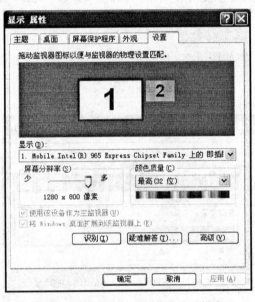

图 3-29　调整显示器色彩及分辨率

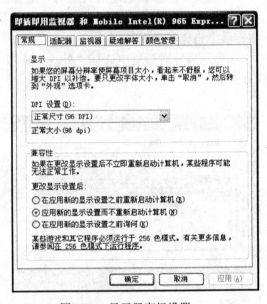

图 3-30　显示器高级设置

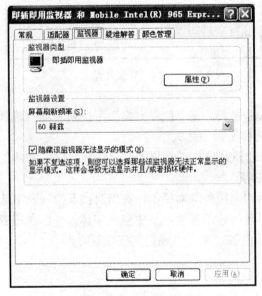

图 3-31　监视器设置

图 3-32　适配器设置

## 2. 区域和语言选项设置

设置区域和语言选项，可以更改 Windows XP 显示日期、时间、货币和数字的方式以及文字的输入方式。

（1）区域设置

① 在控制面板窗口中，双击"区域和语言选项"图标，打开区域和语言选项对话框。

② 选择"区域选项"选项卡，如图 3-33 所示，选择工作区域，单击"自定义"按钮，在弹出的对话框中设置数字、货币、时间、日期的显示格式，单击"确定"按钮返回后，再单击"应用"按钮，完成区域选项设置，最后单击"确定"按钮。

（2）输入语言设置

①在控制面板窗口中，双击"区域和语言选项"图标，打开区域和语言选项对话框，选择"语言"选项卡，在文字服务与输入语言区域单击"详细信息"按钮，打开文字服务与输入语言设置对话框；或者鼠标右击语言栏图标，在打开的快捷菜单中选择"设置"命令，打开文字服务与输入语言设置对话框。如图 3-34 所示。

② 选择默认输入语言，单击"添加"按钮，在弹出的对话框中添加新的输入语言，或者选择要删除的输入语言，单击"删除"按钮直接删除。

③ 单击"语言栏"按钮，在弹出的对话框中设置输入法在语言栏的显示方式。

④ 单击"键设置"按钮，在弹出的对话框中设置键盘输入组合键。

⑤ 单击"确定"按钮，返回到语言选项对话框后单击"确定"按钮，完成设置。

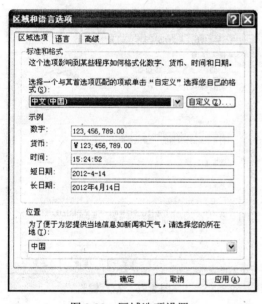

图 3-33　区域选项设置

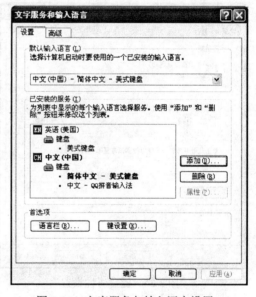

图 3-34　文字服务与输入语言设置

### 3. 键盘设置

利用键盘的属性设置功能，可以对键盘输入的手感、灵敏度、按键的延缓时间重复速度等进行设置。

① 在控制面板窗口中，双击"键盘"图标，打开键盘属性对话框，单击"速度"选项卡，如图 3-35 所示。

② 拖动"重复延迟"和"重复率"调节滑动条，设置相应的延迟时间和重复速率值。拖动"光标闪烁频率"调节滑动条，设置光标闪烁速度。

#### 4. 鼠标设置

鼠标是计算机系统中使用最频繁的设备之一，Windows XP 提供方便、快捷的鼠标键设置方法，用户可根据自己的个人习惯、性格和喜好设置鼠标。

（1）设置鼠标键

鼠标键是指鼠标上的左右按键。根据个人习惯，不仅可以将鼠标设置为适合于右手操作或左手操作，还可以将打开一个项目时使用的鼠标操作设置为单击或双击。

① 在控制面板窗口中，双击"鼠标"图标，打开鼠标属性对话框，选择"鼠标键"选项卡，如图 3-36 所示。

② 默认情况下，左边的键为主要键，若选中"切换主要和次要的按钮"复选框，则设置右边的键为主要键。

③ 在"双击速度"选项区域拖动滑块，调整鼠标的双击速度，双击该选项组中的文件夹图标可以检验设置的速度。

④ 在"单击锁定"选项区域，若选中"启用单击锁定"复选框，可以在移动项目时不用一直按着鼠标键。单击"设置"按钮，在弹出的"单击锁定的设置"对话框中调整实现单击锁定需要按鼠标键或轨迹球按钮的时间。

⑤ 最后单击"确定"按钮，完成设置。

图 3-35 键盘属性设置

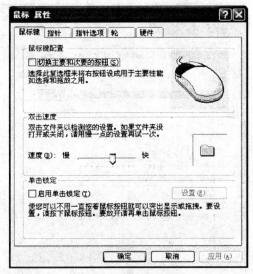

图 3-36 鼠标键设置

（2）设置鼠标指针的显示外观

① 在鼠标属性对话框中，选择"指针"选项卡，如图 3-37 所示。

② 在"方案"下拉列表框中选择一种系统自带的指针方案，例如，选择三维青铜色（系统方案），然后在"自定义"列表框中，选择鼠标指针形状。

③ 如果希望指针带阴影，选中"启用指针阴影"复选框；如果希望使用鼠标设置的系统默认值，单击"使用默认值"按钮；若用户对某种样式不满意，单击"浏览"按钮，在打开的浏览对话框中选择一种喜欢的鼠标指针样式，然后单击"打开"按钮，将所选样式应用到所选鼠标指针方案中。

④ 设置完毕，单击"应用"按钮，使设置生效。

（3）设置鼠标的移动方式

① 在"鼠标属性"对话框中，选择"指针选项"选项卡，如图 3-38 所示。

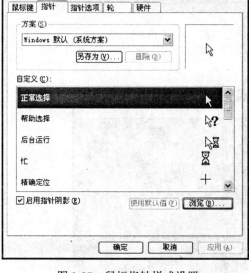

图 3-37　鼠标指针样式设置

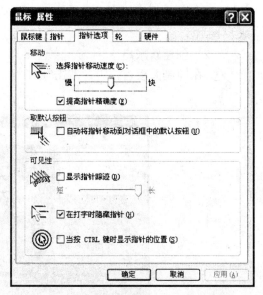

图 3-38　鼠标移动方式设置

② 在"移动"选项区域中，用鼠标拖动滑块，调整鼠标指针移动速度。

③ 在"取默认按钮"选项区域中，选中"自动将指针移动到对话框中的默认按钮"复选框，在打开对话框时，鼠标指针将会自动放在默认按钮上。

④ 在"可见性"选项区域中，若选中"显示指针轨迹"复选框，在移动鼠标指针时显示鼠标指针的移动轨迹，拖动滑块可调整轨迹的长短；若选中"在打字时隐藏指针"复选框，在输入文字时将隐藏鼠标指针；若选中"当按 Ctrl 键时显示指针的位置"复选框，在按 Ctrl 键时会以同心圆的方式显示指针的位置。

⑤ 设置完毕，单击"应用"按钮，使设置生效。

**5. 用户账户管理设置**

Windows XP 允许多用户登录，用户不仅可以使用公共系统资源，还可以设置富有个性的工作空间。如果设置了快速切换方式，在切换用户账户时，不需要重新启动计算机。在注销 Windows 对话框中，选择"切换用户"命令，就能够保留当前用户正在运行的程序，而迅速登录到另一个用户账户，当该用户再次登录时，可以返回到切换前的状态。

（1）账户类型

Windows XP 系统中有两种类型的可用用户账户：计算机管理员账户和受限制账户。在计算机上没有账户的用户可以使用来宾账户。

① 计算机管理员账户：针对可以对计算机进行全系统更改、安装程序和访问计算机上所有文件的人而设置的。计算机管理员账户拥有对计算机上其他用户账户的完全访问权，可以创建和删除计算机上的其他用户账户，可以为计算机上其他用户账户创建账户密码，可以更改其他人的账户名、图片、密码和账户类型。一台计算机至少有一个计算机管理员账户。

② 受限制账户：受限制账户无法安装软件或硬件，但可以访问已经安装在计算机上的程序，可以更改自己账户图片，还可以创建、更改或删除自己账户的密码。无法更改自身账户名或者账户类型。对于受限制账户，某些程序可能无法正确工作。

③ 来宾账户：来宾账户没有密码，可以快速登录。来宾账户无法安装软件或硬件，无法更改来宾账户类型，可以访问已经安装在计算机上的程序，可以更改来宾账户图片。

（2）创建新账户

① 在控制面板窗口中，双击"用户账户"图标，打开如图 3-39 所示的用户账户对话框。

图 3-39　用户账户

② 在用户账户对话框中，单击"创建一个新账户"选项，在打开的向导对话框中输入新用户账户的名称，然后单击"下一步"按钮，在接下来出现的对话框中，选择指派给新用户的账户类型（单击"计算机管理员"选项或"受限制"选项），然后单击"创建账户"按钮。

（3）删除账户

如果系统中的某一用户账户不再使用，在用户账户对话框中单击要删除的用户账户，在弹出如图3-40所示的用户账户更改向导对话框中，单击"删除账户"选项，在紧接着出现的对话框中选择是否保留删除账户的文件（如果保留，单击选"保留文件"按钮；如果不保留，单击选"删除文件"按钮），在最后出现的确认删除窗口中，选择"删除账户"按钮，删除该用户。

（4）用户账户设置

① 更改账户名称：在用户账户对话框中单击需要更改名称的账户，在弹出如图 3-40 所示的用户账户更改向导对话框中，单击"更改名称"选项，在紧接着出现的对话框中输入新账户名，然后单击"更改名称"按钮。

② 创建账户密码：在用户账户对话框中单击需要创建密码的账户，在弹出如图 3-40 所示的用户账户更改向导对话框中，单击"创建密码"选项，在紧接着出现的对话框中输入账

户密码和密码提示，然后单击"创建密码"按钮。

图 3-40　用户账户更改向导

③ 更改账户图片：在如图 3-39 所示的"用户账户"对话框中单击需要更改图片的账户，在弹出的如图 3-40 所示的用户账户更改向导对话框中，单击"更改图片"选项，在紧接着出现的对话框中选择图片或图片文件，然后单击"更改图片"按钮。

**6. 字体安装与删除**

Windows XP 中安装了许多字体，用户既可以添加所需要的字体，也可以删除不需要的字体。

（1）安装字体

① 在控制面板窗口中，双击"字体"图标。打开如图 3-41 所示的字体设置窗口。

图 3-41　字体设置

② 单击"文件"菜单，选择"安装新字体"命令，打开添加字体对话框，如图 3-42 所示。

图 3-42　添加字体

③ 在"驱动器"列表中，选择待安装的字体所在驱动器名称。

④ 在"文件夹"列表中，双击包含要添加的字体的文件夹。

⑤ 在"字体列表"中，选择要添加的字体，然后单击"确定"按钮。若要添加所有列出的字体，单击"全选"按钮，然后单击"确定"按钮。

（2）删除字体

在字体设置窗口中选中要删除的字体，然后单击"文件"菜单，选择"删除"命令。

### 7. 安装与卸载程序

用户可以通过 Windows XP 控制面板中的"添加/删除程序"来管理计算机上的程序和组件。使用该项功能可从光盘、软盘或网络上添加程序，或者通过 Internet 添加 Windows 升级程序或增加新的功能，还可以添加或删除在初始安装时没有选择的 Windows 组件。

（1）添加新程序

① 在控制面板中，双击"添加或删除程序"图标，打开添加或删除程序对话框，单击"添加新程序"按钮，如图 3-43 所示。

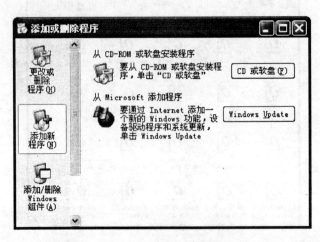

图 3-43　添加新程序

② 如果从光盘或软盘中安装程序，选择单击"CD 或软盘"按钮，打开程序安装向导对话框，单击"下一步"按钮，在紧接着出现的对话框中选择要安装的程序，然后单击"完成"按钮。如果从网络上添加新程序，选择单击"Windows Update"按钮，打开 Internet，选择要安装的程序进行安装。

（2）添加/删除 Windows 组件

① 在添加或删除程序对话框中，单击"添加/Windows 组件"按钮，打开如图 3-44 所示的 Windows 组件向导对话框。

② 在组件下拉列表框中选择需要添加或删除相应的组件，单击"下一步"按钮，根据系统向导完成添加/删除 Windows 组件任务。

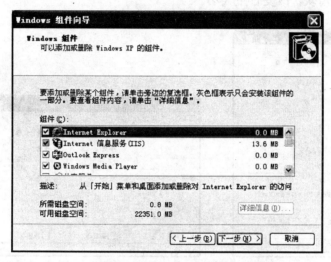

图 3-44　Windows 组件向导

（3）删除程序

① 在添加或删除程序对话框中，单击"更改或删除程序"按钮，如图 3-45 所示。

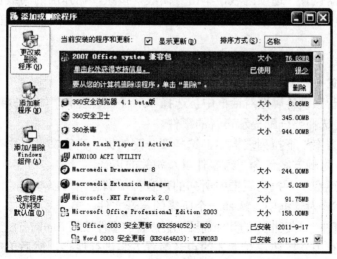

图 3-45　更改或删除程序

② 在已安装程序列表框中，选择要更改或删除的应用程序，单击"删除"按钮，根据程序删除向导提示完成删除或更改。

**8. 声音与音量设置**

Windows 操作系统能控制声卡，发出声音。用户可以根据需要，在控制面板中，双击"声音和音频设备"图标，在打开的声音和音频设备属性对话框中，对声音和音量进行设置。

（1）音量设置

① 在声音和音频设备属性对话框中，选择"音量"选项卡，如图 3-46 所示。

② 在"设备音量"选项区域，拖动移动滑块，调整设备音量；如果选中"静音"选项，设备将不发出声音；如果单击"高级"按钮，在弹出如图 3-47 所示的音量控制对话框中，通过拖动各个移动滑块，改变音量大小。

图 3-46　音量设置

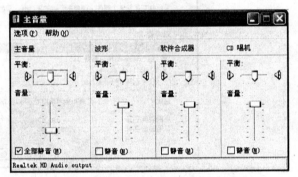

图 3-47　音量控制

③ 在"扬声器设置"选项区域，单击"扬声器音量"按钮，在弹出如图 3-48 所示的扬声器音量控制对话框中，拖动移动滑块改变扬声器的左右音量，单击"确定"按钮返回。

④ 在"扬声器设置"选项区域，单击"高级"按钮，在弹出的高级音频属性设置对话框中，设置扬声器的类型和音频播放性能，单击"确定"按钮返回。然后单击"应用"按钮，使设置生效。

⑤ 单击"确定"按钮，完成音量设置。

（2）声音设置

① 在声音和音频设备属性对话框中，选择"声音"选项卡，如图 3-49 所示。在"程序事件"列表框中，选择要分配提示声音的事件。

② 在"声音方案"下拉列表框中，选择要分配的提示声音文件，用来更改程序事件所分配声音的方案，每种方案包含一组事件以及相关的声音。

③ 如果对"声音"下拉列表框中所列的声音都不满意，可以单击"浏览"按钮，在弹出的浏览新消息声音对话框中，选择一个所需的声音文件，单击"确定"按钮返回。

④ 对"程序事件"列表框中的其他需要配置声音的事件按照上面的方法分别配置提示声音。

⑤ 单击"另存为"按钮，对上述的声音配置方案进行保存，然后单击"应用"按钮，使设置生效。

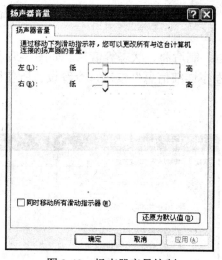

图 3-48　扬声器音量控制

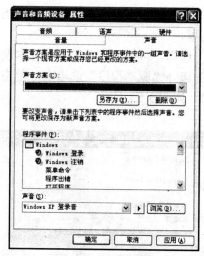

图 3-49　声音设置

⑥ 单击"确定"按钮，完成声音设置。

### 9. 硬件安装与管理

Windows 系列操作系统是当今最为流行的微机操作系统，绝大多数计算机硬件生产厂商都把能得到 Windows 操作系统的支持作为其产品的基本要求，因此，Windows 操作系统可以支持绝大多数硬件的工作。

（1）查看计算机系统硬件资源

① 在控制面板中，双击"系统"图标，在打开的系统属性对话框中，选择"硬件"选项卡，如图 3-50 所示。

② 单击"设备管理器"按钮，打开设备管理器窗口，如图 3-51 所示。设备管理器中窗口中显示了系统所有的硬件设备列表，带有惊叹号的设备表示没有被正确安装。

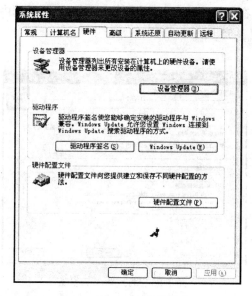

图 3-50　系统属性

图 3-51　设备管理器

③ 选择一个设备双击鼠标，或单击"操作"菜单中的"属性"命令选项，打开设备属性对话框。

④ 选择"常规"选项卡，查看本设备的类型、制造商、状态等信息，如图 3-52 所示。

⑤ 选择"驱动程序"选项卡，单击"驱动程序详细信息"按钮，查看设备所使用的驱动程序，如图 3-53 所示。

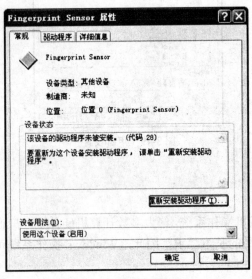

图 3-52　设备常规属性

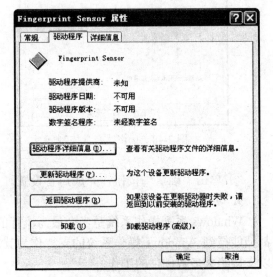

图 3-53　设备驱动程序属性

（2）安装硬件驱动程序

在安装驱动程序之前，先将硬件连接到计算机上，然后启动计算机，Windows 系统会自动检测到刚接入的硬件设备，提示用户安装相应驱动程序。具体操作步骤如下：

① 将硬件连接到计算机上，启动计算机。

② 在控制面板中，双击"添加硬件"图标，在如图 3-54 所示的硬件添加向导对话框中，根据向导提示，选择要添加的新硬件设备，如图 3-55 所示。

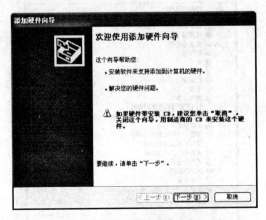

图 3-54　硬件添加向导

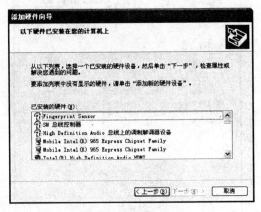

图 3-55　选择新添加设备

③ 选择了要添加的设备后，单击"下一步"按钮，根据向导提示，完成硬件驱动程序安装。

## 3.2.6 Windows XP 文件及文件系统管理

### 1. 文件与文件夹概述

在计算机系统中，信息是以文件的形式储存的，文件中可以存放文本、图像、数据等信息。为了方便对文件进行统一管理，可以将多个文件放置到同一个文件夹中。Windows 操作系统中，用户借助"我的电脑"和"资源管理器"，可以方便地对文件和文件夹进行操作与管理。

（1）文件与文件夹的基本概念

文件是一组相关信息的集合，任何程序和数据都是以文件的形式存放在计算机的外存储器上（通常存放在磁盘上）。在计算机中，文本文档、电子表格、数字图片、应用程序等都属于文件。任何一个文件都必须具有文件名，文件名是存取文件的依据，计算机中的文件是按名存取的。

文件夹是为了分类储存电子文件，在存储器磁盘空间里建立独立路径的目录，它提供了指向对应磁盘空间的路径地址，使用文件夹最大优点是为文件的共享和保护提供了方便。文件夹的组织结构是树状结构，每个磁盘有一个根文件夹，它包含若干文件和文件夹。

（2）计算机外存储器编号

计算机最主要的外存储器有硬盘、软盘、光盘及 U 盘等，通常情况下，外存储器的编号按照软盘/硬盘/光盘/U 盘的顺序进行编号。例如，"A"和"B"是软盘驱动器的编号，硬盘因存储空间大，一般分成几个区，每个分区独有一个编号，依次是"C"和"D"等。

（3）文件命名的规则

文件名由主文件名和扩展名两部分组成，它们之间用小数点隔开。具体格式如下：

主文件名. 扩展名

主文件名是文件的主要识别标志，扩展名代表文件的类型。在 Windows 中，当文件的类型不同时，其显示的图标也不同。常用的文件类型及对应的扩展名如表 3-5 所示。

表 3-5　　　　　　　　　　　常用文件类型及对应扩展名

| 扩展名 | 文件类型 | 扩展名 | 文件类型 |
| --- | --- | --- | --- |
| .exe | 二进制码可执行文件 | .bmp | 位图文件 |
| .txt | 文本文件 | .tif | Tif 格式图形文件 |
| .sys | 系统文件 | .html | 超文本多媒体语言文件 |
| .bat | 批处理文件 | .zip | Zip 格式压缩文件 |
| .ini | Windows 配制文件 | .arj | Arj 格式压缩文件 |
| .wri | 写字板文件 | .wav | 声音文件 |
| .doc | Word 文档文件 | .au | 声音文件 |
| .bin | 二进制码文件 | .dat | VCD 播放文件 |
| .cpp | C++语言源程序文件 | .mpg | MPG 格式压缩移动图形文件 |
| .xls | Excel 电子表格文件 | .ppt | PowerPoint 演示文稿 |

在 Windows 中，文件与文件夹命名要遵守以下规则：

① 文件与文件夹名不能超过 255 个字符，文件名和文件夹名中可以使用汉字。一个汉字相当于两个字符。

② 文件名或文件夹名中不能出现以下字符：

$$\backslash \quad / \quad : \ * \ ? \ " \ < \ > \ |$$

③文件与文件夹名不区分大小写字母，同一个文件夹中不能有同名的文件或同名的文件夹。

（4）文件路径

要访问一个文件，必须知道该文件所处的位置，即该文件位于哪个磁盘中的哪个文件夹中。文件的位置也称为该文件的路径，一个完整的路径包括磁盘符号和找到该文件所顺序经过的全部文件夹，文件夹之间用"\"隔开。例如，D 盘根目录中 XXX 文件中有一个 YYY 文件夹，YYY 文件夹中有一个 ZZZ.EXE 文件，则 ZZZ 文件路径为"D:\XXX\YYY"。

**2. 文件与文件夹基本操作**

在 Windows 中，通常利用"我的电脑"和"资源管理器"对文件进行基本操作。使用下述任何一种方法，都可以打开资源管理器。资源管理器窗口如图 3-56 所示。

① 右击"开始"按钮，在弹出的快捷菜单中单击"资源管理器"按钮。

② 右击桌面上"我的电脑"，在弹出的快捷菜单中单击"资源管理器"按钮。

③ 右击任意一个驱动器图标，在弹出的快捷菜单中单击"资源管理器"按钮。

④ 按住 Shift 键，双击桌面上"我的电脑"图标。

⑤ 双击桌面上"我的电脑"图标，在打开的窗口中单击"文件夹"按钮。

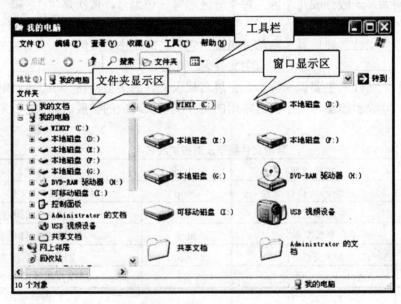

图 3-56　资源管理器

（1）浏览文件和文件夹

在资源管理器窗口的文件夹显示区，文件目录呈树状结构显示，如果一个文件夹包含下一层子文件夹，该文件夹所在的文件夹列表区域中显示一个方框，其中包含一个"+"或"−"，其中"+"表示该文件夹没有展开，暂时看不到其子文件夹，"−"表示该文件夹已经展开，可以看到其子文件夹。单击"+"可以展开该文件夹，单击"−"可以折叠该文件夹。

如果要浏览文件夹中的内容，可以在资源管理器窗口的文件夹显示区直接单击该文件夹，在窗口显示区显示文件夹中的内容。例如，在文件夹显示区单击"G"盘中"教材与书稿"文件夹，窗口显示区立即显示该文件夹中的所有内容，如图 3-57 所示。

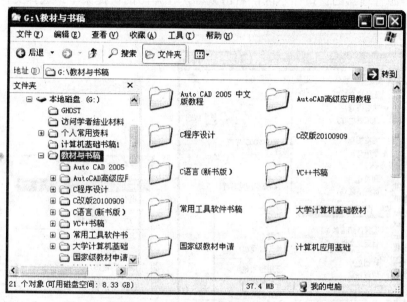

图 3-57　浏览"G"盘中"教材与书稿"文件夹中内容

（2）以不同方式显示文件

Windows 为用户提供了五种显示文件的方式：缩略图、平铺、图标、列表、详细信息。用户可以单击工具栏中的"查看"按钮，在弹出的菜单中选择文件显示方式，如图 3-58 所示。

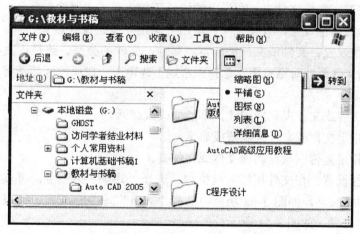

图 3-58　选择不同的显示方式

（3）以不同方式排列文件

Windows 为用户提供了多种不同的方式来排列文件，用户可以采用下述任意一种方法来重新排列文件。

① 在资源管理器窗口中，单击"查看"菜单中的"排列图标"命令，在弹出的子菜单中选择文件排列方式，如图 3-59 所示。

② 在资源管理器的窗口显示区，右击鼠标，在弹出的快捷菜单中选择文件排列方式，如图 3-60 所示。

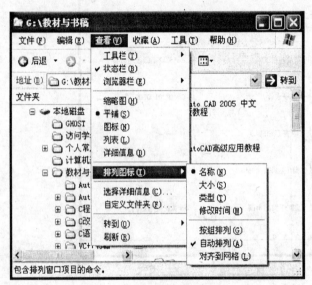

图 3-59　硬件添加向导

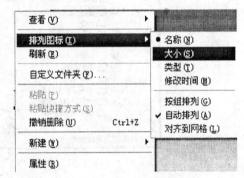

图 3-60　选择新添加设备

（4）设置文件或文件夹属性

每一个文件或文件夹都有相应的属性，用户可以根据需要设置相应的文件或文件夹属性。选定要设置属性的文件或文件夹，单击"文件"菜单中的"属性"命令，或用鼠标直接右击要设置属性的文件或文件夹，在弹出的快捷菜单中单击"属性"命令，打开文件属性对话框，进行相应的属性设置，设置完毕，单击"确定"按钮保存设置。

① 常规属性设置。文件或文件夹的常规属性：文件的类型、路径、大小、创建时间、使用属性等。在文件属性对话框中，选择"常规"选项卡，在属性区域选择文件属性，如图 3-61 所示。

◆ 只读：文件或文件夹只能阅读，不能修改或删除。

◆ 隐藏：指定文件或文件夹隐藏或显示。

◆ 存档：指定是否应该存档该文件或文件夹。

② 共享属性设置。在文件属性对话框中，选择"共享"选项卡，可以指定该文件夹是否本地共享或网络共享，如图 3-62 所示；选择"Web 共享"选项卡，可以指定文件夹是否 Web 共享及共享位置，如图 3-63 所示。

③ 自定义属性设置。在文件属性对话框中，选择"自定义"选项卡，可以设置文件夹图片和文件图标，如图 3-64 所示。

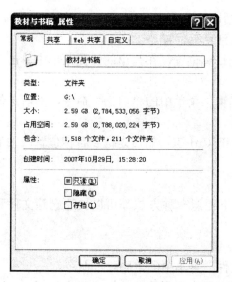

图 3-61 常规属性

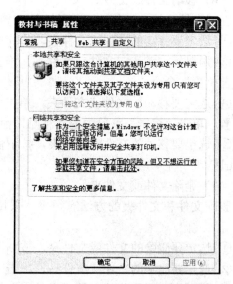

图 3-62 共享属性

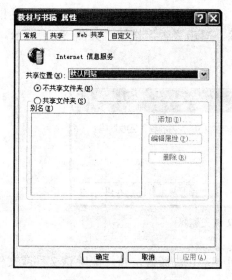

图 3-63 Web 共享属性

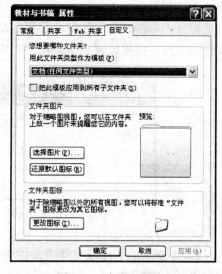

图 3-64 自定义属性

（5）复制文件或文件夹

复制文件或文件夹的方法很多，主要包括以下几种方法：

① 选定要复制的文件或文件夹，然后按住 Ctrl 键将其拖曳到目标位置。

② 用鼠标右键选定文件或文件夹，拖曳到目标位置，在弹出的快捷菜单中单击"复制到当前位置"命令。

③ 选定要复制的文件或文件夹，单击"编辑"菜单中的"复制"命令，然后定位到目标位置，单击"编辑"菜单中的"粘贴"命令。

④ 选定要复制的文件或文件夹，按下快捷键 Ctrl+C，然后定位到目标位置，按下快捷键 Ctrl+V 完成复制操作。

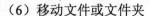

（6）移动文件或文件夹

在资源管理器中，移动文件的方法主要包括以下几种：

① 选定要移动的文件或文件夹，将其拖曳到目标位置。

② 用鼠标右键选定文件或文件夹，拖曳到目标位置，在弹出的快捷菜单中单击"移动到当前位置"命令。

③ 选定要移动的文件或文件夹，单击"编辑"菜单中的"剪切"命令，然后定位到目标位置，单击"编辑"菜单中的"粘贴"命令。

④ 选定要移动的文件或文件夹，按下快捷键 Ctrl+X，然后定位到目标位置，按下快捷键 Ctrl+V 完成移动操作。

（7）删除文件或文件夹

删除文件和文件夹的方法有很多，采用以下任意一种方法都可以快速删除文件和文件夹：

① 选定要删除的文件或文件夹，按 Delete 键。

② 选定要删除的文件或文件夹，单击"文件"菜单中的"删除"命令。

③ 鼠标右击要删除的文件或文件夹，在弹出的快捷菜单中单击"删除"命令。

④ 选定要删除的文件或文件夹，直接用鼠标将其拖曳到"回收站"。

执行上述任意一种方法删除文件或文件夹，都会弹出确认文件或文件夹删除对话框，如果要确认删除，单击"是"按钮，如果取消删除，单击"否"按钮，如图 3-65 所示。被删除的文件或文件夹将被放置到"回收站"中。

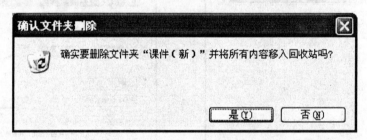

图 3-65 确认文件夹删除

⑤ 选定要删除的文件或文件夹，按 Shift+Delete 快捷键，直接删除该文件或文件夹，不放置到"回收站"中。

（8）使用回收站

回收站专门用来存放被删除的文件或文件夹，用户根据需要，可以清空回收站的内容，永久删除文件或文件夹，也可以还原回收站的内容，恢复被删除的文件或文件夹。如果要对回收站进行操作，先用鼠标双击桌面"回收站"图标，打开回收站窗口。

① 清空回收站。在回收站窗口中，双击桌面"回收站"图标，打开回收站窗口，单击"文件"菜单中的"清空回收站"命令，在弹出的确认文件删除对话框中单击"是"按钮，将删除回收站中所有的文件。

② 删除回收站中部分文件或文件夹。在回收站窗口中，选定需要删除的文件或文件夹，然后按 Delete 键或鼠标右击该文件或文件夹，在弹出的快捷菜单中单击"删除"命令。

③ 还原被删除的文件或文件夹。在回收站窗口中，选定要还原的文件或文件夹，单击

"文件"菜单中的"还原"命令，可以将该文件或文件夹还原到原来的位置。

（9）新建文件夹

在资源管理器窗口中，可以采用以下几种方法创建新文件夹：

① 单击"文件"菜单的"新建"命令，在显示的子菜单中，单击"文件夹"命令。

② 鼠标右击窗口显示区的空白区域，在弹出的快捷菜单中，单击"新建"子菜单中的"文件夹"命令。

③ 在资源管理器窗口中，单击"文件"按钮，在左侧显示的"文件和文件夹任务"列表中，单击"创建新文件夹"命令。

（10）给文件或文件夹更名

选定要更名的文件或文件夹，单击"文件"菜单中"重命名"命令，或鼠标右击选定的文件或文件夹，在弹出的快捷菜单中单击"重命名"命令，重新输入新的文件名或文件夹名。

（11）搜索文件或文件夹

Windows 系统具有强大的文件搜索功能，用户可以根据需要，快速搜索所需的文件或文件夹。具体操作步骤如下：

① 在我的电脑窗口或资源管理器窗口中，单击工具栏中的"搜索"按钮，打开搜索助理窗格，如图 3-66 所示。

② 在"你要查找什么？"选项组中选择"所有文件和文件夹"选项，显示搜索标准对话框，如图 3-67 所示。

③ 在"全部或部分文件名"文本框中输入要搜索的文件名或部分文件名，在"在这里寻找"文本框中输入要搜索的范围。

④ 单击"什么时候修改的"动态下拉菜单，指定修改日期时间范围。

⑤ 单击"搜索"按钮，开始搜索，并将搜索结果显示在资源管理器的窗口显示区。

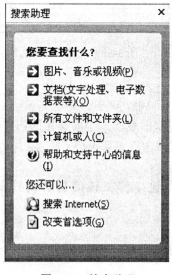

图 3-66　搜索助理

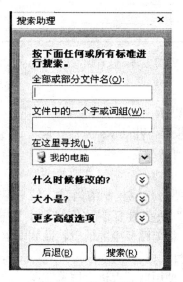

图 3-67　搜索标准

### 3. 文件夹选项设置

Windows 中，可以通过文件夹选项设置来查看窗口中的文件列表。具体操作步骤如下：

普通高等教育『十二五』规划教材

① 在我的电脑窗口或资源管理器窗口中，单击"工具"菜单中的"文件夹选项"命令，打开文件夹选项对话框。

② 单击"常规"选项卡，在"任务"选项组中选择任务风格；在"浏览文件夹"选项组中选择文件夹浏览方式；在"打开项目方式"选项组中选择项目打开方式。如图 3-68 所示。

③ 单击"查看"选项卡，在"文件夹视图"选项组中，单击相应按钮，设置文件夹视图；在"高级设置"列表框中，选择相应的设置选项，如图 3-69 所示。

④ 单击"确定"按钮，保存设置。

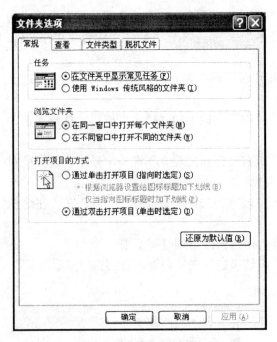

图 3-68  文件夹常规选项

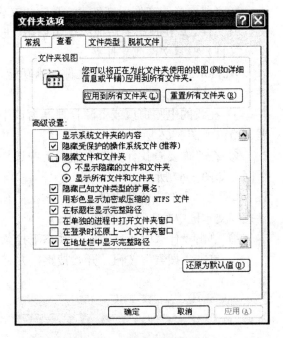

图 3-69  文件夹查看选项

### 4. 剪贴板

剪贴板是 Windows 系统一段可连续的、可随存放信息的大小而变化的内存空间，用来临时存放剪切或复制的信息。

（1）剪切或复制信息到剪贴板

选择要剪切或复制的信息，然后按"Ctrl+X"快捷键将该信息剪切到剪贴板，按"Ctrl+C"快捷键复制该信息到剪贴板。

（2）将剪贴板中的信息粘贴到文档

确定目标位置，按"Ctrl+V"快捷键将该信息从剪贴板中粘贴到文档中。

（3）使用剪贴板进行屏幕截图

按下 Print Screen 键可以将当前屏幕复制到剪贴板中，按 Alt+Print Screen 快捷键。可以将当前活动窗口或对话框复制到剪贴板中。

### 3.2.7　Windows XP 实用工具

Windows XP 的"附件"菜单中为用户提供了常用的实用工具程序，单击"附件"菜单的方法为：单击"开始"按钮，打开开始菜单，然后单击"所有程序"命令，在打开的所有程序子菜单中，单击"附件"命令，显示 Windows XP 实用工具菜单。如图 3-70 所示。

图 3-70　打开 Windows XP 实用工具菜单

#### 1. 辅助工具

（1）放大镜工具

放大镜工具能为视觉有轻度障碍的用户提供相应的阅读辅助功能。单击 Windows XP 实用工具菜单中的"辅助"命令，在显示的子菜单中单击"放大镜"命令，启动放大镜程序，在弹出的放大镜设置对话框中，设置放大倍数和放大方式。此时，桌面上按照设置的放大倍数和方式同步显示需要放大的信息。

（2）屏幕键盘

屏幕键盘能为没有键盘或键盘出现故障的用户提供信息输入。单击 Windows XP 实用工具菜单中的"辅助"命令按钮，在显示的子菜单中单击"屏幕键盘"命令，打开系统提供的屏幕键盘，如图 3-71 所示。用户使用鼠标单击屏幕键盘上的按键对计算机进行操作，与使用物理键盘对计算机进行操作效果完全一样。

图 3-71　屏幕键盘

### 2. 磁盘管理工具

硬盘在使用前必须进行磁盘分区和格式化，否则不能正常读取数据。用户可以使用磁盘管理工具栏对硬盘或其他移动存储器进行管理。

鼠标右击桌面"我的电脑"图标，在弹出的快捷菜单中单击"管理"命令，打开计算机管理窗口，如图 3-72 所示。

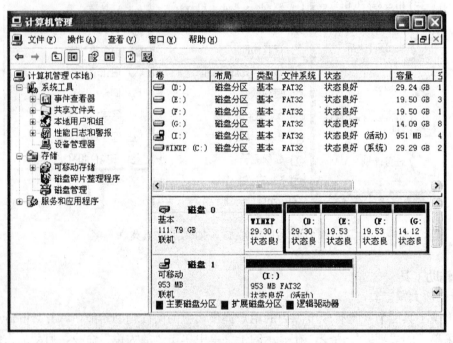

图 3-72　计算机管理

（1）为计算机系统添加新硬盘

用户可以根据需要为计算机系统添加新硬盘或存有数据的旧硬盘，利用磁盘管理工具对硬盘进行分区或格式化处理。添加硬盘的操作步骤如下：

① 关闭计算机，将要添加的硬盘与计算机主机内的数据线正确连接。

② 重新启动计算机，计算机自动将接入的硬盘添加到计算机系统中。

③ 打开计算机管理窗口，单击左边窗格中的"磁盘管理"选项，显示新添加的磁盘信息。如果新添加的磁盘没有出现，则单击"操作"菜单中的"重新扫描磁盘"命令，重新检

测并安装新添加的硬盘。

（2）为添加的硬盘重新分区

① 计算机管理窗口中，鼠标右击新添加的硬盘，在弹出的快捷菜单中，单击"新建磁盘分区"命令，打开新建磁盘分区向导对话框，然后单击"下一步"按钮，显示如图 3-73 所示的对话框。

② 选择"主磁盘分区"选项，单击"下一步"按钮，显示如图 3-74 所示的对话框。

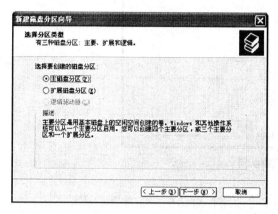

图 3-73　创建分区类型

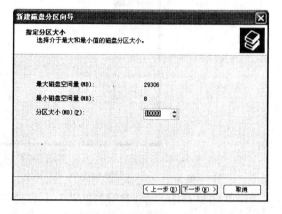

图 3-74　确定分区大小

③ 确定分区大小，直接输入分区大小数值后，单击"下一步"按钮。如果创建的分区是主要分区，将打开一个对话框，要求用户为这个分区指定一个驱动器名，如图 3-75 所示。

④ 单击"下一步"按钮，在如图 3-76 所示的格式化分区对话框中，选择系统文件格式，指定分配单位大小，卷标命名等，设置完毕后，单击"下一步"按钮，开始格式化此分区。

⑤ 第一个主要分区格式化完毕后，依次接着进行第二个分区，第三个分区、扩展磁盘分区，并对其进行格式化。如果存在逻辑分区，需要为扩展磁盘分区指定逻辑驱动器名。

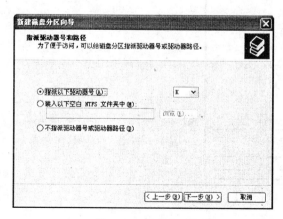

图 3-75　指定驱动器名

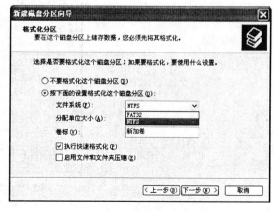

图 3-76　格式化分区

普通高等教育『十二五』规划教材

87

（3）添加、更改、删除驱动器名

① 在计算机管理窗口中，鼠标右击要更名的磁盘分区，在弹出的快捷菜单中，单击"更改驱动器名和路径"命令，打开更改驱动器号和路径对话框，如图3-77所示。

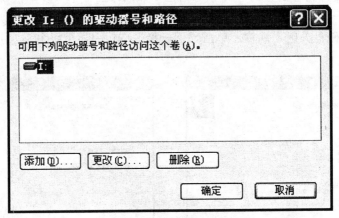

图 3-77　更改驱动器名

② 如果单击"添加"按钮，打开添加驱动器号或路径对话框，添加新的驱动器名；如果单击"更改"按钮，打开更改驱动器号或路径对话框，更改驱动器名；如果单击"删除"按钮，打开删除驱动器确认对话框，单击"是"按钮，删除驱动器名。

（4）格式化磁盘

① 鼠标右击要格式化的磁盘，在弹出的快捷菜单中单击"格式化"命令，打开格式化磁盘对话框，如图3-78所示。

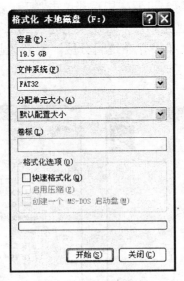

图 3-78　格式化磁盘

②指定文件系统，分配单元大小，卷标名，选择格式化选项，然后单击"开始"按钮，开始格式化磁盘。

（5）磁盘碎片整理

①　在计算机管理窗口中，鼠标右击要更名的磁盘分区，在弹出的快捷菜单中，单击"属性"命令，打开磁盘属性对话框，选择"工具"选项卡，如图 3-79 所示。

②　单击"开始整理"按钮，打开磁盘碎片整理窗口，如图 3-80 所示。

③　选择要进行碎片整理的磁盘，单击"碎片整理"按钮，开始碎片整理。

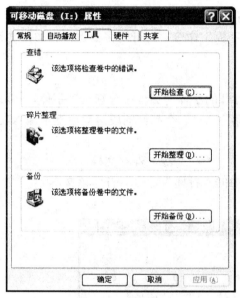

图 3-79　磁盘属性

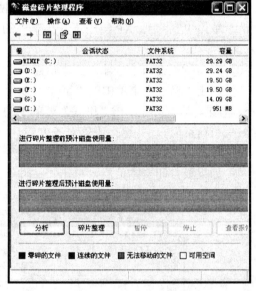

图 3-80　磁盘碎片整理

## 3. 文本工具

（1）记事本

记事本主要用来记录文本信息，使用记事本的操作步骤如下：

①　单击 Windows XP 实用工具菜单中的"记事本"命令，打开记事本窗口，如图 3-81 所示。

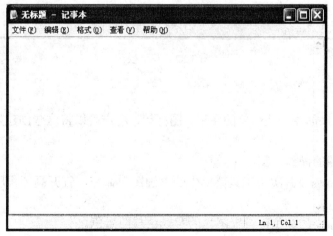

图 3-81　记事本

② 在记事本窗口中，输入文本信息。

③ 单击"格式"菜单中的"字体"命令，在打开的字体对话框中分别设置字体、字形、大小。

④ 单击"文件"菜单中的"保存"命令或"另存为"命令，保存文本信息。

⑤ 如果要打印文本信息，单击"文件"菜单中的"打印"命令，打印该文本信息。

（2）写字板

写字板主要用来编辑处理文本或文档，使用写字板的操作步骤如下：

① 单击 Windows XP 实用工具菜单中的"写字板"命令，打开写字板窗口，如图 3-82 所示。

② 在写字板窗口中，输入文本信息。

③ 单击"格式"菜单中的"字体"命令，在打开的字体对话框中分别设置字体、字形、大小、效果、颜色等。单击"格式"菜单中的"段落"命令，在打开的段落对话框中输入左、右缩进、首行缩进，并选择段落对齐方式。

④ 单击"文件"菜单中的"保存"命令或"另存为"命令，保存文档。

⑤ 如果要打印文本信息，单击"文件"菜单中的"打印"命令，打印该文本。

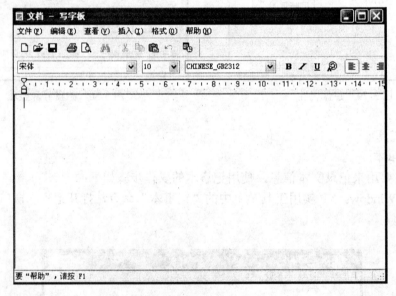

图 3-82　写字板

### 4. 画图工具

画图程序常用来创建一些简单的图形、图标等，用户可以将这些创建好的图片应用到其他文档中。

（1）使用画图的操作步骤

① 单击 Windows XP 实用工具菜单中的"画图"命令，打开画图程序窗口，如图 3-83 所示。

② 单击颜色盒中的颜色，设置图片的背景色与前景色。

③ 单击工具栏中的工具按钮，选择该工具创建图形。

④ 单击"图像"菜单中的相应命令，对图像进行特殊效果处理。

⑤ 单击"文件"菜单中的"保存"命令或"另存为"命令，保存图形文件。

⑥ 如果要打印文本信息，单击"文件"菜单中的"打印"命令，打印该图形。

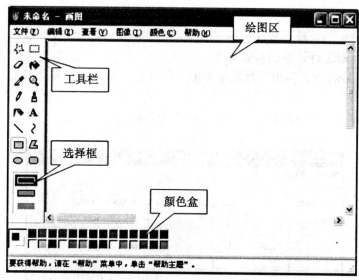

图 3-83　画图

（2）绘图工具使用方法

① 绘制直线。先单击工具栏中的直线工具按钮 ＼，在选择框中选择一种线宽，在绘图区按住鼠标左键拖动鼠标指针到合适位置后，松开鼠标左键。若按住 Shift 键的同时按住鼠标左键并拖动，可画出水平、垂直或 45 度角方向的直线。

② 绘制曲线。先单击工具箱中的曲线工具按钮 ？，在选择框中选择一种线宽，在绘图区按住鼠拖动鼠标指针标画出一条直线，然后鼠标单击直线上要变成弧的某一段，拖动鼠标调整曲线形状。

③ 绘制椭圆和矩形。先单击椭圆 ◯ 或矩形工具 ▭，在选择框中选择一种填充方式，在绘图区按住鼠标拖动鼠标指针至合适位置，松开鼠标即可画出一个椭圆或矩形。如果按住 Shift 键的同时画椭圆或矩形，则可以画出圆形或正方形。

④ 绘制多边形。先单击多边形工具 ▱，在选择框中选择一种填充形式，按住鼠标拖动鼠标指针绘制直线，然后依次绘制出多边形的其他边，完成绘制后双击鼠标确定。如果仅使用 45 度或 90 度角绘制多边形，在拖动指针时按住 Shift 键。

⑤ 绘制随意图形。利用铅笔 ✐、刷子 ▟ 和喷涂工具 ▚ 也可以绘制图形。先选择其中的某一个工具，在绘图区按下鼠标左键并拖动鼠标指针，可以画出任意形状的图形。

⑥ 填充工具 ▚ 和复制颜色工具 ✐。如果要给画好的图形填充颜色，选择用颜色填充工具 ▚，可以对选择的区域或整个画面进行颜色填充。在填充颜色之前，用户要选定所需的颜色。选择颜色可以在颜色盒中完成，也可以使用复制颜色工具 ✐ 来选择颜色。

⑦ 橡皮擦工具 ✐。在图像中，对不满意的线条或者不需要的内容，可以用橡皮擦工具将它们删除。

⑧ 输入文字。单击工具箱中的文字工具 Ａ，在绘图区拖动鼠标拉出一个文字框，此时

屏幕上自动弹出字体工具框，在字体工具栏中选择字体、字号等，在颜色盒选择颜色。 单击文字框内的任意位置确定插入点，再输入文字。如果要在彩色背景上插入文字，不想将现有的背景覆盖，则单击选择框中的按钮。 输入完成后，单击文字框外的任意区域，文字固定在绘图区。

**5. 计算器**

Windows 系统中的计算器程序模拟了计算器的实际功能，用户使用计算器能快速进行数学计算。使用计算器进行计算的步骤如下：

① 单击 Windows XP 实用工具菜单中的"计算器"命令，打开计算器程序窗口，如图 3-84 所示。

② 选择进制，单击计算器上的按钮，进行相应计算。

图 3-84　计算器

**6. 命令提示符工具**

Windows 命令提示符工具是一个特殊的软件程序，输入 Windows 内部命令，可以执行一些特殊的任务。打开 Windows 命令提示符工具的方法如下：

单击 Windows XP 实用工具菜单中的"命令提示符"命令，打开命令提示符窗口，如图 3-85 所示。

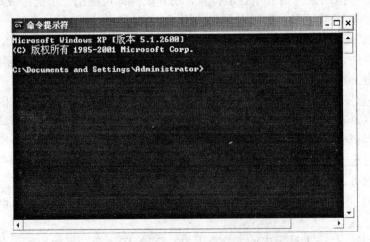

图 3-85　命令提示符

在命令提示符工具中能直接执行的常用的 Windows 内部命令主要有下述几个。

① MD。创建子目录，例如，MD ×××，表示在当前路径中创建一个名称为×××的子目录。

② CD。进入或退出子目录，例如，CD ×××，表示进入到×××子目录。CD\，表示退出子目录，返回到根目录。

③ RD。删除空子目录，例如，RD ×××，表示删除空子目录×××。

④ DIR。显示文件及路径，例如，DIR C:，表示显示 D 盘根目录下所有的文件及子目录。

⑤ REN。更改文件名，例如，REN ∗.txt ∗.doc，表示将当前目录下的所有的扩展名为 txt 的文件更名，更名后的文件扩展名为 doc。

**7. 媒体工具**

使用 Windows Media Player 播放器可以欣赏各种多媒体，如 CD、MP3 等，使用录音机可以直接录制声音，可以根据需要将录制的声音插入到其他文件中。

（1）媒体播放器 Windows Media Player

媒体播放器 Windows Media Player 是一个集成的多媒体播放工具。在 Windows XP 实用工具菜单中的"娱乐"命令，在显示的子菜单中单击"Windows Media Player"命令，打开媒体播放器 Windows Media Player，如图 3-86 所示。只要将要播放的文件直接拖入到播放器中，就开始播放该音乐。

图 3-86　Windows Media Player 播放器

（2）录音机

录音机是专门录制声音的一个集成工具。使用录音机的操作步骤如下：

① 在 Windows XP 实用工具菜单中的"娱乐"命令，在显示的子菜单中单击"录音机"命令，打开录音机窗口，如图 3-87 所示。

② 单击"录音"按钮。开始录制声音。

③ 单击"效果"菜单，设置声音特殊效果。

④ 单击"文件菜单"中的"保存"命令或"另存为"命令，保存声音文件。

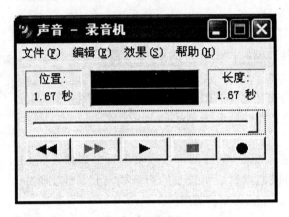

图 3-87　录音机

# 第4章　计算机网络应用基础

**【学习目的与要求】**

掌握计算机网络基础知识及网络通信基础，了解局域网与局域网的组建，掌握局域网的基本应用。

## 4.1　计算机网络概述

计算机网络是计算机技术与通信技术相结合的产物。计算机网络是信息收集、分配、存储、处理与消费的最重要的载体，是网络经济的核心，深刻地影响着经济、社会、文化、科技，是人们工作和生活的最重要工具之一。

### 4.1.1　计算机网络的形成与发展

**1. 计算机网络的形成**

自从第一台电子计算机 ENIAC 在美国诞生以来，计算机在军事领域使用日益广泛。在 20 世纪 50 年代中期，由于军事方面的需要，美国的半自动地面防空系统（Semi-Automatic Ground Environment，SAGE）开始了计算机技术与通信技术相结合的尝试。在 SAGE 系统中把远程距离的雷达和其他测控设备的信息经由线路汇集至一台 IBM 计算机上进行集中处理与控制形成了计算机网络的雏形。世界上公认的、最成功的第一个远程计算机网络是在 1969 年，由美国高级研究计划署（Advanced Research Projects Agency，ARPA）组织研制成功的。该网络称为 ARPANET，它就是现在 Internet 的前身。

**2. 计算机网络的发展**

随着计算机网络技术的蓬勃发展，计算机网络的发展大致可划分为四个阶段。

（1）诞生阶段

20 世纪 60 年代中期之前的第一代计算机网络是以单个计算机为中心的远程联机系统。典型应用是由一台计算机和全美范围内 2 000 多个终端组成的飞机订票系统。终端是一台计算机的外部设备，包括显示器和键盘，无 CPU 和内存。当时，人们把计算机网络定义为"以传输信息为目的而连接起来，实现远程信息处理或进一步达到资源共享的系统"，但这样的通信系统已具备了网络的雏形。

（2）形成阶段

20 世纪 60 年代中期至 70 年代的第二代计算机网络是以多个主机通过通信线路互联起来，为用户提供服务，兴起于 60 年代后期，典型代表是美国国防部高级研究计划局协助开发的 ARPANET。主机之间不是直接用线路相连，而是由接口报文处理机（IMP）转接后互联的。IMP 和它们之间互联的通信线路一起负责主机间的通信任务，构成了通信子网。通信子网互联的主机负责运行程序，提供资源共享，组成了资源子网。这个时期，网络概念为"以能够相互共享资源为目的互联起来的具有独立功能的计算机之集合体"，形成了计算机网络的基本概念。

（3）互联互通阶段

20 世纪 70 年代末至 90 年代的第三代计算机网络是具有统一的网络体系结构并遵循国际标准的开放式和标准化的网络。ARPANET 兴起后，计算机网络发展迅猛，各大计算机公司相继推出自己的网络体系结构及实现这些结构的软硬件产品。由于没有统一的标准，不同厂商的产品之间互联很困难，人们迫切需要一种开放性的标准化实用网络环境，这样应运而生了两种国际通用的最重要的体系结构，即 TCP/IP 网络体系结构和国际标准化组织（International Standard Organization，ISO）的开放系统互联（Open System Interconnect，OSI）体系结构。

（4）高速网络技术阶段

20 世纪 90 年代末至今的第四代计算机网络，由于局域网技术发展成熟，出现光纤及高速网络技术、多媒体网络、智能网络，整个网络就像一个对用户透明的大的计算机系统，发展为以 Internet 为代表的互联网。

**3. 计算机网络的发展方向**

从计算机网络应用来看，网络应用系统将向更宽和更广的方向发展。Internet 信息服务将会得到更大的发展。网上信息浏览、信息交换、资源共享等技术将进一步提高速度、容量及信息安全性。远程会议、远程教学、远程医疗、远程购物等应用将越来越多的融入人们的生活。

## 4.1.2　计算机网络的定义及功能

**1. 计算机网络的定义**

计算机网络，是指将地理位置不同的具有独立功能的多台计算机及其外部设备，通过通信线路连接起来，在网络操作系统，网络管理软件及网络通信协议的管理和协调下，实现资源共享和信息传递的系统。

简单地说，计算机网络就是一个互联的、自主的计算机集合，网络中的计算机不仅地理上是独立的，在工作上也可以不依赖于其他的计算机。计算机之间使用传输介质进行连接，按照某些约定和规则，实现信息交换与资源共享。

目前，对计算机网络的理解主要有以下三种观点：

（1）广义观点

认为只要是能实现远程信息处理的系统或进一步能达到资源共享的系统都可以称为计算机网络。

（2）资源共享观点

认为计算机网络必须是由具有独立功能的计算机组成的、能够实现资源共享的系统。

（3）用户透明观点

认为计算机网络就是一台超级计算机，资源丰富、功能强大，其使用方式对用户透明，用户使用网络就像使用单一计算机一样，无需了解网络的存在、资源的位置等信息。

**2. 计算机网络的主要功能**

计算机网络的功能主要表现在资源共享、信息交换、分布式处理等方面。

（1）资源共享

所谓的资源是指构成系统的所有要素，包括软件资源和硬件资源，如：计算处理能力、大容量磁盘、高速打印机、绘图仪、通信线路、数据库、文件和其他计算机上的有关信息。由于受经济和其他因素的制约，这些资源并非所有用户都能独立拥有，所以网络上的计算机不仅可以使用自身的资源，也可以共享网络上的资源。因而增强了网络上计算机的处理能力，提高了计算机软硬件的利用率。

（2）信息交换

信息交换是计算机网络最基本的功能，主要完成计算机网络中各个节点之间的系统通信。用户可以在网上传送电子邮件、发布新闻消息、进行电子购物、电子贸易、远程电子教育等。

（3）分布式处理

分布运算指的是联网的计算机共同完成一个任务，也就是说一项复杂的任务可以划分成许多部分，由网络内各计算机分别协作并行完成有关部分，使整个系统的性能大为增强。

## 4.1.3 计算机网络的组成

### 1. 网络元素

（1）节点（Node）

一般是指网络中的计算机，分为访问节点和转接节点两类。转接节点的作用是支持网络的连接性能，它通过所连接的链路转接信息，通常有集中器、信息处理机等。访问节点也简称为端点（Endpoint），它除具有连接作用外，还可起到信源（Source）和信宿（Sink）（又称为发信点和收信点）的作用，一般包括计算机或终端设备。

（2）线路（Line）

在两个节点间承载信息流的信道称为线路。线路可以是采用电话线、电缆、光纤等的有线信道，也可以是无线电信道。

（3）链路（Link）

是指从发信点到收信点（即从信源到信宿）的一串节点和线路。链路通信是指端到端的通信。

### 2. 计算机网络系统的组成

（1）按系统划分

计算机网络由硬件系统和软件系统组成。网络硬件主要包括计算机设备、通信设备与通信线路等，是提供数据处理、数据传输和建立通信通道的物理基础，软件系统是实现网络功能所不可缺少的软件环境，主要包括网络操作系统、网络通信软件、网络协议与协议软件、网络管理软件、网络应用软件等。

网络中的计算机设备包括独立的计算机系统和具有独立网络功能的共享设备。其中计算机系统可以是多终端主机、也可以是普通的微机；具有独立网络功能的共享设备是指为网络用户共享的、自身具备的网络接口，例如直接联网的不依赖于任何计算机的打印机和大容量存储器等。通信设备主要指网络连接设备和网络互联设备，主要包括网卡、交换机、路由器等。通信线路是指传输介质及其介质连接部件，传输介质主要包括双绞线、同轴电缆、光纤、无线电波、红外线等。

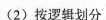

（2）按逻辑划分

计算机网络从逻辑结构上可以分成外层用户资源子网和的内层通信子网两部分。前者负责数据处理，向网络用户提供各种网络资源和网络服务，后者负责数据转发。二者在功能上各负其责，通过一系列计算机网络协议把二者紧密地结合在一起，共同完成计算机网络工作。

用户资源子网专门负责全网的信息处理任务，以实现最大限度地共享全网资源的目标，用户资源子网包括主机及其他信息资源设备。

通信子网是计算机网络中负责数据通信的部分，传输介质可以是架空明线、双绞线、同轴电缆、光导纤维等有线通信线路，也可以是微波、通信卫星等无线通信线路。通常情况下，终端与主计算机、终端与节点计算机及集中器之间采用低速通信线路；各计算机之间，包括主计算机与通信处理机及集中器之间采用高速通信线路。节点计算机和高速通信线路组成独立的数据通信系统，承担全网的数据传输、交换、加工和变换等通信处理工作。

### 4.1.4 计算机网络的分类

计算机网络的分类方法很多，下面介绍常见的几种分类。

**1. 按网络传输技术分类**

（1）广播式网络

在广播式网络中，所有连网计算机都共享一个公共通信信道。

（2）点到点式网络

与广播式网络相反，在点到点式网络中，每条物理线路连接一对计算机。

**2. 按网络的覆盖范围分类**

按覆盖的地理范围进行分类，计算机网络可以分为局域网、城域网和广域网三类。

（1）局域网 LAN

局域网（Local Area Network，LAN）网络规模较小，其覆盖范围一般在方圆几千米内。常指一间房间、一栋建筑物内的网络，或者是一个单位内部几栋楼间的网络。因为距离短，一般用同轴电缆、双绞线等传输介质连接而成，局域网的信息传输速率较快。局域网按照采用的技术、应用范围和协议标准的不同可以分为共享局域网与交换局域网。局域网技术发展迅速，应用日益广泛，是计算机网络中最活跃的领域之一。

（2）广域网 WAN

广域网（Wide Area Network，WAN）的覆盖范围很大，一般为几十千米以上的计算机网络，因此也称为远程网。广域网可以覆盖一个国家、地区，或横跨几个洲，形成国际性的远程网络。例如，Internet 就是目前应用得最广泛的一个广域网。

（3）城域网 MAN

城域网（Metropolis Area Network，MAN）规模介于局域网和广域网之间，通常局限在一座城市的范围内，其联网距离约为 10～100km。例如，有限电视网络就是一个典型的城域网。

**3. 按拓扑结构分类**

拓扑结构是指网络中各设备的物理布局和通信线路构成的几何形状。网路拓扑结构主要有总线型、环型、星型三种基本拓扑结构，还有一些是由这些基本拓扑结构混合而成的，比如树型结构和网状型。

（1）总线型

采用单根传输线作为总线，所有节点都共用一条总线，如图 4-1 所示。当其中一个节点发送信息时，该信息将通过总线传到每一个节点上。节点在接到信息时，先要分析该信息的目标地址与本地地址是否相同，若相同，则接收该信息；若不相同，则拒绝接收。总线型拓扑结构的优点是电缆长度短，布线容易，便于扩充；其缺点主要是总线中任一处发生故障将导致整个网络的瘫痪，且故障诊断困难。

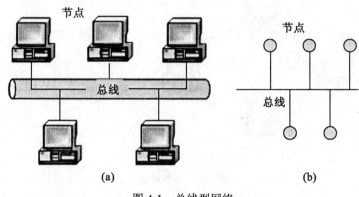

图 4-1  总线型网络

（2）星型

星型拓扑结构是用一个节点作为中心节点，其他节点直接与中心节点相连构成的网络。中心节点可以是文件服务器，也可以是连接设备。如图 4-2 所示。

星型拓扑结构的网络属于集中控制型网络，整个网络由中心节点执行集中式通行控制管理，各节点间的通信都要通过中心节点。每一个要发送数据的节点都将要发送的数据发送中心节点，再由中心节点负责将数据送到目的节点。星型拓扑结构适用于局域网，特别是近年来连接的局域网大都采用这种连接方式。

星型拓扑结构的优点是结构简单、容易实现、便于管理，通常以集线器（Hub）作为中央节点，便于维护和管理。缺点是中心节点是全网络的可靠瓶颈，中心结点出现故障会导致网络的瘫痪。

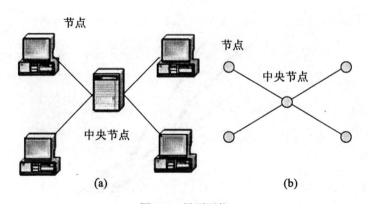

图 4-2  星型网络

（3）环型

环型拓扑结构将各节点首尾相连，形成一个封闭的环形结构，每个节点都与一个前节点和一个后节点相连接，如图 4-3 所示。在这种结构中，信息沿着环按顺序传递，两个节点之间仅有一条通路，每个节点的收发信息都由环接口控制，如果任何一个节点发生故障，将导致网络中所有节点无法正常工作。

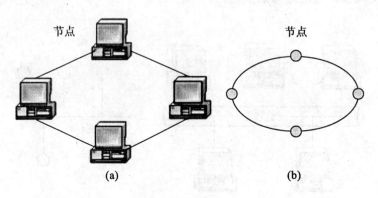

图 4-3　环型网络

## 4.1.5　计算机网络传输介质

传输介质是网络连接设备间的中间介质，也是信号传输的媒体，常用的介质主要有双绞线、同轴电缆、光纤、无线电波、红外线等。

### 1. 双绞线

双绞线是最普通的传输介质，是由两条相互绝缘的导线按照一定的规格互相缠绕（一般以逆时针缠绕）在一起而制成的一种通用配线。双绞线能抵御一部分外界电磁波干扰，更能降低自身信号的对外干扰，每一根导线在传输中辐射的电波会被另一根导线上发出的电波抵消。"双绞线"的名字也是由此而来。

实际使用时，双绞线是由多对双绞线一起包在一个绝缘电缆套管里的。典型的双绞线有四对的，也有更多对双绞线放在一个电缆套管里的。这些称之为双绞线电缆。如图 4-4 所示。

图 4-4　双绞线

### 2. 同轴电缆（Coaxial）

先由两根同轴心、相互绝缘的圆柱形金属导体构成基本单元（同轴对），再由单个或多个同轴对组成的电缆。如图 4-5 所示。

同轴电缆从用途上分可分为基带同轴电缆和宽带同轴电缆（即网络同轴电缆和视频同轴电缆）。同轴电缆分 50Ω 基带电缆和 75Ω 宽带电缆两类。基带电缆又分细同轴电缆和粗同轴电缆。基带电缆仅仅用于数字传输，数据率可达 10Mbps。

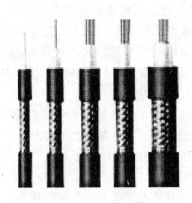

图 4-5　同轴电缆

### 3. 光导纤维（Fiber Optic）

光导纤维是一种透明的玻璃纤维丝，直径只有 1~100μm。它是由内芯和外套两层组成，内芯的折射率大于外套的折射率，光由一端进入，在内芯和外套的界面上经多次全反射，从另一端射出，如图 4-6 所示。光导纤维利用内部全反射原理来传导光束，其重量轻、损耗低、抗干扰能力强，工作性能可靠，是构建安全性网络的理想选择。

图 4-6　光导纤维

### 4. 无线传输介质

双绞线、同轴电缆和光纤为网络通信提供了物理连接，在某些特定的条件下，使用这些传输介质根本不能完成传输，因此，就需要使用无线通信。无线通信的方法有无线电波、微波和红外线等。

### 4.1.6　计算机网络常用设备

#### 1. 网卡

网卡也叫"网络适配器"，简称"NIC"，是局域网中最基本的部件之一，如图 4-7 所示。网卡是连接计算机与网络的硬件设备，无论是双绞线连接、同轴电缆连接还是光纤连接，都必须借助于网卡才能实现数据的通信。网卡的主要作用是整理由计算机发送到网络上的数据，将数据分解为大小适当的数据包发送到网络上，实现数据的串并转换。此外，由于局域网上传送的数据速率与计算机总线的数据速率是不一样的，网卡的另一个作用就是缓存数据以调整它们之间的速率匹配问题。目前网卡按其传输速度来分可分为 10M 网卡、10 / 100M 自适应网卡以及千兆（1000M）网卡等。

每个网卡都有一个物理地址，这个地址是网卡生产厂家在生产时写入 ROM 芯片中的，该地址用于控制主机在网络中的数据通信，被称为 MAC（介质访问控制）地址。网卡一旦插在计算机主板上，这套计算机就具有了 MAC 地址。

#### 2. 中继器

中继器是网络物理层的一种介质连接设备，常用于两个网络借点之间物理信号的双向转发工作，如图 4-8 所示。信号在网络传输介质传输时会产生衰减，导致有用的数据信号会变得越来越弱，为了保证有用数据的完整性，并在一定范围内传送，需要使用中继器将接收到的弱信号放大，重新生成信号，以保持与原数据信号相同，使用中继器就可以使信号传送到更远的距离。严格地说，中继器只是网段连接设备，不是网络互联设备，只能用来连接具有相同物理层协议的局域网。中继器连接网络示意图如图 4-9 所示。

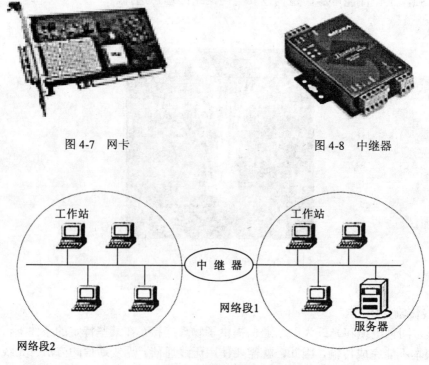

图 4-7　网卡　　　　　　　　　　　　　　　图 4-8　中继器

图 4-9　中继器连接网络示意图

### 3. 集线器

集线器（HUB）属于数据通信系统中的基础设备，是一个多端口的中继器和共享设备，如图 4-10 所示。集线器工作在局域网（LAN）环境，应用于 OSI 参考模型第二层（数据链路层），主要功能是对接收到的信号进行再生、整形、放大，以扩大网络传输距离，同时将所有节点集中在以它为中心的节点上。集线器连接示意图如图 4-11 所示。

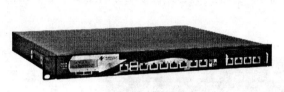

图 4-10　集线器

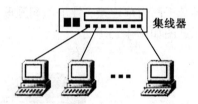

图 4-11　集线器连接示意图

### 4. 交换机

交换机（Switch）是一种用于电信号转发的网络设备。它可以为接入交换机的任意两个网络节点提供独享的电信号通路。最常见的交换机是以太网交换机，其他常见的还有电话语音交换机、光纤交换机等。以太网交换机如图 4-12 所示，交换机连接示意图如图 4-13 所示。

图 4-12　以太网交换机

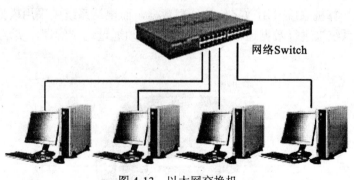

图 4-13　以太网交换机

普通高等教育『十二五』规划教材

### 5. 路由器

路由器（Router）是连接互联网中各局域网、广域网的设备，如图 4-14 所示。其主要作用是从一个网络向另一个网络传递数据包，将不同网络或网段之间的数据信息进行"翻译"，使它们能够相互"读懂"对方的数据，从而构成一个更大的网络。路由器能根据信道的情况自动选择和设定路由，以最佳路径，按前后顺序发送信号。路由器是互联网络的枢纽和"交通警察"。目前，路由器已经广泛应用于各行各业，各种不同档次的路由器产品已成为实现各种骨干网内部连接、骨干网间互联和骨干网与互联网互联互通业务的主要设备。路由器连接示意图如图 4-15 所示。

图 4-14　路由器

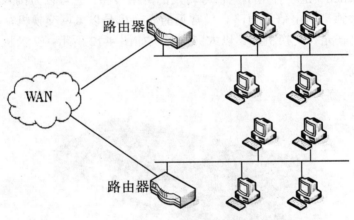

图 4-15　路由器连接示意图

### 6. 调制解调器

调制解调器是一种能够使一台计算机通过电话线同其他计算机进行通信的设备，如图 4-16 所示。由于计算机系统采用数字信号处理数据，而电话系统则采用模拟信号传输数据，为了能利用电话系统来进行数据通信，计算机系统必须通过调制解调器实现数字信号与模拟信号的互换。

图 4-16　调制解调器

**7. 网关**

网关（Gateway）是连接两个不同网络协议、不同体系结构的计算机网络的设备，如图4-17所示。网关可以实现不同网络之间的转换，可以在两个不同类型的网络系统之间进行通信，转换协议，将数据重新分组、包装和转换。网关有两种：一种是面向连接的网关，一种是无连接的网关。

**8. 网桥**

网桥（Bridge）是网络节点设备，如图4-18所示，它能将一个较大的局域网分割成多个网段，或者将两个以上的局域网（可以是不同类型的局域网）互连为一个逻辑局域网。网桥的功能就是延长网络跨度，同时提供智能化连接服务，即根据数据包终点地址处于哪一个网段来进行转发和滤除。

图 4-17　网关

图 4-18　网桥

## 4.1.7　TCP/IP 结构

**1. TCP/IP 协议结构**

TCP/IP 是一组通信协议的代名词，这组协议使任何具有网络设备协议的用户都能访问和共享 Internet 上的信息。TCP/IP 包含了 TCP（传输控制协议）和 IP 在内的多个协议，TCP负责和远程主机的连接，IP 负责寻址，二者紧密结合，共同管理和引导数据报文在 Internet上的传输。

TCP/IP 是一个层次结构，分为不同的层次，每一层负责不同的通信功能。TCP/IP 简化了层次设计，只有四层，与传统的 OSI 有七层组成不同。这四层从上至下分为应用层、传输层、网际互联层和网络接口层。

（1）应用层

负责处理特定的应用程序细节，应用程序显示受到的信息，将用户的数据发送到底层，为应用软件提供网络接口。应用层包含了所有的高层协议，例如：Telnet（远程登录协议）允许一台计算机上用户登录到远程计算机上并进行工作；FTP（文件传输协议）提供了将数据从一台计算机传送到另一台计算机上的方法；SMTP（简单邮件传输协议）用于发送电子邮件；HTTP（超文本传输协议）用于浏览网页等。

普通高等教育『十二五』规划教材

（2）传输层

为两台计算机的应用程序提供通信，传输层接收从应用层传递过来的数据，并对数据进行分段处理后，形成较小的数据单元，传递给对方，并确保对方的各段信息正确无误。传输层有两个协议：TCP（传输协议控制协议）和 DUP（用户数据报协议）。

（3）网际互联层

将传输层形成的信息单元打成 IP 数据报，并在报头中填入地址信息，然后选择最佳路径，执行数据转发。网际互联层有四个协议：IP（网际协议）、ICMP（Internet 控制报文协议）、ARP（地址解释协议）和 RARP（逆向地址解释协议）。

（4）网络接口层

是 TCP/IP 的最底层，负责处理对介质的访问，实现传输数据需要的机械、电器、功能及过程等特性，并负责接收和发送 IP 数据报。

**2. IP 地址**

网络上每台计算机独有一个唯一的 IP 地址。IP 协议使用 IP 地址在计算机之间传递信息。

（1）IPv4

目前，Internet 上使用的地址为 IPv4（第四版本 IP 地址），由 32 位二进制组成，用带点的十进制表示，每 8 位一组，共分成 4 组，每组用 0～255 的十进制表示，组与组之间用圆点分隔，如 202.103.24.33。

Internet 上的 IP 地址分成 A、B、C、D、E 五类，常用的 A 类、B 类和 C 类地址都是由网络地址和主机地址两部分组成的。

A 类地址：采用 1 字节表示网络号，3 字节表示主机号，可使用 126 个不同的大型网络，每个网络拥有 16774214 台主机，IP 范围为：1.0.0.0～126.255.255.255。

B 类地址：采用 2 字节表示网络号，2 字节表示主机号，可使用 16384 个不同的中型网络，每个网络拥有 65534 台主机，IP 范围为：128.0.0.0～191.255.255.255。

C 类地址：采用 3 字节表示网络号，1 字节表示主机号，一般用于规模较小的本地网络，如校园网等。可使用 2097152 个不同的网络，每个网络可拥有 254 台主机，IP 范围为：192.0.0.0～223.255.255.255。

D 类和 E 类 IP 地址用于特殊的目的。D 类地址范围为：224.0.0.0～239.255.255.255，主要留给 Internet 体系结构委员会 IAB（Internet Architecture Board）使用。E 类 IP 地址范围为：240.0.0.0～255.255.255.255，是一个用于实验的地址范围，并不用于实际的网络。

（2）IPv6

IPv6 是下一版本的互联网协议，也可以说是下一代互联网的协议，它的提出最初是因为随着互联网的迅速发展，IPv4 定义的有限地址空间将被耗尽，地址空间的不足必将妨碍互联网的进一步发展。为了扩大地址空间，拟通过 IPv6 重新定义地址空间。IPv6 采用 128 位地址长度，几乎可以不受限制地提供地址。按保守方法估算 IPv6 实际可分配的地址，整个地球的每平方米面积上仍可分配 1 000 多个地址。

IPv6 相对于 IPV4 的主要优势是它扩大了地址空间，提高了网络的整体吞吐量，服务质量得到很大的改善，安全性有了更好的保证，支持即插即用和移动性，更好地实现了多播功能。IPv6 改变了互联网的核心，使现有的互联网上了一个新台阶，变成性能更高、成本更低的新互联网。

IPv6 的典型应用将包括网格计算、高清晰度电视、视频语音综合通信、智能交通、远程医疗、远程教育等。

**3. 域名地址**

为了方便记忆，Internet 在 IP 地址的基础上、提供了一种面向用户的字符型主机命名机制，这就是域名系统。IP 地址以数字来代表主机的地址，不方便记忆，Internet 在 1984 年采用了域名管理系统（DNS），域名系统采用层次结构，按地理域或机构域进行分层，用小数点将各个等次分开，入网的每台主机的域名如下列层次结构。

主机号. 三级域名. 二级域名. 一级域名

加入 Internet 的各级网络，依照域名管理系统的命名规则对本网内的主机进行命名和分配主机号，并负责完成通信时域名到 IP 地址的转换。对用户来说，一般不需要使用 IP 地址，而时直接使用域名，Internet 上的服务系统自动地将其转换为 IP 地址。

（1）一级域名

代表某个国家、地区或大型机构的节点，表 4-1 列出了组织性一级域名标准，表 4-2 列出了地理性以及域名标准。

表 4-1 组织性一级域名标准

| 域 名 | 含 义 | 域 名 | 含 义 |
|---|---|---|---|
| com | 商业机构 | mil | 军事机构 |
| edu | 教育机构 | net | 网络服务提供者 |
| gov | 政府机构 | org | 非营利组织 |
| int | 国际机构(主要指北约组织) | | |

表 4-2 地理性一级域名标准

| 代码 | 国家或地区 | 代码 | 国家或地区 | 代码 | 国家或地区 | 代码 | 国家或地区 |
|---|---|---|---|---|---|---|---|
| au | 澳大利亚 | ca | 加拿大 | be | 比利时 | sg | 新加坡 |
| fl | 芬兰(共和国) | fr | 法国 | de | 德国 | in | 印度 |
| ie | 爱尔兰 | il | 以色列 | it | 意大利 | jp | 日本 |
| nl | 荷兰(共和国) | hk | 香港 | ru | 俄罗斯联邦 | tw | 台湾 |
| es | 西班牙 | cn | 中国 | ch | 瑞士 | us | 美国 |
| uk | 英国 | mo | 澳门 | | | | |

（2）二级域名

代表部门系统或隶属一级区域的下级机构的节点。中国互联网信息中心（CNNIN）负责管理我国一级域名，它将 cn 划分二级域名 41 个，包括 7 各类别域名和 34 个行政区域名，

表 4-3 列出了我国 7 个二级类别域名标准，我国行政区域名由汉字拼音的第一个字母构成，比如 bj（北京）、sh（上海）、tj（天津）、hb（湖北）等，表 4-4 列出了我国行政区域名。

表 4-3  中国二级类别域名标准

| 域　名 | 含　义 | 域　名 | 含　义 |
|---|---|---|---|
| ac | 科研机构 | int | 国际组织 |
| com | 商业组织 | net | 网络支持中心 |
| edu | 教育机构 | org | 各种非盈利性组织 |
| gov | 政府部门 | 行政区代码 | 我国各个行政区 |

表 4-4  中国二级行政区域名标准

| bj | 北京市 | sh | 上海市 | tj | 天津市 | cq | 重庆市 | xz | 西藏自治区 |
|---|---|---|---|---|---|---|---|---|---|
| sx | 山西省 | sn | 陕西省 | ln | 辽宁省 | jl | 吉林省 | nm | 内蒙古自治区 |
| jx | 江苏省 | zj | 浙江省 | ah | 安徽省 | fj | 福建省 | xj | 新疆维吾尔自治区 |
| sd | 山东省 | ha | 河南省 | hb | 湖北省 | hn | 湖南省 | gx | 广西壮族自治区 |
| gd | 广东省 | hi | 海南省 | sc | 四川省 | gz | 贵州省 | hl | 黑龙江省 |
| he | 河北省 | qh | 青海省 | jx | 江西省 | yn | 云南省 | nx | 宁夏回族自治区 |
| gs | 甘肃省 | tw | 台湾 | hk | 香港 | mo | 澳门 | | |

（3）三级域名

代表本系统、单位名称。例如 edu.cn 的下级域名一般分为各个学校的域名，如 wipe（武汉体育学院）、tsinghua（清华大学）等。

**4. 子网掩码**

子网掩码与 IP 地址相关，由 32 位二进制构成，用来区分网络地址和主机地址，其中左边是网络位，用二进制数字"1"表示；右边是主机位，用二进制数字"0"表示。如果一个 IP 地址前 n 位为网络地址，则其对应的子网掩码前 n 位为 1，后 32-n 为 0，对应 IP 地址中的主机地址部分。

例如，一台主机的 IP 地址为 192.168.0.22，其子网掩码为 255.255.255.0，那么该 IP 地址中的 192.168.0 是网络地址，22 是网络上的主机地址。

## 4.2　计算机网络通信

计算机网络的前身是计算机通信系统，在计算机网络中，任何两台计算机之间的数据交换都要借助通信手段来实现。

### 4.2.1　数据通信基础

**1. 信息网络与计算机网络**

广义地讲，信息网络是两个以上单位为了某种需要，以一种共同的方式进行信息交换，则它们的关系形成了一个相互联系的系统。信息网络的目的是进行信息交流。

计算机网络是两个以上的计算机系统和计算机终端通过通信线路连接起来所组成的系

统。计算机网络主要实现网络中软件、硬件资源的共享。

**2. 信号与信道**

信号是携带信息的电子或光的传输，是一种运行在网络缆线上的电流形式，它由网络部件产生。信号可以分为电信号、光信号和电磁信号几种。其中，电信号通过铜线媒介传输；光信号通过光缆、空气、真空等途径传播；电磁信号通过空间传播。

信道是传输信号的通路，由传输线路和相应的附属设备组成。在计算机网络中，信道分为物理信道与逻辑信道。其中物理信道是用来传输信号的物理通路，由传输介质及相关通信设备组成。逻辑信道是指信号从起始发送端发出，到最终接收端接收所经历的传输通路。

**3. 模拟数据与数字数据**

在通信技术中数据分为模拟数据与数字数据两种，其中模拟数据在时间与幅值上是连续取值，幅值随时间连续变化（正弦波形）。数字数据在时间上是离散的，在幅度上经过量化处理（方波图形），通常是 0 和 1 组成的二进制代码序列。

**4. 数据通信系统**

数据通信系统是通过数据电路将分布在远地的数据终端设备与计算机系统连接起来，实现数据传输、交换、存储和处理的系统。比较典型的数据通信系统主要由数据终端设备、数据电路、计算机系统三部分组成，如图 4-19 所示。

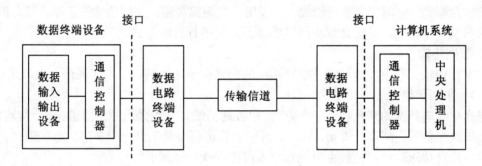

图 4-19 数据通信系统组成

**5. 数据通信系统只要技术指标**

（1）数据传输率、波特率

数据传输率（比特率）是指单位时间内，传送的二进制数，通常用 bps（bit per second，位每秒）表示。数据传输率表示数字信道的传输能力。

波特率是一种调制速率，也称波形速率，用来表示在模拟信号的传输过程中，线路上每秒钟传送的波形个数，单位为 Baud。

（2）带宽

在模拟信道中，带宽表示信道的传输能力，是传送信息信号的高频率与低频率之差，单位为 Hz、KHz、MHz、GHz。带宽表示模拟信道的传输能力。

（3）信道容量

信道容量一般指物理信道上能够传输数据的最大能力，一般用单位时间内可传输的最大字节数来表示。信道容量越大，则信息的传输能力就越大。实际应用中的传输率要小于信道容量。

### 4.2.2  数据传输

**1. 数据传输类型**

由于数据在传输过程中，可以用模拟信号和数字信号两种方式来表示，因此，它们在信道中的传输，也相应分为基带传输和宽带传输两类。

（1）基带传输

基带是指数字信号占用的基本频带，基带传输是指在传输介质上传输由计算机或终端产生的数字脉冲信号。基带传输信道简单、成本低，信道利用率较低，适合近距离通信。

（2）宽带传输

宽带传输是指将数字信号调制成模拟信号再发送和传输，到达接收端后再调制成原来的数字信号，这种利用模拟信道传输模拟信号的方法称为宽带传输技术。宽带传输可以在一个信道中传输声音、图像和数据信息，信道容量大，适合远距离通信。

**2. 数据传输方式**

通信信道对数据进行传输时，有并行传输和串行传输两种方式。并行传输是一次同时传输若干比特的数据，因此，从发送端到接收端的信道也需要用相应的若干传输线。比如打印机一般使用计算机的并行口。

串行传输是一位一位地传输，从发送端到接收端的信道只需要一根传输线。很明显，并行传输的速率高，但需要多根传输线，一般用于短距离传输，并行传输的速率较低，但可以节省网络设备，因此，目前计算机网络中普遍采用串行传输方式。

**3. 数据传输方向**

在串行传输过程中，数据线有三种不同的配置：单工通信、半双工通信、全双工通信。

（1）单工通信

是指传输的数据始终是朝着一个方向，单工通信线路一般采用两个信道，一个传输数据，一个传送监控信号，简称二线制，例如，人们收看电视节目就是一个典型的单工通信，人们无法给电视台传送数据，只能由电视台单方向向观众传送画面。

（2）半双工通信

允许数据向两个方向的任一方向传输，但在某个具体时刻只能朝着一个方向传输。可以说，半双工通信方式实际上是转换方向的单工通信方式。在半双工传输方式中，若想改变数据流的方向，需要利用开关进行切换。例如，无线对讲机就是一个半双工通信，甲方讲话时，乙方无法讲，需要等甲方讲完，乙方才能讲。

（3）全双工通信

数据能同时在两个方向传输，相当于将两个方向相反的单工通信方式集合起来，一般采用四线制。

**4. 异步传输与同步传输**

数据被发送到传输线进行传输时，接收端能否正确地接收下来，关键要解决"同步"问题，即接收端应知道所接收信息的起始时间和持续时间，当发送端以某一速率在一定起始时间发送数据时，接收端也必须以同一速率在相同的起始时间开始准备接收数据，否则，接收端与发送端就会产生误差，造成收发出错。

为了避免接收端与发送端数据出错，必须采取严格的同步措施，常用的方式有下列两种。

（1）异步传输方式

信息以单个字符为单位进行串行数据传送，它在每个字符代码的前后分别附加上起始位和终止位作为接受设备的同步标志。起始位对应于二进制的"0"信号，一般以低电平表示，代表字符传输开始，平时不传输字符时，传输线一直处于高电平状态，一旦接收端检测到传输线从高电平跳向低电平，即接收端收到起始位，说明发送端已经开始传送数据。此时，接收端开始接收数据，当接收端收到终止位时，标志数据传输结束。这种传输方式使得接收端在接收两个连续字符时，中间能有一个恢复的时间，以便为接收下一个字符做好准备。

（2）同步传输方式

信息以数据块的方式传输，一个数据块往往包含有许多连续的字符。在块的前面必须用一些特殊的标记符来标记数据块的开始，使发送端与接收端建立一个同步的传输过程。同步传输适合用于快速和较大规模的数据传输。

**5. 数据交换技术**

在计算机网络中，接收端与发送端之间有多条路径相连接，信息在通过各种通信信道时会被交换。常见的交换有线路交换、报文交换、分组交换三种。

（1）线路交换

当计算机与终端或计算机与计算机之间需要通信时，由交换机负责在其间建立一条专用通道（一条物理链接），其过程可以分为三个阶段：建立呼叫连接、完成数据传输、拆除连接。

在呼叫阶段，主叫与被叫之间临时建立传输线路一直保持到拆除动作开始为止，双方通信的内容不受交换机的约束。由此可见，线路交换的外部表现是通信双方一旦连通，便独占一条实际的物理线路，线路交换的实质是在交换设备的内部，由硬件开关接通输入线与输出线。

线路交换的优点是传输延迟小，线路一旦接通，不会发生冲突，可靠性较好，缺点是建立线路所需时间较长，一旦接通后双方独占线路，造成信道浪费。

（2）报文交换

报文交换不是为整个对话在两点之间建立一条专用路径，而是将对话分解成一份份的报文，每个报文用它的目的地址封装起来，然后通过交换设备存储报文，并根据报文的目的地址，选择一条合适的空闲线路，将报文传送出去。

在报文交换方式中，两个站点之间不需要建立专用通道，交换设备之间的输入线与输出线之间也不必建立物理连接。报文在传输过程中，可能经过若干交换设备，在每个交换设备处，报文首先被存储起来，并且在待发报文登记表中进行登记，等待报文前往的目的地址的路径空闲时再转发出去。因此，报文交换技术是一种存储转发技术，利用计算机带有大量的外存设备来完成交换的。

报文交换的优点是线路利用率较高，信道可以被多个报文共享，接收端与发送端不需要同时工作，当接收端忙时，报文可以暂存在交换设备处。可以同时向多个目的地发送同一份报文，能够在网络上时间差错控制和纠错处理，能够进行速度和代码转换。缺点是信息延迟长，不适合实时通信或交互通信。

（3）分组交换

分组交换也是采用存储转发技术，在报文交换中，被传输的数据块的大小是不被限制的，对某些大报文的传输，交换设备必须利用磁盘进行缓存，这样，长报文就会占用一条线路达较长时间，显然不适合交互式通信。为了解决这个问题，分组交换将用户的大报文分成若干个报文分组包，以报文分组包为单位在网络中传输。每个报文分组包含有数据块和目的地址，同一报文的不同分组可以在不同路径中传输，全部到达终点后，再重新组装成完整的报文。由于报文分组包的大小被严格限制，分组包存放在交换设备的内存中，缩短了访问时间，非常适合交互式通信。另外，分组包可以单独发送，不需要等待，减少了延迟时间。

分组交换分为数据报分组交换和虚电路分组交换两种方法。

① 数据报分组交换。数据报分组交换与报文交换有某些类似之处，数据报无建立连接过程，各数据报均携带信宿地址，传输时，各数据报单独寻址，选取各种可能的路径通过网络。在接收端，要将收到的数据报分组重新组合，恢复成原来的报文。

② 虚电路分组交换。虚电路是发送端与接收端之间的逻辑连接。一个逻辑连接是在对话开始时，发送端与接收端为交换信息为建立起来的。这些信息允许发送端和接收端在一些对话参数上取得一致意见，这些参数包括报文的大小、所选取的传输路径等。

## 4.3 组建局域网

### 4.3.1 局域网概述

#### 1. 局域网基本概念

计算机局域网是局部区域内的计算机网络，是一种将小区域内的通信设备互联在一起的通信网络，可以理解为一组物理位置上彼此相隔不远的计算机和相关设备的互联集合，该集合允许用户相互通信，共享软、硬件资源。局域网一般局限在几千米的距离范围内，可以包含一个或多个子网。

局域网技术产生于 20 世纪 70 年代，由于局域网的出现，计算机网络逐渐被大多数人接受，并在较短的时间内应用到各种领域。目前，局域网在使用上主要有以太网和无线局域网两种。

#### 2. 局域网的特点

① 传输速率高，最高可以达到 10Gbps。

② 传输质量好。

③ 建网成本低，费用少。

④ 有较好的不同速率适应能力，低速或高速设备均能接入。

⑤ 兼容性好，互操作性强，不同厂商生产的不同型号的设备均能接入。

⑥ 支持同轴电缆、双绞线、光纤和无线等多种传输介质。

⑦ 网络覆盖范围有限。一般为 0.1～10km。

### 4.3.2 以太网与无线局域网

#### 1. 以太网

以太网技术产生于 20 世纪 90 年代初，随着交换式以太网技术和快速以太网技术产生，大大提高了局域网的性能，快速以太网的数据传输速率也由传统的 10 Mb/s 提升到 100Mb/s。继交换式以太网和快速以太网技术以后，业界在 1994 年又提出了千兆位以太网的设想，并且在 1998 年上半年建立了在光纤和短程铜线介质上运行的千兆位以太网技术标准，目前已普及。2002 年 6 月万兆以太网技术正式发布，它提供了更丰富的带宽和处理能力，并保持了以太网一贯的兼容性和简单易用、升级容易的特点，目前已经得到广泛的应用。

以太网是由 Xerox 公司开发的一种局域网技术，是当今现有局域网采用的最通用的通信协议标准。以太网络使用 CSMA/CD（载波监听、多路访问及冲突检测）技术，并以 10Mb/s 的速率运行在多种类型的电缆上。以太网一般采用总线结构，所有的设备都连到同一共享总线上，任意一个设备都有同等的权利使用总线。某一时刻，只能有一个设备在总线上发送数据，其他设备只能接收数据。当某一个设备欲发送数据给另一个设备时，必须先监听总线是否空闲，只有总线空闲时，才能发送数据，并在发送的过程当中随时监听是否有其他设备在使用总线发送数据。

**2. 无线局域网**

无线局域网是无线通信技术与网络技术相结合的产物，通过无线信道来实现网络设备之间的通信，从而实现通信的移动化。由于无线局域网安装便捷、具有较好的灵活性和移动性，容易进行网络规划和调整、易于扩展、故障定位容易等特点，使用日益广泛。无线局域网的技术标准较多，主要有 802.11 标准（包括 802.11a 、802.11b 及 802.11g 等标准）、蓝牙（Bluetooth）标准以及 HomeRF（家庭网络）标准等。目前，无线局域网采用的传输介质主要有两种：红外线与无线电波。

（1）红外线局域网

红外线局域网采用小于 1 微米波长的红外线作为传输媒体，有较强的方向性，由于采用低于可见光的部分频谱作为传输介质，使用不受无线电管理部门的限制。红外信号要求视距（直观可见距离）传输，并且窃听困难，对邻近区域的类似系统也不会产生干扰。另外，红外线通信的传输速率较高、安全性好，所需设备相对简单。在实际应用中，由于红外线具有很高的背景噪声，受日光、环境照明等影响较大，要求的发射功率较高，其传输距离和覆盖范围较小。

（2）无线电波局域网

采用无线电波作为无线局域网的传输介质，由于无线电波的覆盖范围较广，因此应用较广泛。使用扩频方式通信的无线局域网，当采用直接序列扩频方式通信时，因发射功率低于自然的背景噪声，具有很强的抗干扰、抗噪声和抗衰落能力，保证了通信安全，基本避免了通信信号的偷听和窃取，具有很高的可用性。另一方面无线局域使用的频段主要是 S 频段（2.4GHz～2.4835GHz 频率范围），不会对人体健康造成伤害。因此，无线电波成为无线局域网最常用的无线传输媒体。

## 4.3.3　局域网的工作模式

局域网通常有两种工作模式：客户机/服务器模式和对等模式。

**1. 客户机/服务器模式**

客户机/服务器网络是一种基于服务器的网络，服务器控制整个网络，负责存储和提供共享的文件、数据库或应用程序资源，客户机通过网络向服务器申请资源共享服务，如图 4-20 所示。客户机/服务器网络的工作效率高，系统可靠，适合于机器数较多、性能要求高的工作环境。客户机/服务器模式在 Windows 中称为域模式。

普通高等教育『十二五』规划教材

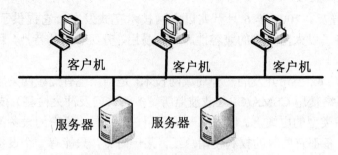

图 4-20　客户机/服务器网络示意图

## 2. 对等模式

在对等网络中，不需要使用专门的服务器，计算机之间的关系是平等的，没有主从之分。每台计算机既可以是服务器，也可以是客户机，同时具备两个角色，如图 4-21 所示。对等网络中组网容易、成本低、容易维护，适合机器数较少、分布比较集中、性能要求不高的工作环境。对等模式在 Windows 中称为工作组模式。

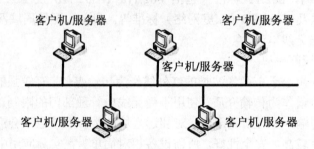

图 4-21　对等网络示意图

### 4.3.4　局域网的物理集成

最常见的局域网是通过交换机连接的星型结构以太网，这种结构性能稳定、成本低、易于维护与扩展。随着无线通信技术的发展，无线局域网使用也逐渐受到人们的欢迎。

#### 1. 以太网物理集成

组建以太网所需的设备主要有网卡、双绞线、交换机、集线器等。连接方式有双机互联、多机互联两种。

（1）安装网卡

首先确定要联网的计算机有连接所需的以太网接口，目前大多数计算机的主板上都集成了网卡，若没有则需添加独立网卡。网卡插在计算机主板上的插槽内，网卡上接口通过双绞线与其他计算机或交换机相连。图 4-22 所示为独立网卡与插在接口上的双绞线连接。

（2）制作双绞线（网线）

制作双绞线时，每根双绞线的长度不能超过 100m。如果双绞线是连接计算机到交换机的，则两端水晶头均按 TIA/EIA-568B 标准制作，俗称直通线，线序如图 4-23 所示。

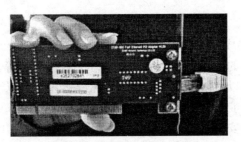

图 4-22    网卡与双绞线连接

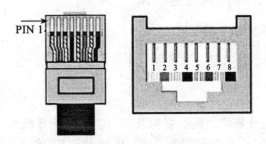

TIA/EIA-568B标准线序：

| 1 | 2 | 3 | 4 | 5 | 6 | 7 | 8 |
|---|---|---|---|---|---|---|---|
| 橙白 | 橙 | 绿白 | 蓝 | 蓝白 | 绿 | 棕白 | 棕 |

图 4-23    TIA/EIA-568B 标准

按 TIA/EIA-568A 标准制作，而另一端按 TIA/EIA-568B 标准制作，俗称交错线或对错线。TIA/EIA-568A 标准线序如图 4-24 所示。

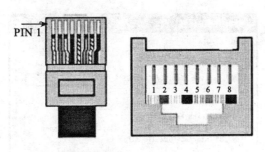

TIA/EIA-568A标准线序：

| 1 | 2 | 3 | 4 | 5 | 6 | 7 | 8 |
|---|---|---|---|---|---|---|---|
| 绿白 | 绿 | 橙白 | 蓝 | 蓝白 | 橙 | 棕白 | 棕 |

图 4-24    TIA/EIA-568A 标准

（3）连接网络

当把网卡安装到计算机上，且制作好网线后，还需要把制作好的网线连接到网卡、交换机或集线器上。其操作方法很简单，只要将双绞线的接头直接插入网卡、交换机会集线器的接口即可。

**2. 无线局域网物理集成**

组建无线局域网所需的设备主要有无线网卡和无线接入点等。无线网卡在网络中的作用与计算机中的普通网卡在以太网中的作用相同，无线接入点类似于以太网中的交换机，提供无线信号的发射与接受功能。计算机上的无线网卡通过无线接入点接入到无线局域网。无线网卡的安装与普通网卡的安装相同，也是插在计算机主板的插槽内。无线接入点一般拥有一个或多个以太网接口，用于无线网络与有线网络的连接，从而扩大网络范围和规模。

### 4.3.5 基于 Windows 的局域网组建技术

**1. 有线局域网（对等网络）的配置**

在对等网络中，每台计算机既是服务器也是客户机，因此，服务器与客户机的配置完全相同。

（1）安装网络组件

局域网中，要想实现计算机之间的资源共享，需要在计算机上安装 "Microsoft 网络客户端"、"Microsoft 网络的文件和打印共享"、"TCP/IP 协议" 等组件。"Microsoft 网络客户端" 允许计算机访问 Microsoft 网络上的资源，"Microsoft 网络的文件和打印共享" 允许其他计算机通过 Microsoft 网络访问本机上的资源，"TCP/IP 协议" 是网络通信协议，提供多种网络通信。通常情况下，这些组件在安装 Windows 操作系统时就已经安装到计算机中，如果没有安装，可以采用如下步骤添加：

① 鼠标右击桌面上的 "网上邻居" 图标，在弹出的快捷菜单中选择 "属性" 命令选项，打开网络连接窗口。

② 用鼠标右击 "本地连接" 图标，在弹出的快捷菜单中选择 "属性" 命令选项，打开本地连接属性对话框，如图 4-25 所示。

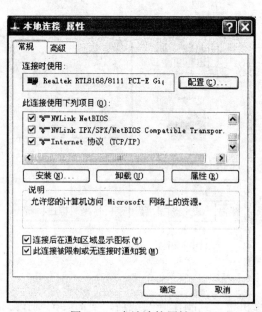

图 4-25　本地连接属性

③ 选择要安装的组件，单击"安装"按钮，进行安装。

（2）设置IP地址

计算机通过TCP/IP协议与网络上的其他计算机进行通信，因此，需要为每台计算机设置IP地址。IP地址必须唯一，不能重复，在同一个局域网中，IP地址中的网络地址必须相同。设置IP地址的具体操作步骤如下：

① 在本地连接属性对话框中，选择"TCP/IP协议（TCP/IP）"，单击"属性"按钮，打开TCP/IP协议（TCP/IP）属性对话框，如图4-26所示。

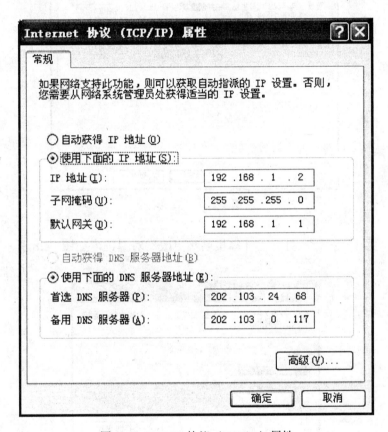

图4-26 TCP/IP协议（TCP/IP）属性

② 分别设置IP地址、子网掩码、默认网关和DNS服务器地址。如果局域网中有DHCP（动态主机配置协议）服务器，可以为计算机提供动态分配IP地址的服务，可以选择"自动获得IP地址"和"自动获得DNS服务器地址"选项。

（3）设置计算机名称和工作模式

完成了TCP/IP协议的配置后，用户还需要更改计算机名称和工作模式才能进行网络通信，实现资源共享。操作步骤如下：

① 在桌面上鼠标右击"我的电脑"图标，在弹出的快捷菜单中选择"属性"命令选项，打开"系统属性"对话框，然后单击"计算机名"标签，打开如图4-27所示的计算机名选项卡。

普通高等教育『十二五』规划教材

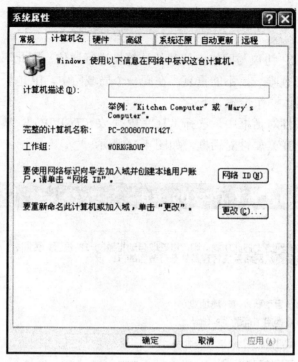

图 4-27　计算机名

② 单击"更改"按钮，打开"计算机名称更改"对话框，如图 4-28 所示。

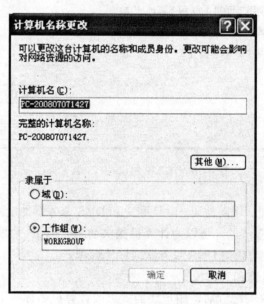

图 4-28　计算机名称更改

③ 在"计算机名"文本框中输入本机的计算机名称，然后在"隶属于"选项组中选择
工作模式，如果是对等网络，选择工作组，并输入工作组名，如果是客户机/服务器网络，
选择域，并输入域名。单击"确定"按钮。

**2. 有线局域网（客户机/服务器网络）的配置**

（1）客户机的配置

局域网中，客户机/服务器网络的客户机配置与对等网络的客户机配置基本相同，只是工作模式有些区别，在设置客户机/服务器网络的客户机工作模式时，在图 4-28 所示的对话框中选择域，并输入相应域名即可。

（2）服务器的配置

服务器上安装 Windows Server 操作系统，并在服务器上添加 DNS，打开 Active Directory，创建域名，并确定数据库文件路径和日志文件路径，最后设置目录还原模式密码。重新启动计算机，配置的服务器生效。

**3. 无线局域网（对等网络）配置**

无线对等网络一般选择其中一台计算机作为主机，设置无线环境，其他计算机作为副机，自动搜索无线网络环境并连接。

（1）主机的无线配置

配置步骤如下：

① 鼠标右击桌面上的"网上邻居"图标，在弹出的快捷菜单中选择"属性"命令选项，打开网络连接窗口。

② 用鼠标右击"无线网络连接"图标，在弹出的快捷菜单中选择"属性"命令选项，打开无线网络连接属性对话框，如图 4-29 所示。

③ 选择"Internet 协议（TCP/IP）"，单击"属性"按钮，打开 Internet 协议（TCP/IP）属性对话框，如图 4-30 所示。

④ 分别设置 IP 地址、子网掩码、默认网关和 DNS 服务器地址。

图 4-29 无线网络连接属性

图 4-30 Internet 协议（TCP/IP）属性

⑤ 在无线网络连接属性对话框，单击"无线网络配置"标签，打开无线网络配置选项卡，如图 4-31 所示。选择"用 Windows 配置我的无线网络设置"。

⑥ 单击"高级"按钮，在打开的高级对话框中，如图 4-32 所示。将要访问的网络设置为"仅计算机到计算机（特定）"，单击关闭按钮。

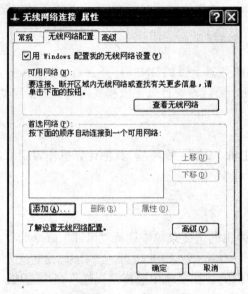

图 4-31　无线网络配置

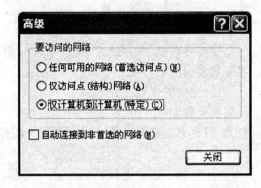

图 4-32　高级对话框

⑦ 在无线网络配置选项卡中，单击"添加"按钮，打开无线网络属性对话框，如图 4-33 所示。在网络名（SSID）文本框中输入网络标识，如"mywork"，将网络身份验证设置成"开放式"，数据加密设置成"已禁用"。选择"这是一台计算机到计算机……"复选框。最后单击"确定"按钮。

图 4-33　无线网络属性

（2）副机的无线配置

① 打开如图 4-30 所示的 Internet 协议（TCP/IP）属性对话框，设置 IP 地址、子网掩码、默认网关和 DNS 服务器地址。副机 IP 地址、子网掩码要与主机在同一个网段。

② 如图 4-32 所示的高级对话框中，将要访问的网络设置为"仅计算机到计算机（特定）"，单击关闭按钮。

③ 在如图 4-31 所示的无线网络配置对话框中，单击"查看无线网络"按钮，搜索可用网络，并将副机连接到可用网络。

**4. 局域网连通测试**

局域网连接好后，可以通过 Windows 操作系统提供的网络测试命令来检测网络连接是否正确。

（1）ipconfig 命令

该命令用来显示当前计算机的 TCP/IP 配置情况，刷新 DHCP（动态主机配置协议）和 DNS（域名系统）的设置。

（2）ping 命令

该命令是一个常用的检测网络是否连通的命令，用来确认当前计算机与另一台计算机是否能交换数据。

ping 命令的基本格式：ping 目标计算机名。目标计算机名可以是 Windows 主机名、IP 地址或域名地址。例如，ping 192.168.0.22。如果结果显示为"Request timed out"，表示连通不成功，数据交换不能实现。

① 在局域网中，通常用 ping 127.0.0.1 来测试当前计算机 TCP/IP 协议的安装或运行是否正常。

② ping 本机 IP 地址。常用来检测当前计算机 IP 地址及网卡配置是否正确，如果显示不成功，表示当前计算机的网卡或 IP 地址配置有问题。在局域网中如果出现此问题，可以先断开网络连接，然后重新执行该命令，如果网先断开后本命令显示成功，则表示在该局域网内另外一台计算机的 IP 地址与当前计算机的 IP 地址相同。

## 4.3.6　局域网的基本应用

在局域网的对等网络中，常用的资源共享主要有文件夹共享、打印机共享、网络驱动器使用等。

**1. 文件夹共享**

（1）设置共享文件夹

① 选择要共享的文件夹，鼠标右击该文件夹图标，在弹出的快捷菜单中选择"共享和安全"命令选项，打开文件属性对话框，如图 4-34 所示。

② 选择"共享此文件夹"，输入网络共享名和网络注释名，设置同时访问该文件夹的用户数限制。

③ 单击"权限"按钮，打开文件权限设置对话框，如图 4-35 所示，添加能够访问该文件夹的用户名，并设置该用户的使用权限。

图 4-34 文件属性

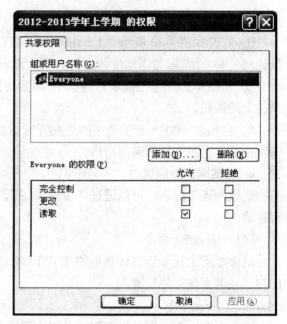

图 4-35 权限设置

（2）使用共享文件夹

鼠标双击桌面上的"网上邻居"图标，找到共享文件夹的所在主机，鼠标双击该主机图标进行连接，然后根据共享名找到该共享文件夹。另外在 IE 地址栏中输入"\\主机名\\共享名"，也可以找到该共享文件夹。主机名可以是 Windows 主机名、IP 地址或域名地址。

如果提供共享资源的用户没有开放"Guest"账户，在连接时需要输入用户名和密码。

**2. 打印机共享**

（1）设置共享打印机

① 打开控制面板，双击"打印机和传真"图标，打开打印机与传真窗口。选择要共享的打印机图标，鼠标右击该图标，在弹出的快捷菜单中选择"共享"命令选项，打开共享打印机对话框，如图 4-36 所示。

② 选择"共享这台打印机"，并输入共享名后，单击"确定"按钮。

（2）使用共享打印机

在第一次使用共享打印机之前，先安装网络打印机。在打印机与传真窗口中，通过"添加打印机向导"对话框来添加网络打印机。在添加网络打印机过程中，选择"网络打印机或连接其他计算机的打印机"选项后，需要指定网络打印机的位置。网络打印机安装完毕后，需要将其设置为默认打印机。网络打印机一旦安装好后，就可以像使用本地打印机一样使用。

**3. 使用网络驱动器**

（1）映射网络驱动器

映射网络驱动器是将网络上其他计算机上的共享文件夹映射成当前计算机上的一个驱动器，缩短访问时间。

图 4-36　共享打印机

①　鼠标右击桌面上的"网上邻居"图标，在弹出的快捷菜单中选择"映射网络驱动器"命令选项，打开映射网络驱动器对话框，如图 4-37 所示。

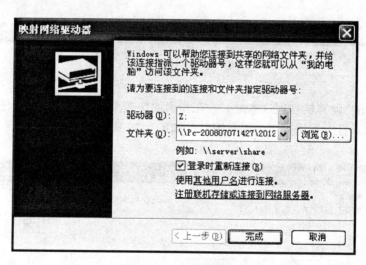

图 4-37　映射网络驱动器

②　指定网络驱动器名，并输入共享文件夹地址（可以通过"浏览"按钮查找共享文件夹）。为了保证下次登录时自动建立与共享文件的连接，选择"登录时重新连接"复选框。最后单击"完成"按钮。

（2）断开网络驱动器

鼠标右击桌面上的"网上邻居"图标，在弹出的快捷菜单中选择"断开网络驱动器"命令选项，断开先前映射的网络驱动器。

**4. 网络通信**

在局域网中多台计算机可利用控制台互相发送文字消息，甚至可用 NetMeeting 进行语音或视频交流实现网上会议。

（1）发送控制台消息

① 鼠标右击桌面上"我的电脑"图标，在弹出的快捷菜单中选择"管理"命令选项，打开计算机管理窗口，如图 4-38 所示。

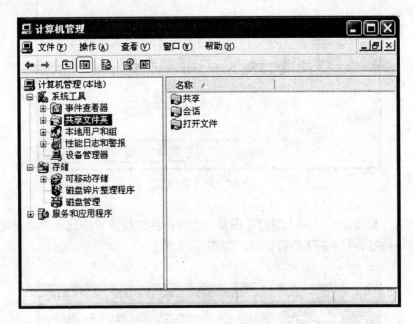

图 4-38　计算机管理

② 鼠标右击"计算机管理（本地）"，在弹出的快捷菜单中选择"所有任务/发送控制台消息"命令选项，打开发送控制台消息窗口，如图 4-39 所示。

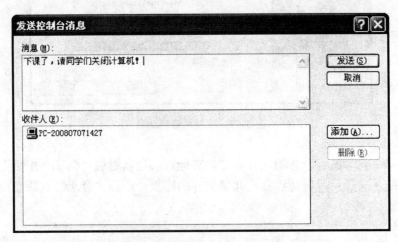

图 4-39　发送控制台消息

③ 单击"添加"按钮，输入要接收消息的计算机名称或 IP 地址，然后在消息窗口中输入消息内容，单击"发送"按钮，即可完成控制台消息的发送。

（2）网络会议

使用 Microsoft 提供的 NetMeeting 可以实现简单的网上会议功能。默认情况下，不能从程序菜单中启用 NetMeeting，可以单击"开始"菜单，选择"运行"命令，在对话框中键入"conf"并确定，启动 NetMeeting 配置向导，并可按照向导程序的指示对 NetMeeting 进行配置。

要进行网络会议，必须保证局域网上的计算机都在运行 NetMeeting。邀请其他计算机参加会议，可在"呼叫"中选择"新呼叫"，然后输入要呼叫的计算机名称或 IP 地址，单击"呼叫"按钮即可。呼叫成功后，双方即可通过麦克风和耳机（音箱）对话；通过对"共享程序"的设置来进行双方系统的互动操作；通过"聊天室"可以与其他人进行键盘上的字符信息交互；通过"白板"可以与其他人进行图形方面信息的交互；通过"传送文件"可以与其他人进行文件交互等。

# 第5章 Internet 基本应用

**【学习目的与要求】**

了解 Internet 基本组成、工作原理、接入方式及基本设置；掌握浏览器、电子邮件、搜索引擎等 Internet 基本应用。

## 5.1 Internet 基础

Internet 中文名为互联网，是目前世界上应用范围最广的计算机广域网络，它由遍布全球的各种计算机网络互联而成，是世界上最大的计算机网络。Internet 是以开放的计算机网络，可以连接各种各样的计算机系统和计算机网络，通过 Internet，人们可以获取信息、发布信息、沟通交流、进行电子商务活动和各种娱乐活动。

### 5.1.1 Internet 概述

**1. Internet 的起源**

从某种意义上，Internet 可以说是美苏冷战的产物，它的由来，可以追溯到 1962 年。当时，美国国防部为了保证美国本土防卫力量和海外防御武装在受到前苏联第一次核打击以后仍然具有一定的生存和反击能力，认为有必要设计出一种分散的指挥系统：它由一个个分散的指挥点组成，当部分指挥点被摧毁后，其他点仍能正常工作，并且这些点之间，能够绕过那些已被摧毁的指挥点而继续保持联系。为了对这一构思进行验证，1969 年，美国国防部国防高级研究计划署（DoD/DARPA）资助建立了一个名为 ARPANET（即阿帕网）的网络，这个网络把加利福尼亚大学、斯坦福大学和犹他州州立大学的计算机主机连接起来。这个阿帕网就是 Internet 最早的雏形。

20 世纪 80 年代初，美国一大批科学家呼吁实现全美的计算机和网络资源共享，以改进教育和科研领域的基础设施建设，抵御欧洲和日本先进教育和科技进步的挑战和竞争。20世纪 80 年代中期，美国国家科学基金会（NSF）为鼓励大学和研究机构共享他们非常昂贵的四台计算机主机，希望各大学、研究所的计算机与这四台巨型计算机连接起来，建立名为 NSFNET 的广域网。

1986 年 NSF 投资在美国普林斯顿大学、匹兹堡大学、加州大学圣地亚哥分校、依利诺斯大学和康奈尔大学建立五个超级计算中心，并通过 56Kb/s 的通信线路连接形成 NSFNET 的雏形。1987 年 NSF 公开招标对于 NSFNET 的升级、营运和管理，结果 IBM、MCI 和由多家大学组成的非营利性机构 Merit 获得 NSF 的合同。1989 年 7 月，NSFNET 的通信线路速度升级到 T1（1.5Mb/s），并且连接 13 个骨干结点，采用 MCI 提供的通信线路和 IBM 提供的路由设备，Merit 则负责 NSFNET 的营运和管理。由于 NSF 的鼓励和资助，很多大学、政府资助甚至私营的研究机构纷纷把自己的局域网并入 NSFNET 中，从 1986 年至 1991 年，

NSFNET 的子网从 100 个迅速增加到 3 000 多个。NSFNET 的正式营运，以及实现与其他已有和新建网络的连接开始真正成为 Internet 的基础。

进入 20 世纪 90 年代初期，Internet 事实上已成为一个"网际网"，其各个子网分别负责自己的架设和运作费用，而这些子网又通过 NSFNET 互联起来。NSFNET 连接全美上千万台计算机，拥有几千万用户，是 Internet 最主要的成员网。随着计算机网络在全球的拓展和扩散，美洲以外的网络也逐渐接入 NSFNET 主干或其子网。

**2. Internet 在中国的发展**

1987 年至 1993 年是 Internet 在中国的起步阶段，国内的科技工作者开始接触 Internet 资源。在此期间，以中科院高能物理所为首的一批科研院所与国外机构进行合作开展一些与 Internet 联网的科研课题，通过拨号方式使用 Internet 的 E-mail 电子邮件系统，并为国内一些重点院校和科研机构提供国际 Internet 电子邮件服务。

从 1994 年开始，中国逐步实现了与互联网的 TCP/IP 连接，并逐步开通了互联网的全功能服务，互联网在我国开始进入飞速发展时期。经国家批准，国内可直接连接互联网的网络有四个，即中国科学技术网络（CSTNET）、中国教育和科研计算机网（CERNET）、中国公用计算机互联网（CHINANET）、中国金桥信息网（CHINAGBN）。

目前，中国 Internet 用户主要由科研领域、商业领域、国防领域、教育领域、政府机构、个人用户等组成。据中国互联网信息中心统计，到 2011 年 12 月底，我国 Internet 用户接近 5.2 亿，我国成为使用人数最多的国家。

**3. Internet 的概念与特点**

（1）Internet 的概念

从概念上讲，Internet 是由多个网络互联而成的一个单一而庞大的网络集合，是一个建立在计算机网络之上的网络。在组织结构上，Internet 是基于共同的通信协议（TCP/IP），通过路由器将多个网络连接起来所构成的一个新网络，它将位于不同地区、不同环境、不同类型的网络互联成一个整体。Internet 一般结构如图 5-1 所示。

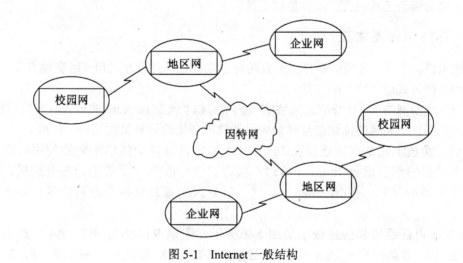

图 5-1　Internet 一般结构

（2）Internet 的特点

①全球信息传播。Internet 已经与 180 个国家和地区的近 9 亿用户连通，从而形成了世

界范围的通信网络，能快速方便地与本地或异地的其他网络用户进行信息通信。用户一旦接入 Internet 网络，即可获得世界各地的有关政治、军事、经济、文化、科学、商务、气象、娱乐和服务等方面的最新信息。

②　检索、交互信息方便快捷。Internet 用户和应用程序不必了解网络互连等细节，用户界面独立于网络。对 Internet 上提供的大量丰富信息资源能快速地传递、方便地检索。

③　灵活多样的接入方式。由于 Internet 所采用的 TCP/IP 协议采取开放策略，支持不同厂家生产的硬件、软件和网络产品，任何计算机，无论是大、中型计算机，还是小型、微型、便携式计算机，甚至掌上电脑，只要采用 TCP/IP 协议，就可实现与 Internet 的互联。

④　收费低廉。世界各国政府在 Internet 的发展过程中给予了大力的支持。Internet 的服务收费相对较低，并且还在不断下降。

**4. Internet 的基本组成**

（1）物理网络

Internet 最基本的部件是物理网络，Internet 上的所有计算机是通过成千上万根电缆、光缆或无线通讯设备以及连接设备组成的一个有机的物理网络；物理网络是传播信息的真实载体。

（2）通信协议

通信协议网络控制和数据交换的规则的集合。在 Internet 上传送的每个消息至少通过三层协议：网络协议（network protocol）负责将消息从一个地方传送到另一个地方；传输协议（transport protocol）管理被传送内容的完整性；应用程序协议（Application protocol）作为对通过网络应用程序发出的一个请求的应答，将传输的信号转换成人们能识别的数据。

（3）网络工具

Internet 包含六大基本工具：远程登录、文件传输、网络漫游和资源挖掘工具、电子邮件工具、网络聊天工具以及流媒体播放工具。

## 5.1.2　Internet 基本工作原理

一般来说，计算机之间的信息交换有两种方式：电路交换方式和分组交换方式。Internet 采用分组交换方式进行信息的交换。

在分组交换网络中，计算机之间要交换的信息以"包"（packet）的形式封装后进行传输。每个包由数据正文和包的标识信息（如始发计算机和接收计算机的地址）组成。

分组交换技术就是保证连接在 Internet 上的每台计算机能够平等地使用网络资源。发送方将信息分组后通过 Internet 传送，接收方在接收到一个信息的各分组后，重新组装成原来完整的信息。在 Internet 上，同一时刻流动着来自各个方向的多台计算机的分组信息。

Internet 内部连接和信息传递如图 5-2 所示。图中 R1、R2、R3、R4 为路由器，主机 A 传到主机 B 的一个分组 a，b，c；主机 C 传到主机 B 的一个分组 1，2，3，4；主机 F 传到主机 E 的一个分组 x，y，z。这些数据包可能经过不同的路由器和网络最终到达目的主机。

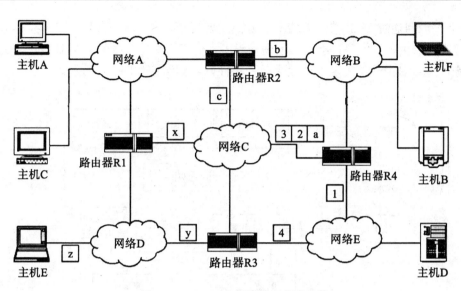

图 5-2　Internet 内部连接和信息传递

## 5.1.3　Internet 接入方式

因特网的接入方式有许多种，包括 PSTN 接入、ISDN 接入、DSL 接入、DDN 专线接入、ATM 接入、帧中继接入、光纤接入、无线接入等。

**1. PSTN 接入**

PSTN（Public Switched Telephone Network，公共交换电话网）是使用时间最长的网络接入方式。利用这种方式进行数据传送，尽管速度较慢，还要占用一条电话线路，但设备简单，使用方便。其结构如图 5-3 所示。

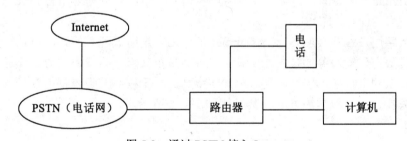

图 5-3　通过 PSTN 接入 Internet

**2. ISDN 接入**

ISDN（Integrated Service Digital Network，综合业务数字网），是以综合数字电话网（IDN）为基础发展而成的，能提供端到端的数字连接。它除了提供电话业务外，还能够将传真、数据、图像等多种业务在同一个网络中传送和处理，并通过现有的电话线提供给用户。

综合业务数字网 ISDN 有窄带与宽带之分，分别称为 N-ISDN（Narrowband-ISDN）和 B-ISDN （Broadband-ISDN），无特殊说明，ISDN 指 N-ISDN。N-ISDN 以公用电话交换网为基础，而 B-ISDN 是以光纤作为干线和传输介质。

　　企业局域网通过 ISDN 接入因特网的方案主要有三种：代理服务器、账号共享器、路由器。代理服务器由软件实现，不需其他硬件设备，但不太稳定。账号共享器由硬件实现，稳定性较好；路由器由硬件实现，速度快，稳定性好，其结构如图 5-4 所示。

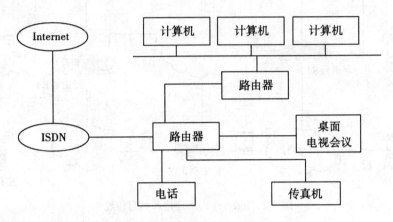

图 5-4　通过 ISDN 接入 Internet

### 3. DDN 接入

　　DDN（Digital Data Network，数字数据网）是采用数字信道（如光缆、数字微波和卫星信道）来传输信号的数据传输网，为用户提供全数字、全透明、高质量的网络连接和各种数据传递业务。数字数据网可用于金融业、证券业、外资机构等各种固定用户的联网通信，并为多种电信增值业务（各种专用网、无线寻呼系统、可视图文系统等）及局域网提供中继或用户数据通道，特别适用于业务量大、实时性强的数据通信用户使用。

### 4. DSL 接入

　　DSL（Digital Subscriber Line，数字用户线路）技术可以分为非对称 DSL（如 ADSL）和对称 DSL（如 SDSL、HDSL）。

　　非对称数字用户线路（ADSL，Asymmetric DSL）是通过现有的普通电话线为家庭、办公室提供宽带数据传输服务的技术，所谓的非对称是指其上下行速率不等，即高下行（下载）速率和相对较低的上行（上传）速率。ADSL 特别适用于视频节目点播，在可视会议、远程办公、远程医疗、远程教学等方面。其结构如图 5-5 所示。

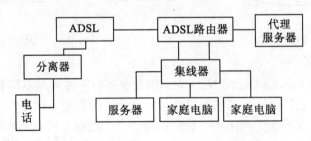

图 5-5　通过 ADSL 接入 Internet

　　对称 DSL 方式适合商业用户的需要，采用了对称 DSL 方式之后，原有的针对 DDN 方式的价格体系和记费系统都可以不作改动。而且多数商业用户需要对称的传输方式，即他们需要的就是一定的对称带宽（如 512Kb，1Mb 或者 2Mb）。

由于利用了现有的电话线系统，DSL 方式接入 Internet 要比 DDN 成本低许多，而且 DSL 总是处于"联机状态"，即用户在收发 E-mail 或上网浏览的时候不需要拨号。DSL 的主要优点是传输速度快、可以多个设备共享一条线路、使用方便。

### 5. ATM 接入

ATM（异步传输模式）是国际电信联盟 ITU-T 制定的标准。因为包含来自某用户信息的各个信元不需要周期性出现，所以这种传输模式是异步的。

ATM 中，话音、数据、图像等所有的数字信息都要经过切割，封装成统一格式的信元在网中传递，并在接收端恢复成所需格式。由于 ATM 技术简化了交换过程，去除了不必要的数据校验，采用易于处理的固定信元格式，因此 ATM 交换速率大大高于传统的数据网。

### 6. 帧中继接入

帧中继（Frame Relay）是在用户与网络接口之间提供用户信息流的双向传送，并保持顺序不变的一种承载业务。它是以帧为单位，在网络上传输，并将流量控制、纠错等功能全部交由智能终端设备处理的一种新型高速网络接口技术。

帧中继业务能够兼容多种网络协议，可为各种网络提供快速、稳定的连接。帧中继支持多种数据用户，可用于总部与各地分支机构的局域网之间的互联；可以组建虚拟专用网，进行远程计算机辅助设计、文件传送、图像查询、图像监视及电视会议等；可以按需分配带宽，网络资源利用率高，费用低廉。

### 7. 光纤接入

光纤接入方式是利用光纤传输技术，直接为用户提供宽带（B-ISDN，可达 155Mb/s）的双向通道。光纤接入方式具有频带宽、容量大、信号质量好和可靠性高等优点，能够有效缓解用户信息业务增长与网络信息传输速度不适应的矛盾，被认为是宽带用户接入网的发展方向。光纤接入方式对用户来说带宽不受限制，这就为宽带业务进入家庭提供了带宽上的保证。目前，构筑全业务光纤接入网的关键技术，如 SDH（光纤同步数字网）、ATM 技术、光纤网络设计、施工与管理技术均已成熟，并已有实用化产品出售，而且价格越来越低。

### 8. 无线接入

无线接入技术是以无线技术（主要是移动通信技术）为传输媒介向用户提供固定的或移动的终端业务服务，它包括移动式无线接入和固定式无线接入。移动式无线接入是一种用户终端在较大范围内移动的接入技术；固定式无线接入是一种能把从有线方式传送来的信息用无线方式传送到固定用户终端或实现相反传送的接入技术。无线接入技术能使无线网络与有线公共网完全互联，并且它具有应用灵活、安装快捷的特点，适用于移动工作人群和广大农村、山区用户。目前，无线接入技术正在向高速无线接入发展，MMDS（无线电缆网）接入、DBS（直播卫星系统）接入等高速接入技术已经开发成功，成为网络接入技术的一个新领域。

## 5.1.4 Internet 基本设置

鼠标右击桌面上的 IE 图标，在弹出的快捷菜单中选择"属性"命令选项，打开 Internet 选项设置对话框。一般情况下，使用 Internet 的默认设置。

普通高等教育『十二五』规划教材

### 1. 常规设置

单击"常规"标签，打开常规选项卡，如图 5-6 所示。在主页选项组中设置主页地址；在浏览历史记录选项组中设置删除网页记录以及网页历史记录保存的时间；单击"颜色"按钮设置网页的颜色；单击"字体"按钮设置网页中的字体和字形；单击"语言"按钮设置网页浏览时采用的语言形式。

### 2. 安全设置

单击"安全"标签，打开安全选项卡，如图 5-7 所示。在安全级别选项组中，拖动滑块，设置安全级别，也可以单击"自定义级别"按钮，打开安全设置对话框，自行设置安全要求。

分别单击"受信任的站点"图标和"受限制的站点"图标，然后单击"站点"按钮，分别设置受信任的网站和受限制的网站，单击"自定义级别"按钮，设置这些站点的安全级别。

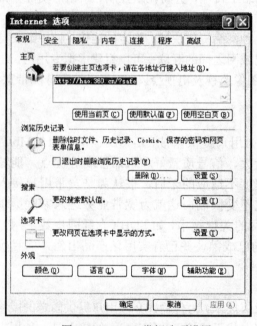

图 5-6　Internet 常规选项设置

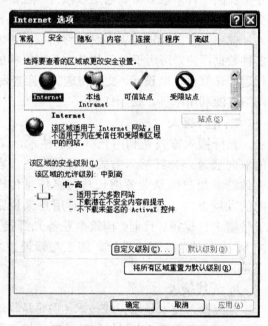

图 5-7　Internet 安全选项设置

### 3. 隐私设置

单击"隐私"标签，打开隐私选项卡，如图 5-8 所示。拖动滑块设置隐私保护级别，也可以单击"站点"按钮，打开站点隐私操作对话框，设置需要（或不需要）进行隐私保护的网站。

### 4. 连接设置

单击"连接"标签，打开连接选项卡，如图 5-9 所示。如果采用拨号和虚拟专用网连接Internet，单击"添加"按钮，打开新建连接向导对话框，按照向导的提示，添加连接类型；单击"删除"按钮，可以删除不用的连接类型；单击"设置"按钮，可以进行拨号设置或代理服务器设置。

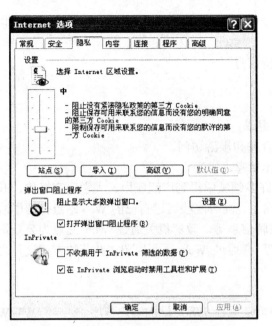
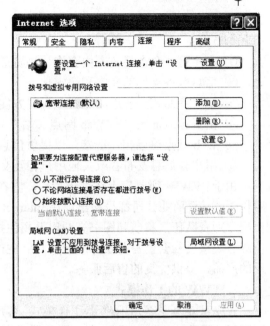

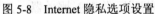

图 5-8　Internet 隐私选项设置　　　　　图 5-9　Internet 隐私选项设置

如果采用局域网连接 Internet，可以单击"局域网设置"按钮，打开局域网设置对话框，进行代理服务器设置和自动配置设置。

## 5.2　Internet 基本应用

Internet 是一种应用广泛的计算机网络，其基本应用主要有 WWW 服务、电子邮件服务、文件传输服务等。

### 5.2.1　WWW 服务

全球信息网即 WWW（World Wide Web），又被人们称为 3W、万维网等，是 Internet 上最受欢迎、最为流行的信息检索工具。Internet 网中的客户使用浏览器可以访问分布在全世界范围内 Web 服务器上的文本文件，以及与之相配套的图像、声音和动画等，进行信息浏览或信息发布。

WWW 是一种基于超链接的超文本系统，所谓超文本实际上是一种描述信息的方法，在超文本中，所选用的词在任何时候都能够被扩展，以提供有关词的其他信息，包括更进一步的文本、相关的声音、图像机动化等。

**1. WWW 的起源与发展**

1989 年，瑞士日内瓦 CERN（欧洲粒子物理实验室）的科学家 Tim Berners Lee 首次提出了 WWW 的概念，采用超文本技术设计分布式信息系统。到 1990 年 11 月，第一个 WWW 软件在计算机上实现。一年后，CERN 就向全世界宣布 WWW 的诞生。1994 年，Internet 上传送的 WWW 数据量首次超过 FTP 数据量，成为访问 Internet 资源的最流行的方法。

WWW 之所以受到人们的欢迎，是由其特点所决定的。WWW 服务的特点在于高度的集成性，它把各种类型的信息（比如文本、声音、动画、录像等）和服务（如 News、FTP、

Telnet、Gopher、Mail 等）无缝链接，提供了丰富多彩的图形界面。WWW 特点可归纳为以下几个方面：

① 客户可在全世界范围内查询、浏览最新信息。
② 信息服务支持超文本和超媒体。
③ 用户界面统一使用浏览器，直观方便。
④ 由资源地址域名和 Web 网点（站点）组成。
⑤ Web 站点可以相互链接，以提供信息查找和漫游访问。
⑥ 用户与信息发布者或其他用户相互交流信息。

由于 WWW 所具有上述突出特点，它在许多领域中得到广泛应用，大学研究机构，政府机关，甚至商业公司都纷纷出现在 Internet 网上，高等院校通过自己的 Web 站点介绍学院概况、师资队伍、科研和图书资料以及招生招聘信息等。政府机关通过 Web 站点为公众提供服务、接受社会监督并发布政府信息。生产厂商通过 Web 页面用图文并茂的方式宣传自己的产品，提供优良的售后服务。

**2. WWW 的工作模式**

WWW 是基于客户/服务器工作模式，客户机是运行在客户端的客户程序，安装了 WWW 浏览器，简称为 WWW 浏览器，服务器是用于提供信息服务的 Web 服务器，浏览器和服务器之间通过 HTTP 协议相互通信，Web 服务器根据客户提出的需求（HTTP 请求），为用户提供信息浏览、数据查询、安全验证等方面的服务。客户端的浏览器软件具有 Internet 地址（Web 地址）和文件路径导航能力，按照 Web 服务器返回的 HTML（超文本标记语言）所提供的地址和路径信息，引导用户访问与当前页面相关联的文件信息。

WWW 为用户提供网页页面的过程可分为以下三个步骤：

① 浏览器向某个 Web 服务器发出一个需要的页面请求，即输入一个 Web 地址。
② Web 服务器收到请求后，在文档中寻找特定的页面，并将页面传送给浏览器。
③ 浏览器收到并显示网页页面的内容。

**3. 统一资源定位器 URL**

在 WWW 上浏览或查询信息，必须在浏览器上输入查询目标的地址，这就是 URL（Uniform Resource Locator，统一资源定位器），也称 Web 地址，俗称"网址"。URL 规定了某一特定信息资源在 WWW 中存放地点的统一格式，即地址指针。例如，http：//www.wipe.edu.cn 表示武汉体育学院的 Web 服务器地址。

URL 的完整格式为：协议+":// "+主机域名（IP 地址）+端口号+目录路径+文件名
URL 的一般格式为：协议+":// "+主机域名（IP 地址）+目录路径

其中，协议是指定服务连接的协议名称，一般有以下几种：

① http：表示与一个 WWW 服务器上超文本文件的连接。
② ftp：表示与一个 FTP 服务器上文件的连接。
③ gopher：表示与一个 Gopher 服务器上文件的连接。
④ new：表示与一个 Usenet 新闻组的连接。
⑤ telnet：表示与一个远程主机的连接。
⑥ wais：表示与一个 WAIS 服务器的连接。
⑦ file：表示与本地计算机上文件的连接。

目录路径就是在某一计算机上存放被请求信息的路径。在使用浏览器时，网址通常在浏览器窗口上部的 Location 或 URL 框中输入和显示。下面是一些 URL 的例子。

http://www.computerworld.com 计算机世界报主页

http://www.cctv.com 中国中央电视台主页

http://www.sohu.com "搜狐"网站的搜索引擎主页

http//www.chinavista.com/econo/checono.html 中国财经热点主页

### 4. HTTP 协议与 HTML 语言

HTTP（Hyper Text Transfer Protocol，超文本传输协议）是 WWW 的基本协议。超文本具有极强的交互能力，用户只需点击文本中的字和词组，即可阅读与之相关联的另一文本的有关信息，这就是超链接（Hyperlink）。超链接一般嵌在网页的文本或图像中。浏览器和 Web 服务器间传送的超文本文档都是基于 HTTP 协议实现的，它位于 TCP/IP 协议之上，支持 HTTP 协议的浏览器称为 Web 浏览器。

HTML 是 WWW 上的专用语言，称为超文本标记语言（Hyper Text Markup Language），是 WWW 上描述网页页面的内容和结构的标准语言。早期的 HTML 所定义的范围局限于如何表现文字、图片、动画，以及如何建立文件之间的链接。它们的外观是静态的，只有文字和静态的图片，用户只能被动地阅读网页制作者提供的信息，人们常把这类网页称为"静态网页"。随着 Internet 应用的不断深入和网页设计技术的不断发展，一方面信息的不断增加和变化，使 Web 站点不得不经常修改它们的网页，特别是基于数据库驱动的 Web 站点更是如此；另一方面，静态网页由于不能与浏览器进行有效的交互。后来，人们在 HTML 的基础上增加了新的编程技术，如 JavaScript、VBScript、ASP、ASP.NET 等，制作出绚丽多彩、充满互动性的"动态网页"。

### 5. IE 浏览器

浏览器是 Web 客户端软件，IE 浏览器是目前在 Internet 上使用最为广泛的浏览器。使用 IE 浏览器。用户可以方便快捷地浏览网页页面、获取信息。下面以 IE6.0 为例介绍 IE 浏览器的操作。

（1）IE8.0 工作界面

IE8.0 的工作界面主要由标题栏、菜单栏、命令栏、地址栏、浏览区和状态栏组成，如图 5-10 所示。

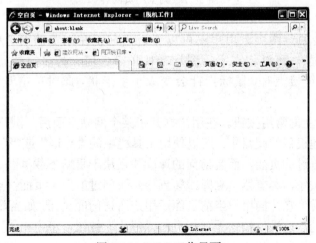

图 5-10　IE8.0 工作界面

（2）使用 IE 8.0 访问网页

① 使用地址栏访问网页。用鼠标双击桌面上的 IE 图标，打开 IE 浏览器窗口。在地址栏中输入想要访问网页的地址（URL），如 http://www.wipe.edu.cn/，然后在键盘上按下的"回车"键或用鼠标点击地址栏上的"转至"按钮。如果输入的 URL 是正确的，并且计算机已连接至 Internet 上，则浏览器会开始尝试访问该网页，同时浏览器的状态栏显示网页打开进度条，当状态栏显示"完成"字样时，浏览器的浏览区显示完整的网页内容，如图 5-11 所示。

图 5-11　浏览网页内容

② 通过超链接浏览网页。用户还可以通过当前正在浏览的网页中的超链接，跳转至其他网页进行浏览。可以将文字、图片、视频等任何一种多媒体元素创建成超链接。将鼠标指针移到超链接上时，鼠标指针会变成小手形状，此时单击即可跳转到相应的页面。

③ 使用地址栏上的常用按钮。在用户打开了某个网站页面后，浏览器自动将用户所浏览的页面保存到本地机器的硬盘中，所以使用工具栏中的"后退"或"前进"按钮可以快速地跳转到用户已浏览过的页面，而且访问的速度要远快于重新下载页面。

点击"后退"按钮，浏览器会立即跳转到用户访问过的上一页面；点击"前进"按钮，浏览器会立即重新转到在访问用户当前页面后用户所访问的页面，如当前页面是用户所访问的最后一个页面，则"前进"按钮无效；点击"停止"按钮，可中止浏览器加载当前页面；点击"刷新"按钮，浏览器将会重新加载当前页面。

（3）设置浏览器主页

主页在每次启动浏览器或单击命令栏中的"主页"按钮时显示。可以通过以下两种方式来设置主页。

方法一：单击命令栏中"主页"按钮右侧的下拉箭头，在弹出的菜单中选择"添加或更改主页"命令选项，打开如图 5-12 所示的添加或更改主页对话框。如果选择"将此网页作为唯一主页"选项，可将当前打开的网页设置为唯一主页；如果选择"将主网页添加到主页选项卡"选项，可将当前打开的网页添加到主页选项卡集中；如果选择"使用当前选项卡集作为主页"项，则用当前打开的多个页面作为主页选项卡集，此项仅当用户在浏览器中打开多个选项卡时有效。最后单击"是"按钮，保存设置。

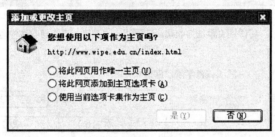

图 5-12　添加或更改主页

方法二：打开浏览器菜单栏中的"工具"菜单，单击"Internet 选项"命令选项。在 Internet 常规选项卡中，点击"使用当前页"按钮，可以将浏览器正在显示的页面设置为主页；点击"使用默认值"按钮，用浏览器的默认主页代替当前主页；点击"使用空白页"按钮，将浏览器主页设置为空白页；用户也可以直接在主页地址框中输入一个或多个 URL 作为主页或主页选项卡集，如图 5-13 所示。设置完毕后单击"确定"按钮保存设置。

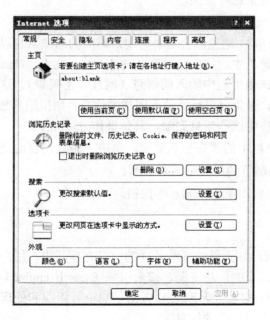

图 5-13　Internet 常规选项卡

（4）将网页添加到收藏夹

IE浏览器支持收藏夹功能，用户能够根据需要将特定的网页收藏起来，方便下次访问。将网页添加到收藏夹的操作步骤如下：

① 首先打开要收藏的网页，然后打开菜单栏中的"收藏夹"菜单，单击"添加到收藏夹"命令选项，弹出如图5-14所示的"添加收藏"对话框。

② 在对话框中为要收藏的网页指定一个容易识别的名称及保存位置。单击"添加"按钮，即可将指定网页添加到收藏夹中。

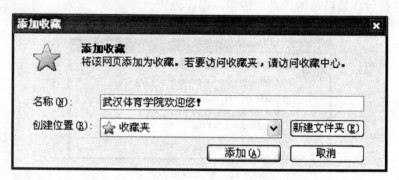

图5-14　添加收藏

用户在将页面添加到收藏夹中后，可以通过收藏夹再次访问已收藏的网页，其操作方法为：打开菜单栏中的"收藏夹"菜单，单击要重新加载的页面。

当保存在收藏夹中的网页较多时，可以对收藏夹进行整理，其操作方法为：打开菜单栏中的"收藏夹"菜单，单击"整理收藏夹"命令选项。在弹出的"整理收藏夹"对话框中，用户根据收藏网页的内容来进行分类。

（5）删除网页历史记录

在用户浏览网页的同时，浏览器会自动将用户访问的网站信息以及这些网站要求用户提供的信息保存到本地计算机中。这些信息有临时Internet文件、Cookie、曾访问的网站的历史记录、用户曾在网站或地址栏中输入的信息（网址、密码等）。这些被存储到本地的信息数据可以提高浏览速度，避免用户反复输入同样的信息。如果用户使用的是公共计算机，为保证个人信息不泄露，应将这些信息删除，具体操作方法如下：

① 打开浏览器命令栏中的"安全"菜单，单击"删除浏览的历史记录"命令选项，弹出如图5-15所示的删除浏览的历史记录对话框。

② 选择要删除的内容，单击"删除"按钮。

### 5.2.2　资料查询

Internet是信息的海洋，大量的各种各样的信息充斥其中。用户利用搜索引擎可以快速进行信息检索，查找所需要的信息资源。搜索引擎（search engine）是指根据一定的策略、运用特定的计算程序从互联网上搜集信息，并对信息进行组织和处理，为用户提供检索服务，在浏览器中显示用户检索到相关的信息。

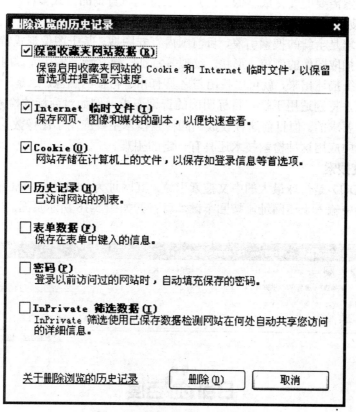

图 5-15 删除浏览的历史记录

### 1. 搜索引擎的分类

搜索引擎主要可以分为以下几种类型。

（1）全文索引

全文索引引擎是目前广泛应用的主流搜索引擎，国外代表有 Google，国内知名的百度搜索。它们从互联网提取各个网站的信息（以网页文字为主），建立起数据库，能快速检索与用户查询条件相匹配的记录，并按一定的排列顺序显示检索结果。

（2）目录索引

目录索引虽然有搜索功能，但严格意义上不能称为真正的搜索引擎，只是按目录分类的网站链接列表而已。用户完全可以按照分类目录找到所需要的信息，不依靠关键词（Keywords）进行查询。目录索引中最具代表性是 Yahoo、新浪分类目录搜索。

（3）元搜索引擎

元搜索引擎（META Search Engine）接受用户查询请求后，同时在多个搜索引擎上搜索，并将结果返回给用户。著名的元搜索引擎有 InfoSpace、Dogpile、Vivisimo 等，中文元搜索引擎中具有代表性的有搜魅网、佐意综合搜索等。

（4）垂直搜索引擎

垂直搜索引擎为 2006 年后逐步兴起的一类搜索引擎。不同于通用的网页搜索引擎，垂直搜索专注于特定的搜索领域和搜索需求（例如：机票搜索、旅游搜索、生活搜索、小说搜索、视频搜索等），在其特定的搜索领域有更好的用户体验。相比通用搜索动辄数千台检索服务器，垂直搜索需要的硬件成本低、用户需求特定、查询的方式多样。

（5）图片搜索引擎

图片搜索引擎是全新的搜索引擎，目前国内有安图搜。基于图像形式特征的抽取，由图像分析软件自动抽取图像的颜色、形状、纹理等特征，建立特征索引库，用户只需将要查找的图像的大致特征描述出来，就可以找出与之具有相近特征的图像。这是一种基于图像特征层次的机械匹配，特别适用于检索目标明确的查询要求（例如对商标的检索）。产生的结果也是最接近用户要求的。但目前这种较成熟的检索技术主要应用于图像数据库的检索，在网上图像搜索引擎中应用这种检索技术还具有一定的困难。

**2. 使用百度搜索**

百度（BAIDU）是全球最大的中文搜索引擎，其网址为：http://www.baidu.com。打开浏览器，在地址栏中输入上述网址，按回车键，可打开如图 5-16 所示页面。

图 5-16　百度搜索

（1）简单搜索

使用百度搜索信息非常容易，选择搜索类型，在搜索框中输入查询词，然后单击"百度一下"按钮或按回车键即可。此时百度自动将所有符合搜索条件的网页信息整理、排列并显示在浏览器中。例如，选择搜索类型为"网页"，在搜索框中输入"武汉体育学院"。单击"百度一下"按钮后，搜索结果如图 5-17 所示。单击相应超链接可以打开查找到的网页。

（2）指定文件类型搜索

通过百度可以查找指定类型的文件。百度支持的文件类型主要有 PDF、DOC、RTF、XLS、PPT、RTF、ALL（ALL 表示搜索百度所有支持的文件类型）等。例如，用户希望查找关于"武汉体育学院"的 Word 文档，在百度的搜索框中输入"武汉体育学院FILETYPE:DOC"，单击"百度一下"按钮进行搜索，搜索结果如图 5-18 所示。

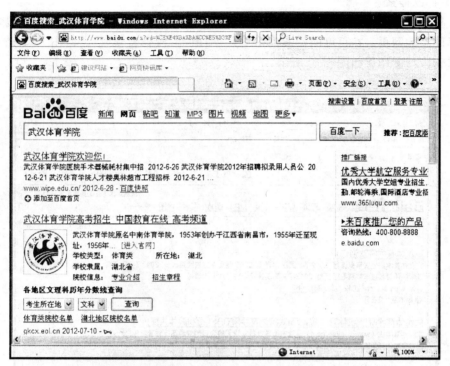

图 5-17　搜索武汉体育学院

图 5-18　搜索武汉体育学院 Word 文件

（3）标题搜索

查找指定标题的网页时，需要用到"Title"关键字。如用户希望查询所有标题包含了"武汉体育学院"的网页，在百度的搜索框中输入"Title:武汉体育学院"，单击"百度一下"按钮进行搜索，搜索结果如图 5-19 所示。

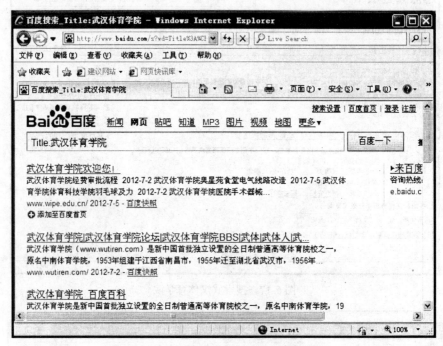

图 5-19　搜索武汉体育学院标题网页

（4）站点搜索

在某个特定网站中查找信息，可以使用"Site" 关键字。如用户希望搜索武汉体育学院网站中有关招生的网页，在百度的搜索框中输入"site:www.wipe.edu.cn 招生"，单击"百度一下"按钮进行搜索，搜索结果如图 5-20 所示。

（5）精确匹配

如果输入的查询词很长，百度在经过分析后，给出的搜索结果中的查询词，可能是拆分的。如果用户对这种情况不满意，可以让百度不拆分查询词。给查询词加上双引号，就可以达到这种效果。例如，搜索"武汉体育学院招生" ，如果不加双引号，搜索结果被拆分，加上双引号后，搜索结果不被拆分。

书名号是百度独有的一个特殊查询语法。在其他搜索引擎中，书名号会被忽略，而在百度，中文书名号是可被查询的。加上书名号的查询词，有两层特殊功能，一是书名号会出现在搜索结果中；二是被书名号括起来的内容，不会被拆分。 书名号在某些情况下特别有效果，例如，查询电影"手机"，如果不加书名号，搜索结果大多是通信工具手机，而加上书名号后，搜索结果就都是电影《手机》。

（6）要求搜索结果中不含特定查询词

如果在搜索结果中，不希望出现某一类网页，如果这些网页都包含特定的关键词，那么用减号可以去除所有这些含有特定关键词的网页。

例如，搜索 "湖北"方面的内容，却发现很多关于武汉市的网页，如果在百度的搜索框中输入"湖北 - 武汉"，搜索结果中就不会出现武汉市的网页。

注意，前一个关键词与减号之间必须有空格，否则，减号会被当成连字符处理，而失去减号语法功能，减号和后一个关键词之间，有无空格均可。

图 5-20　搜索武汉体育学院网站中有关招生的网页

### 5.2.3　文件传输

文件传输是指通过网络将文件从一台计算机传输到另一台计算机。文件传输的类型有很多种，其中最常见的方式是通过 FTP 来实现的。

**1. FTP 服务**

FTP 是 File Transfer Protocol（文件传输协议）的英文简称，用于 Internet 上的控制文件的双向传输。同时，它也是一个应用程序，用户可以通过它把自己的计算机与世界各地所有运行 FTP 协议的服务器相连，访问服务器上的资源。FTP 的主要作用，就是让用户连接上一个远程计算机，然后从远程计算机拷贝文件至当前计算机上，称为"下载"（Download）文件。若将文件从当前计算机中拷贝至远程计算机上，则称为"上传"（Upload）文件。

FTP 采用"客户机/服务器"工作模式，用户通过一个支持 FTP 协议的客户端程序，连接到远程计算机上的 FTP 服务器程序。用户通过客户端程序向服务器程序发出命令，服务器程序执行用户所发出的命令，并将执行结果返回到客户机。

用户访问 FTP 服务器时必须先通过身份验证，在远程计算机上获得相应权限后，才能下载或上传文件。FTP 服务器上一般有两种用户：普通用户和匿名用户。普通用户是指注册的合法用户，由系统管理员分配用户名和密码，匿名用户是系统管理员建立的一个特殊用户

普通高等教育『十二五』规划教材

名 anonymous，任何用户都可以用匿名账户登录。

　　FTP 客户端程序与 FTP 服务器程序建立连接后，自动尝试匿名登录。如果匿名登录成功，服务器将匿名用户主目录下的文件清单传给客户端，然后用户可以从该目录中下载文件。如果匿名登录失败，客户端程序将会弹出如图 5-21 所示的登录对话框，要求用户输入用户名和密码，试图以普通用户方式登录。

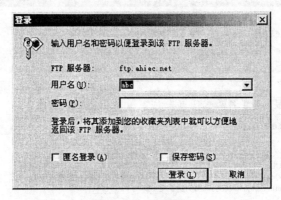

图 5-21　FTP 登录

### 2. FTP 客户端软件 CuteFTP

　　CuteFTP 是一个基于文件传输协议（FTP）的客户端程序，即使操作人员不了解传输协议本身，也能通过使用 CuteFTP 进行文件的上传和下载。CuteFTP 操作简便，操作人员可以轻松利用 CuteFTP 在全球范围内的远程 FTP 服务器间上传、下载及编辑文件。

　　下面以 CuteFTP Pro8.2 为例，介绍其基本操作。CuteFTP Pro 用户界面分三个部分，即本地驱动器/站点管理器窗口、队列/日志客串、服务器浏览窗口，如图 5-22 所示。

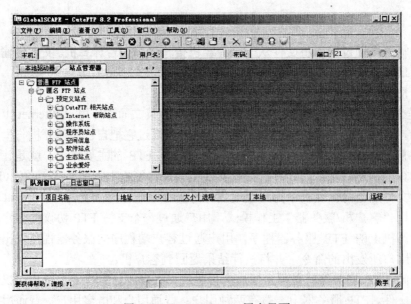

图 5-22　CuteFTP　Pro 用户界面

（1）创建 FTP 站点

通过站点管理器可以添加新的 FTP 站点，具体的操作步骤如下：

① 启动 CuteFTP，单击"站点管理器"标签，在站点管理器窗口右击鼠标，显示快捷菜单，如图 5-23 所示。单击"新建/FTP 站点"命令选项，显示站点属性对话框，选择"常规"标签，如图 5-24 所示。

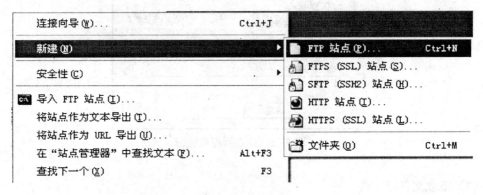

图 5-23　快捷菜单

图 5-24　站点属性

② 输入 FTP 站点标签，站点标签将作为所添加的站点在本地电脑中的名称标识。

③ 输入 FTP 服务器的主机地址，可以是域名地址或 IP 地址。如果要使用"虚拟主机"服务，应输入域名地址。

④ 输入用户名和密码，选择登录方式。如果不输入用户名和密码，将以匿名方式登录。

⑤ 单击"连接"按钮，开始连接到该站点，显示服务器内容。

（2）FTP 站点管理及连接操作

出于安全考虑，用户可以为本地站点设置一个访问口令，操作步骤如下：

① 在菜单栏中执行"工具/站点管理器/安全/加密站点管理器"命令选项，显示如图 5-25 所示的站点管理器加密对话框，在对话框中输入保护密码。此时，CuteFTP 中所有站点都将

使用同一个口令保护。

② 在站点管理器中双击要连接的站点，CuteFTP 将自动建立连接。

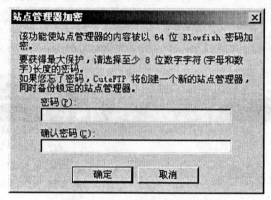

图 5-25　站点管理器加密

（3）下载文件或文件

使用 CuteFTP Pro 下载文件或文件夹的方法如下：

① 在站点管理器窗口中双击要连接的 FTP 站点名，在 "快速连接" 工具栏中输入主机、用户名、密码、端口等信息，点击工具栏中的"连接"按钮，CuteFTP 将自动连接到 FTP 服务器。

② 服务器连接成功后，在服务器浏览窗口中可以看到服务器文件目录信息，用户可以直接在该窗口中浏览文件或文件夹。

③ 选择"本地驱动器"标签，在本地驱动器窗口中打开用于保存下载文件的文件夹。

④ 用鼠标将服务器浏览窗口中要下载的文件或文件夹拖曳到本地驱动器窗口中，开始下载，如图 5-26 所示。

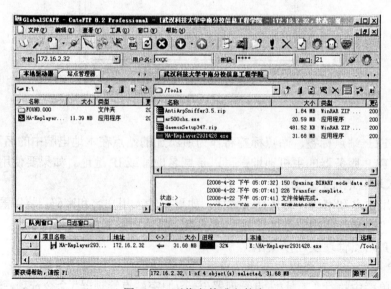

图 5-26　下载文件或文件夹

（4）上传文件或文件夹

利用 CuteFTP Pro 将本地的文件或文件夹上传到 FTP 服务器上的操作步骤如下：

①连接到 FTP 服务器。

②连接成功后，在本地驱动器窗口选择要上传的文件或文件夹。

③在服务器浏览窗口选择上传的远程路径。

④单击工具栏中的"上传"按钮或用鼠标将要上传的文件或文件夹拖曳到服务器浏览窗口中。

### 5.2.4　电子邮件

电子邮件（Electronic Mail）亦称 E-mail，它是用户或用户组之间通过计算机网络收发信息的服务，电子邮件中可以包含文字、图形、图像和声音等多种信息。目前电子邮件已成为网络用户之间快速、简便、可靠且成本低廉的现代通信手段，也是 Internet 上使用最广泛、最受欢迎的服务之一。

**1. 电子邮件的工作原理**

E-mail 系统由 E-mail 客户软件、E-mail 服务器和通信协议三部分组成。

E-mail 客户软件也称用户代理（User Agent），是用户用来收发和管理电子函件的工具。E-mail 服务器主要充当"邮局"的角色，它除了为用户提供电子邮箱外，还承担着信件的投递业务。

E-mail 系统中包含了两个服务器：POP 服务器和 SMTP 服务器。SMTP 服务器采用 SMTP（Simple Mail Transfer Protocol，简单邮件传输协议）来传送电子函件，SMTP 协议描述了电子函件的信息格式及其传递处理方法，以保证被传送的电子函件能够正确地寻址和可靠地传输。POP 服务器采用 POP （Post Office Protocol，邮局通信协议）接收邮件。

需要收发邮件的用户，首先在邮件专用服务器上申请一个专用邮箱，发送邮件时，实际上是先将邮件发送到自己的 SMTP 服务器的信箱中，再由 SMTP 服务器转发给对方的 POP 服务器中，收信人打开自己的 POP 服务器的信箱就可以查看收到的邮件。图 5-27 显示了电子邮件收发的基本过程。

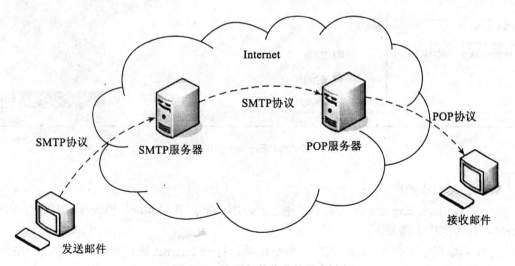

图 5-27　电子邮件收发的基本过程

**2. 电子邮件的地址**

电子邮件与普通的邮件一样，也必须有地址才能正常收发，电子邮件的地址是电子地址。所有在 Internet 上有信箱的用户都有自己的一个或几个电子邮件地址，并且这些地址都是唯一的。邮件服务器就是根据这些地址，将每封电子邮件传送到各个用户的信箱中，电子邮件地址就是用户的信箱地址。用户能否收到电子邮件，取决于是否取得了正确的电子邮件地址，电子邮件地址一般由用户向邮件服务器的系统管理人员申请注册。

电子邮件地址由三个部分组成：用户名、"@"符号和用户所连接的主机地址。例如 zhengjunhong@163.com 中，"zhengjunhong"是用户名，"163.com"是用户所连接的主机地址。电子邮件地址中不能有空格，一般由小写字符组成。

**3. 电子邮件客户端软件 Outlook Express**

Outlook Express（简称 OE）是 Windows 自带的电子邮件客户端工具。Outlook Express 在桌面上实现了全球范围的联机通讯，使用 Outlook Express 不仅可以快速收发电子邮件，还可以加入新闻组进行信息的交流。Outlook Express 的用户界面如图 5-28 所示。

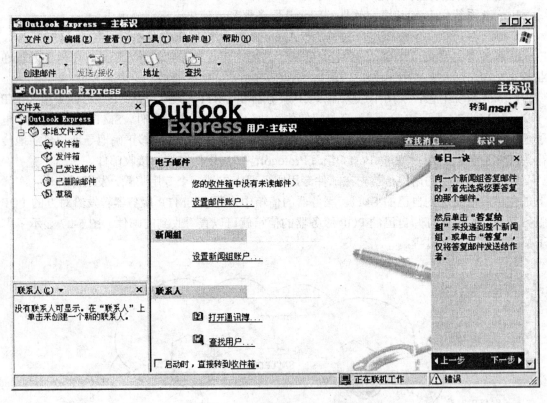

图 5-28　Outlook Express 的用户界面

（1）创建邮件账户

在使用 Outlook Express 收发电子邮件之前，用户需要在 Outlook Express 中创建一个邮件账户，具体操作步骤如下：

① 在菜单栏中执行 "工具/账户"命令选项，打开 Internet 账户对话框，单击"添加"按钮，在弹出的菜单中选择"邮件"选项，如图 5-29 所示。

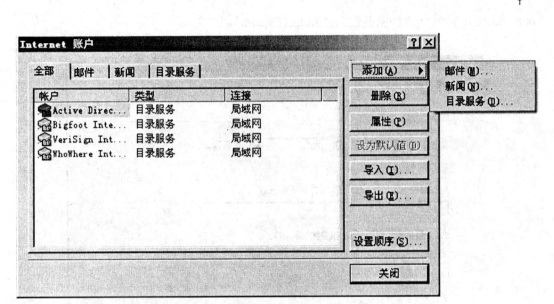

图 5-29　Internet 账户

② 在显示如图 5-30 所示的 Internet 连接向导对话框中，输入用户自己的显示名。当用户使用 Outlook Express 发送的邮件时，显示名将作为"发件人"显示。单击"下一步"按钮，输入用户所用的 Internet 电子邮件地址。

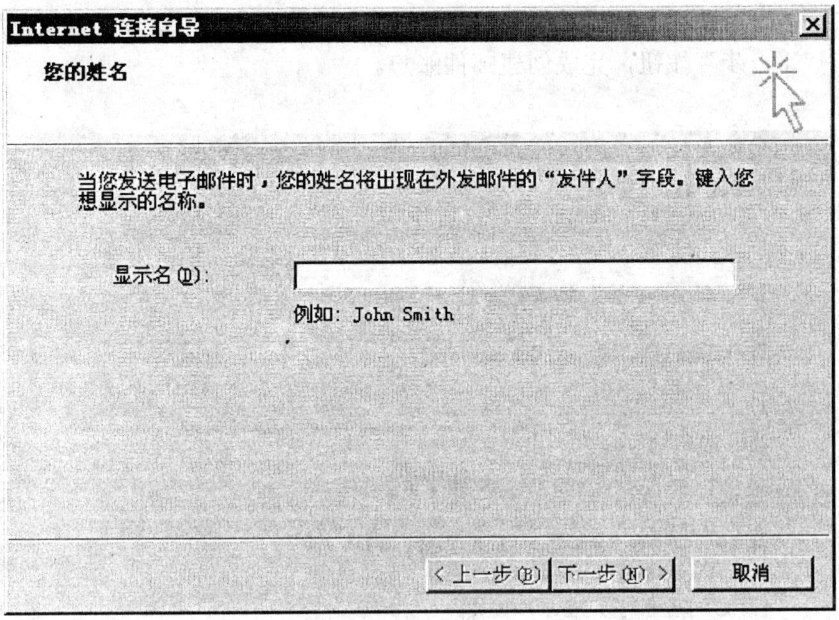

图 5-30　连接向导

③ 单击"下一步"按钮，显示设置邮件服务器对话框，如图 5-31 所示。设置邮件接收服务器与邮件发送服务器。选择邮件接收服务器的类型（POP3、IMAP、HTTP），目前国内较常见的邮件接收服务器是 POP3 服务器。例如网易 163 邮箱的接收邮件服务器为

"pop.163.com"，发送邮件服务器为"smtp.163.com"。

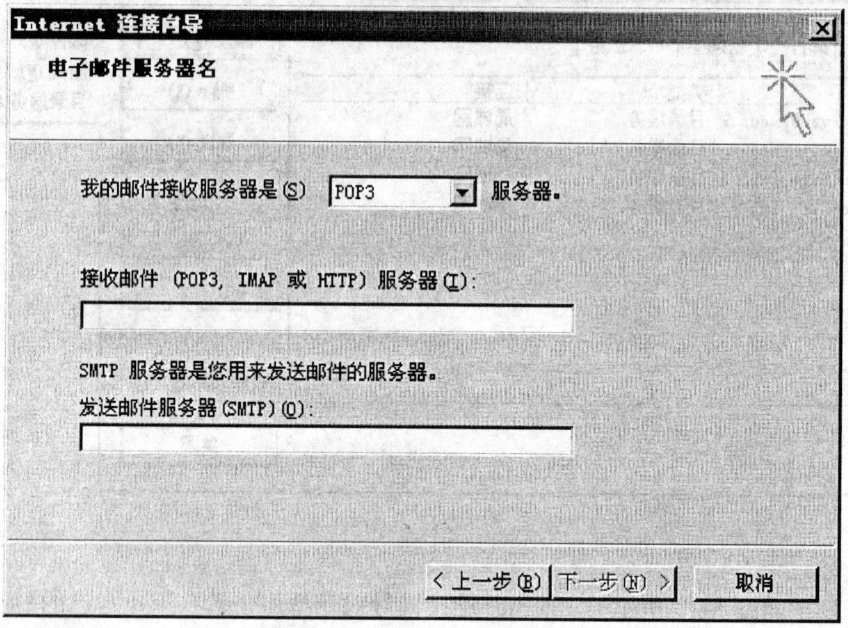

图 5-31　设置邮件服务器

④ 单击"下一步"按钮，在如图 5-32 所示的 Internet mail 登录对话框中输入账户名与密码。如在公共场所使用 Outlook Express，取消选择"记住密码"选项，以保证用户的信息安全。单击"下一步"按钮，完成创建邮件账户。

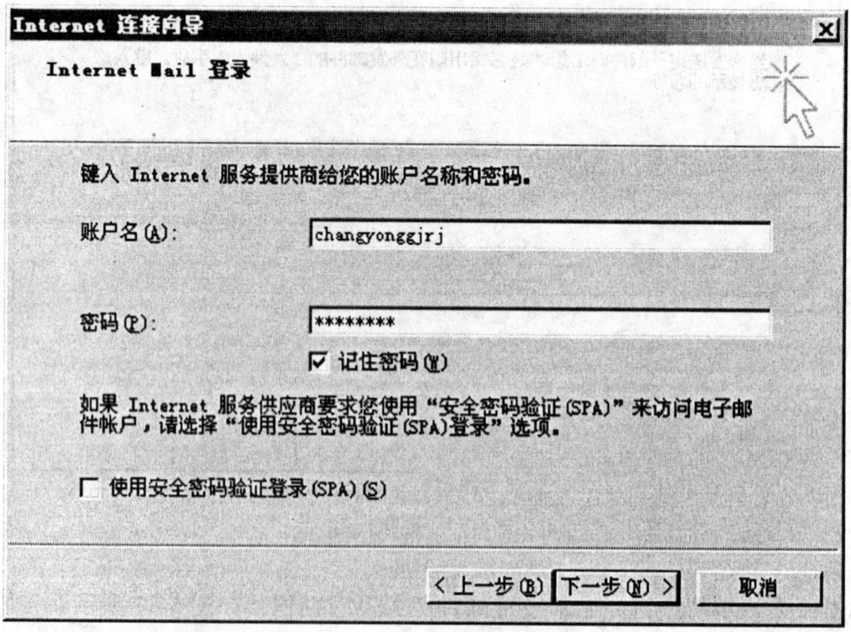

图 5-32　Internet mail 登录

（2）发送电子邮件

在发送电子邮件之前，用户需要先创建一封电子邮件，创建电子邮件的操作步骤如下：

① 单击工具栏上"创建邮件"按钮，显示新邮件窗口，如图 5-33 所示。

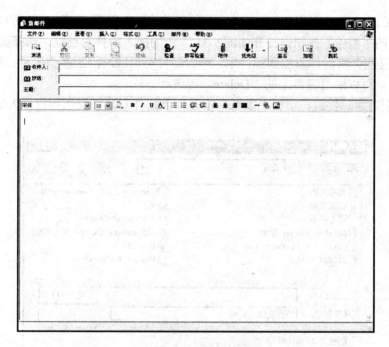

图 5-33　新邮件

② 在"收件人"文本框中输入收件人的电子邮件地址。如果该收件人的电子邮件地址已经添加到通讯簿，可以点击"收件人"按钮，在如图 5-34 所示的对话框中选择收件人。

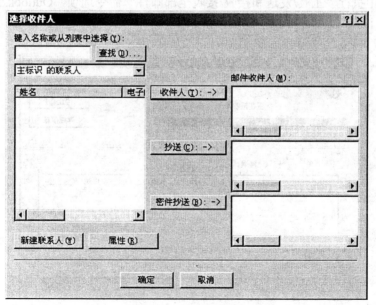

图 5-34　选择收件人

普通高等教育 [十二五] 规划教材

③ 如用户希望将同一封电子邮件分发给其他人，可以在"抄送"文本框输入相应的电子邮件地址，也可以点击"抄送"按钮，通过"选择收件人"对话框来选择抄送人。

④ 在"主题"文本框中输入发送邮件的主题。在窗口底部的邮件内容编辑框中输入邮件的详细内容。

⑤ 如果要通过邮件发送独立的图片、文档等内容时，应使用添加附件的方式来处理。单击工具栏上的"附件"按钮，打开如图 5-35 所示的插入附件对话框，选择要添加的附件，单击"附件"按钮，将附件添加到邮件中。一封邮件可以同时添加多个附件，用户如果添加了错误的附件，可以通过键盘上的"Delete"键进行删除。

⑥ 成功创建新邮件后，单击"发送"按钮，该邮件立即被发送到收件人的邮箱中。

图 5-35 　"插入附件"对话框

（3）接收电子邮件

在菜单栏中执行"工具/发送和接收/接收全部邮件"命令选项，Outlook Express 自动接收邮箱中的电子邮件。如图 5-36 所示。

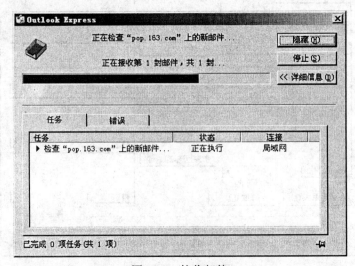

图 5-36 　接收邮件

（4）查找邮件

电子邮箱在日常使用过程中会积累大量的邮件，Outlook Express 提供了邮件查找功能帮助用户快速查找收到的邮件，具体使用方法如下：

① 单击工具栏上的"查找"按钮，在如图 5-37 所示的对话框中单击"浏览"按钮，设置查找范围。

② 设置发件人、收件人、主题、时间等查找条件，单击"开始查找"按钮。

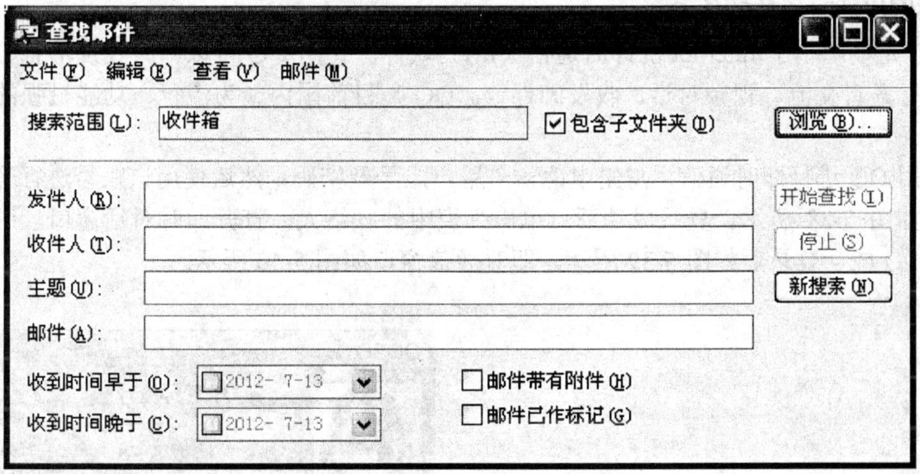

图 5-37　查找邮件

### 5.2.5　即时通信

**1. 即时通信简介**

即时通信（Instant Messenger，简称 IM），是指能够发送和接收消息，实现实时通信的服务。自 1998 年面世以来，即时通信发展迅速，逐渐集成了电子邮件、博客、音乐、电视、游戏和搜索等多种功能。即时通信不再是一个单纯的聊天工具，它已经发展成集交流、资讯、娱乐、搜索、电子商务、办公协作和企业客户服务等为一体的综合化信息平台。即时通信不仅囊括了 E-mail 所有功能，还实现了信息的实时交互，在安装麦克风和摄像头之后还可以实现语音对话、视频聊天。

即时通信软件基本可以分为两类：一类是信息终端和多媒体娱乐终端，另一类是专注某一专门功能或用途的软件。它们以更专业的技术，提供更专业的服务，如语音通信、视频通信、商务交流等，网络电话（VOIP）软件就是这当中的典型。

网络即时通信软件主要使用下述即时通信传送协议。

① 可扩展通信和表示协议（XMPP）：用于流式传输准实时通信、表示和请求-响应服务等的 XML 元素。XMPP 基于 Jabber 协议，是用于即时通信的一个开放且常用的协议。

② 即时通信对话初始协议和表示扩展协议（SIMPLE）：SIMPLE 为 SIP 指定了一整套的架构和扩展方面的规范，而 SIP 是一种网际电话协议，可用于支持 IM/消息表示。

普通高等教育『十二五』规划教材

③ Jabber：是一种开放的、基于 XML 的协议，用于即时通信消息的传输与表示。Jabber 系统中的一个关键理念是"传输"，也叫做"网关"，它支持用户使用其他协议访问网络。

④ 即时通信通用结构协议（CPIM）：CPIM 定义了通用协议和消息的格式，即时通信和显示服务都是通过 CPIM 来达到 IM 系统中的协作的。

⑤ 网际转发聊天协议（IRCP）：IRCP 支持两个客户计算机之间、一对多（全部）客户计算机和服务器对服务器之间的通信。

### 2. 网络即时通信软件 QQ

QQ 是一款基于 Internet 的即时通信（IM）软件。使用 QQ 可以即时收发消息、传输文件，进行语音交流、视频对话、收发邮件等。QQ 是目前国内最为流行、功能最强的即时通信软件。

使用 QQ 进行即时通信，需先申请一个用户账号及密码，然后使用该账号进行登录，登录界面如图 5-38 所示。登录成功后，单击列表中的联络人，打开即时对话窗口，进行即时通信。QQ 成功登录后如图 5-39 所示，即时通信窗口如图 5-40 所示。

图 5-38　QQ 用户登录　　　　　　图 5-39　用户登录成功

图 5-40　即时通信窗口

## 5.2.6　BBS

### 1. BBS 简介

BBS 是 "Bulletin Board System" 的缩写,翻译成中文又叫 "电子布告栏系统"。BBS 是 Internet 上的一种电子信息服务系统。它提供一块公共电子白板,每个用户都可以在上面书写,可发布信息。它是一种交互性强,实时交互的 Internet 电子信息服务系统。用户在 BBS 站点上可以获得各种信息服务,发布信息,进行讨论、聊天、文件共享等。

目前各类 BBS 的主要功能:供用户自我选择阅读若干感兴趣的专业组和讨论组内的信息;定期检查是否有新消息发布并选择阅读;用户可在站点内发布消息或文章供他人查询;用户可就站点内其他人的消息或文章进行评论;免费软件的获取,文件传输;同一站点内的用户互通电子邮件,进行实时对话。

### 2. BBS 使用

在 Internet 上有各种各样的 BBS,下面将以武汉体育学院 BBS 为例,说明 BBS 中使用方法(武汉体育学院 BBS 网址为:http://www.wutiren.com/)。

（1）注册账号

在 Internet 上,多数 BBS 都有独立的账号系统,如果需要使用 BBS 的所有功能需要预先申请并获得合法账号,例如,用户要使用武汉体育学院 BBS 中的所有功能,必须先注册成为该 BBS 的用户。

注册用户的操作步骤为:在浏览器中打开了武汉体育学院,如图 5-41 所示。单击右上角 "注册" 按钮,在注册页面中输入要注册的用户名、密码、E-mail、生日、性别、QQ 等信息后,单击 "提交" 按钮,系统审核通过后自动提示当前用户注册已成功。

图 5-41　武汉体育学院 BBS 主页

（2）登录 BBS

成功注册新用户后，可以使用该用户账号登录 BBS。操作步骤为：在 BBS 主页右上角的用户名和密码框内输入已经成功注册的用户名及其密码，单击"登录"按钮完成登录。登录后页面如图 5-42 所示。

图 5-42　用户登录成功

**3. 浏览及回复**

注册用户成功登录至 BBS 后，可以浏览 BBS 中的信息。在 BBS 页面中选择感兴趣的栏目，如 "新生交流" 栏目，此时浏览器自动跳转至该栏目的主题列表页面，用户可以在该主题列表中选择浏览感兴趣的主题及内容。

在浏览主题内容过程中，如果要发表意见，单击 "发表回复" 按钮，输入要回复的内容，单击 "提交" 按钮。

### 5.2.7　博客

博客的全名是 Weblog，缩写为 Blog，Blog 是继 E-mail、BBS 之后出现的一种新的网络交流方式。博客可以理解为一种表达个人思想，及时、有效、轻松地与他人进行交流的综合性平台，其内容按照时间顺序排列，不断更新。博客网站是网民们通过互联网发表各种思想的虚拟场所。

博客概念主要体现在三个方面：频繁更新（Frequency）、简洁明了（Brevity）和个性化（Personality）。博客是每周 7 天、每天 24 小时运转的言论网站，这种网站以其率真、野性、无保留、富于思想而奇怪的方式提供无拘无束的言论。BBS 一般包括信件讨论区、文件交流区、信息布告区和交互讨论区几部分。

# 第6章 多媒体知识与应用基础

## 【学习目的与要求】

了解多媒体技术基本知识及应用领域，掌握一般的数字音频技术、图形图像处理技术、数字视频技术及简单的计算机动画制作技术。

## 6.1 多媒体基础知识

多媒体技术是当今信息领域发展最为快速的技术之一，是新一代电子技术与信息技术发展焦点。多媒体技术自产生以来，极大地改善了人类的信息交流方式，缩短了人类传递信息的途径，特别是多媒体计算机系统、数字音频技术与数字视频技术的发展，对大众传媒产生了深远的影响。现今，多媒体技术借助日益普及的高速信息网，可以实现全球信息资源共享，多媒体技术被广泛应用于教育、图书、通信、金融、医疗、商业广告、影视娱乐等诸多行业，给人们的学习方式、工作方式、生活及娱乐方式带来了深刻的变革，并快速地改变人们的生活。

### 6.1.1 多媒体的基本概念

媒体（Medium）是信息表示和传播的载体。媒体在计算机领域有两种含义：一是指媒质，即存储信息的实体，如磁盘、光盘、磁带、半导体存储器等；二是指传递信息的载体，如数字、文字、声音、图形和图像、音频、视频等。多媒体技术中的媒体是指后者。

**1. 什么是媒体**

国际电话与电报咨询委员会（Consultative Committee of International Telegraph and Telephone，CCITT）将媒体做如下分类：

（1）感觉媒体

感觉媒体（perception media）指能直接作用于人的感官，使人直接产生感觉的媒体，是人们接触信息的感觉形式。如人类的语言、音乐、自然界的各种声音、图形、图像等。

（2）表示媒体

表示媒体（representation media）是为加工、处理和传输感觉媒体而人为研究、构造出来的一种媒体，是信息存在和显现的形式，其目的是更有效地加工、处理和传送感觉媒体。如语言编码、文本编码、图像编码、数值等。

（3）显示媒体

显示媒体（presentation media）是媒体的核心部分，也是信息的存在和表现形式，是指用于通信中使用电信号和感觉媒体之间产生转换作用的媒体。它分为两种：一种是输入媒体，如键盘、摄像机、光笔、话筒等；另一种是输出媒体，如显示器、音箱、打印机、扬声器等。

（4）存储媒体

存储媒体（storage medium）是指用来存放各种媒体的介质，如硬盘、光盘、存储器等。计算机可以随时处理和调用存放在存储媒体中的信息。

（5）传输媒体

传输媒体（transmission medium）是指用来传输各种媒体的介质，如电话线、双绞线、同轴电缆、光纤等。

多媒体技术中的媒体一般是指感觉媒体。感觉媒体通常分为三种：视觉类媒体、听觉类媒体和触觉类媒体。其中，视觉类媒体包括图像、图形、符号、视频、动画等。听觉类媒体包括话音、音乐和音响等。触觉类媒体包括对象位置、大小、方向、方位、质地、感知等。

**2. 多媒体技术及其基本元素**

多媒体技术是一种基于计算机的综合技术，包括数字信号处理技术、音频和视频压缩技术、计算机硬件和软件技术、人工智能和模式识别技术、网络通信技术等。它包含了计算机领域内较新的硬件技术和软件技术，并将不同性质的设备和媒体处理软件集成为一体，以计算机为中心综合处理各种信息。多媒体主要包含了下列这些基本元素。

（1）文本

文本是指以 ASCII 码存储的文件，是最常见的一种媒体形式。各种书籍、文献、档案等都是以文本为主要构成部分。

（2）图形

图形是指由计算机绘制的各种几何图形，图形是图像矢量化的结果，它是对原图像实行了某种程序的抽象而得到的，反映了物体的外部关键特征。图形常用于地图、CAD 图等方面。

（3）图像

图像是指由摄像机或图形扫描仪等输入设备获取的实际场景的静止画面。

（4）动画

动画是指借助计算机生成一系列可供动态实时演播的连续图像。图形和图像按一定顺序组成时间序列就是动画。动画从制作原理上可分为计算机辅助动画和基于造型的动画，从动画的记录方式上可分为逐帧方式动画和实时方式动画。

（5）音频

音频是指数字化的声音，可以是解说、背景音乐及各种声响。音频可分为音乐音频和话音音频。音频信号是模拟信号，要想利用计算机存储、加工、增强音频信号，必须对它进行数字化，转换成计算机能识别的形式。

（6）视频

视频是指由摄像机等输入设备获取的活动画面。由摄像机得到的视频图像是一种模拟视频图像。模拟视频图像需经过模数（A/D）转换后，才能在计算机中进行编辑和存储。若要将数字信息数据录制到视频外部设备上，需要经过数模（D/A）转换。新型的数字化摄像机，可以直接将信号源录制成数字化视频，直接输入计算机通过专门软件编辑处理。

**3. 多媒体技术的基本特征**

同普通计算机系统相比，多媒体计算机系统具有集成性、实时性、数字化和交互性等特征。

（1）集成性

多媒体信息是将文字、声音、图形、图像、视频等多种媒体信息有机地组织起来，形成一个整体，综合表达一个完整的信息，并采用统一格式存储与处理，最终达到信息集成化。另外，多媒体计算机系统不仅包括计算机本身，而且包括其他音频与视频设备，将不同功能、不同种类的设备集成在一起使其共同完成信息处理工作，因此，多媒体技术以计算机技术为基础，将多种单一的、零散的处理技术集成起来共同完成对媒体信息进行加工处理。

（2）实时性

实时性指在多媒体系统中声音及活动的视频图像是实时的，多媒体系统需提供对这些与时间密切相关的媒体实时处理的能力。

（3）数字化

数字化指多媒体系统中的各种媒体信息都以数字形式存储在计算机中。与传统的模拟信号相比，数字化信号更方便进行加密、压缩等处理，有利于提高信息处理的速度和安全性，具有较高的抗干扰能力，在处理的过程中保持较高的保真度。

（4）交互性

人可以通过多媒体计算机系统对多媒体信息进行加工、处理并控制多媒体信息的输入、输出和播放。多媒体信息比传统的单一信息更加具有吸引力，有利于促进人们对多媒体信息的接受与使用，实现人们对信息的主动选择与控制。

## 6.1.2　多媒体系统的组成

**1. 多媒体系统**

一般情况下，多媒体系统主要由多媒体操作系统、多媒体硬件系统、多媒体处理系统工具及应用软件三个部分组成。

（1）多媒体操作系统

多媒体操作系统是多媒体系统的核心，负责管理系统中的各种资源，提高资源的可利用性和利用率，为用户与系统提供人机交互的人机界面。多媒体操作系统包括对多媒体设备的驱动、控制与协同，多媒体数据的转换与同步、实时任务调度、图形用户界面管理等功能。

（2）多媒体硬件系统

多媒体硬件系统包括计算机硬件系统、各种媒体的输入与输出设备、媒体信号转换装置与接口装置、音频与视频处理设备等。

（3）多媒体处理系统工具及应用软件

多媒体处理系统工具是多媒体系统开发工具软件，是多媒体系统的重要组成部分。多媒体应用软件是根据用户的要求定制的应用软件。

**2. 多媒体计算机系统**

多媒体计算机系统汇集了计算机体系结构，计算机系统软件，视频、音频信号的获取与处理、特技以及显示输出等技术。因此，多媒体计算机系统是在普通计算机运算能力基础上，增加了数字信号处理器、大容量光盘、触摸屏及其他外围设备等基本配置，以多种形式表达、存储和处理信息，充分调动人的耳闻、目睹、口述、手触等各种感觉器官与计算机交互作用、交流信息，使人与计算机的交互更加方便、友好、畅通。

多媒体计算机系统一般由四个部分构成：计算机硬件系统平台（包括计算机硬件、多种媒体的输入与输出设备）、多媒体操作系统（MPCOS）、图形用户接口（GUI）、支持多媒体数据开发的应用工具软件。

多媒体计算机硬件系统由计算机基本硬件设备和多媒体扩展设备组成。多媒体扩展设备主要包括音箱、扫描仪、数码摄像头、大容量移动磁盘存储器、视频卡、数码照相机、数码摄像机等。

## 6.1.3 多媒体技术应用领域

随着多媒体技术的不断发展，多媒体技术的应用也越来越广泛。多媒体技术涉及文字、图形、图像、声音、视频、网络通信等多个领域，多媒体应用系统可以处理的信息种类和数量越来越多，极大地缩短了人与人之间、人与计算机之间的距离，多媒体技术的标准化、集成化以及多媒体软件技术的发展，使信息的接收、处理和传输更加方便快捷。多媒体技术的应用领域主要有以下五个方面：

### 1. 教育培训

教育培训是多媒体技术应用最为广泛的领域之一，大约占多媒体技术所有应用的 40%。计算机多媒体技术能够以多种方式向学生提供学习材料，包括抽象的教学内容，动态的变化过程，多次的重复等。例如，多媒体教材通过图、文、声、像的有机组合，能多角度、多侧面地展示教学内容；多媒体教学网络系统不仅可以提供丰富的教学资源，优化教学，还突破了传统的教学模式，使学生在学习时间、学习地点上有了更多的自由选择的空间，越来越多地应用于各种培训教学、学习教学、个别化学习等教学和学习过程中。

计算机辅助教学（CAI）、计算机化教学（CBI）、计算机化学习（CBL）、计算机辅助训练（CAT）、计算机管理教学（CMI）等都是多媒体技术与相关教育应用相结合的产物。

### 2. 电子出版

电子出版是多媒体技术应用的一个重要方面。我国国家新闻出版总署对电子出版物曾有过明确定义：电子出版物是指以数字代码方式将图、文、声、像等信息存储在磁、光、电介质上，通过计算机或类似设备阅读使用，并可复制发行的大众传播媒体。

电子出版物可以将文字、声音、图像、动画、影像等种类繁多的信息集成一体，存储密度非常高，是纸质印刷品所不能比的。电子出版物中信息的录入、编辑、制作和复制都借助计算机完成，人们在获取信息的过程中需要对信息进行检索、选择，因此，电子出版物的使用方式灵活、方便、交互性强。

电子出版物的出版形式主要有电子网络出版和电子书刊两大类。电子网络出版是以数据库和通信网络为基础的一种出版形式，通过计算机向用户提供网络联机、电子报刊、电子邮件以及影视作品等服务，信息的传播速度快、更新快。电子书刊主要以只读光盘、交互式光盘、集成卡等为载体，容量大、成本低。

### 3. 娱乐

随着多媒体技术的日益成熟，多媒体系统已大量进入娱乐领域。运动三维动画、虚拟现实等先进的多媒体技术制作的计算机游戏和网络游戏，不仅具有很强的交互性而且人物造型逼真、情节引人入胜，使人容易进入游戏情景，如同身临其境一般。数字照相机、数字摄像机、DVD 等越来越多地进入到人们的生活和娱乐活动中，逐渐改变人们的生活。

### 4. 信息咨询服务

多媒体技术与触摸屏技术的结合为信息查询提供了极大的方便，用户通过触摸屏可以快速查询相应的多媒体信息，如宾馆饭店查询、展览信息查询、图书情报查询、导购信息查询等，查询信息的内容可以是文字、图形、图像、声音和视频等。

### 5. 多媒体网络通信

随着数据通信的快速发展，局域网（LAN）、综合业务数字网络（ISDN）、以异步传输模式（ATM）技术为主的宽带综合业务数字网（B-ISDN）和以 IP 技术为主的宽带 IP 网，为实施多媒体网络通信奠定了技术基础。网络多媒体应用系统主要包括可视电话、多媒体会议系统、视频点播系统、远程教育系统、IP 电话等。

## 6.2 数字音频技术

声音是多媒体产品中必不可少的对象，对声音的处理主要是将自然界的声音模拟信号转变成数字信号，然后利用音频编辑软件对数字音频进行处理。

### 6.2.1 音频的基本概念

从物理上讲，声音是一种波，是物体振动时产生的一种物理现象，振动使物体周围的空气绕动而形成声波，发出声音。声音的振幅决定声音的强弱，振幅越大，声音越大；声音的频率决定音调的高低，频率越高，音调越高，声音越尖。声音的质量与它所占用的频带宽度有关，频带越宽，信号频率的相对变化范围就越大，音响效果也就越好。

现实世界的声音由许多不同频率、不同振幅的声波叠加而成。频率小于 20Hz 的声波称为亚音频，频率在 20Hz 到 20KHz 之间的声波称为音频，频率高于 20KHz 的声波称为超音频。人的听觉器官能感知的声音频率在 20Hz～20KHz，感知的声音幅度在 20Hz～20KHz，多媒体技术中的声音主要指音频。

按原始声源划分，可分为语音、乐音和声响。其中，语音是指人类为表达思想和感情而发出的声音，乐音是指弹奏乐器时乐器发出的声音，声响是指除语音和乐音之外的所有声音，如风声、雨声和雷声等自然界或物体发出的声音。

按存储形式划分，可分为模拟声音和数字声音。模拟声音是指对声源发出的声音采用模拟信号的方式进行存储，如录音带录制的声音。数字声音是指对声源发出的声音采用数字化处理后，可以直接利用计算机合成或编辑的声音信号。自然界的声音是连续变化的模拟信号，使用声卡将模拟音频信号进行采样和量化处理后，获得数字音频信号。

### 6.2.2 音频数字化

计算机不能够直接被处理或合成模拟声音，连续模拟声音信号只有通过采样、量化以后，转换为非连续的用 0 或 1 表示的数字信号，这个过程称为音频数字化，其过程如图 6-1 所示。

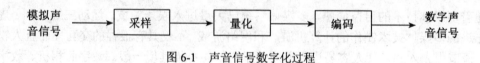

图 6-1　声音信号数字化过程

在声音数字处理的过程中，模拟声音信号通过模数（A/D）转换器转换成数字信号，经计算机处理，这种转换后的数字声音信号又可以通过数模（D/A）转换器，经过放大输出，变成人耳能够听到的声音。

**1. 采样**

采样是每隔一小段相同的时间间隔，在模拟声音信号的波形上采取一个幅度值，并将读取的时间和幅度值记录下来。这些每次采样的数据，可以按照一定的顺序组织起来描述声波信号，如图 6-2 所示。

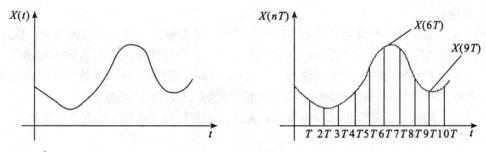

图 6-2　声波采样示意图

**2. 量化**

量化是将测得的振幅划分为若干个小幅度，每个小幅度赋予一个相同的量化值（二进制数）来精确表示声波振幅的状态数量，如图 6-3 所示。如果幅度的划分间隔是相等的，就称为线性量化，否则，就称为非线性量化。线性量化获得的音频品质较高，音频文件容量较大，非线性量化获得音频文件容量较小，但声音量化误差较大，音频品质相对较低。

**3. 编码**

模拟信号经采样和量化后，形成一系列的离散信号——脉冲数字信号，这种信号以一定的方式进行编码后，可以形成计算机内部运行的数据。因此，编码就是将采样和量化后得到的记录声波的离散数据按照一定的格式记录下来，并加入一些用于纠错、同步和控制的数据。

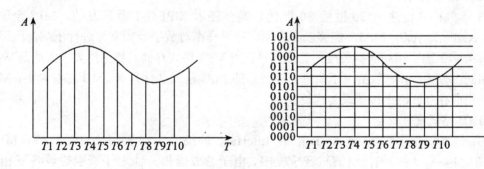

图 6-3　声波量化示意图

## 6.2.3　数字音频的属性

**1. 采样频率**

每秒钟对模拟声音信号的采样次数称为采样频率，采样频率越高，音质越有保证，声音的还原就越真实越自然。采样频率一定要高于录制的最高频率的两倍才不会是模拟声音产生失真，人类的听力范围是 20Hz～20KHz，因此，采样频率至少为 40KHz，才能保证不产生声音低频失真。

### 2. 量化位数

描述声波的数据所占的位数，称为量化位数（采样精度），单位为位（bit），例如，16 位的量化是指采用 16 位二进制数记录声波数据，量化位数越多，声音的幅度就越精确，占用的存储空间也就越多。标准的 CD 音质为 16bit、44.1Hz。

### 3. 声道数

声道数是指声音的声音通道个数，记录声音时，如果每次产生一个波形数据，称为单声道；每次生成两个波形数据，称为双声道（立体声），立体声更能满足人的听觉感受。

数字音频文件的大小主要由采样频率、量化位数和声道数决定，具体的计算公式如下：

文件每秒存储容量 ＝ 采样频率（Hz）× 量化位数（bit）× 声道数 / 8

通过上面的公式可以算出每秒钟 WAV 文件大小大约为 168.2K，一首 5 分钟的 CD 音频歌曲大小为 50.5MB。

## 6.2.4 声音文件格式

不同的编码方式所到的数字音频文件格式不同，目前，常用的音频文件主要有 WAV 格式文件、MP3 文件和 MIDI 文件等。

### 1. WAV 格式文件

WAV 文件是微软公司开发的一种音频文件格式，也称波形声音文件，是最早的数字音频格式文件，能被 Windows 平台及其应用程序广泛支持，几乎所有的音频编辑软件都可以处理 WAV 文件。WAV 格式支持多种量化位数、采样频率和声道，标准的 WAV 文件采用 44.1kHz 的采样频率，16 位量化位数，没有使用压缩算法，包容性强，声音层次丰富，还原性好，音质与 CD 相差无几。由于 WAV 文件数据量较大，对存储空间需求太大不便于交流和传播。

### 2. MP3 格式文件

MP3 音频格式诞生于 20 世纪 80 年代，是伴随着 MPEG-1 而开发的，MP3 全称是 MPEG-1 Audio Layer3，MP3，能够以高音质、低采样率对数字音频文件进行压缩，压缩率高达 10∶1～12∶1。相同演奏长度的音乐文件，用 MP3 格式存储，其文件大小大约是 WAV 格式存储的十分之一，一般情况下，每分钟音乐的 MP3 格式文件只有 1MB 左右大小。MP3 格式文件当前在互联网上传播最为广泛。

### 3. MIDI 格式文件

MIDI 是 Musical Instrument Digital Interface 的缩写，即数字化音乐接口。MIDI 是一个通信标准，用以确定计算机音乐程序、电子合成器和其他电子音响的设备互相交换信息与控制信号的方法。MIDI 文件本身并不记录数字化后得到的声音波形数据，而是将声音特征用数字指令的形式记录下来。在 MIDI 文件中，包含着音符、定时和多达 16 个通道的演奏定义。每个通道的演奏音符又包括键、通道号、音长、音量和力度等信息。因此，MIDI 文件记录的是一些描述乐曲如何演奏的指令而非乐曲本身。

与 WAV 声音文件相比，同样演奏长度的 MIDI 格式音乐文件所需的存储空间要少很多。例如，同样 30 分钟的立体声音乐，MIDI 格式文件大约为 200KB，而 WAV 格式文件要大约 300MB，MP3 格式文件大约 30M。

### 6.2.5 声音信号的获取与处理

获取声音素材的方法很多，除了购买现成的声音库光盘外，还可以借助各种多媒体软件工具来录制和加工声音。

**1. 录制 WAV 声音**

可以利用计算机声卡来录制声音，并以 WAV 文件格式保存。计算机通过话筒录音，也可以通过声卡上的线路输入接口录下电视机、收音机、录像机里的声音，还可以将计算机中播放的 CD、MIDI 音乐和 VCD 影碟的配音录制下来。

**2. 录制 MIDI 音乐**

利用具有数字化接口的 MIDI 乐器或具有 MIDI 创作功能的软件，可以制作或编辑 MIDI 音乐，使用者需要精通音律且能熟练演奏电子乐器。

**3. 常用的录音获取与处理方法**

① 使用 Windows 中的录音机程序。

② 使用声卡自带的录音程序。

③ 使用专用的录音软件和声音编辑处理程序。很多专业的录音软件都提供了高水准的录制效果，并能对录制的声音进行编辑处理，可以对声音添加特效，语音合成等。

④ 租用数字录音棚。这种方式可以获得与 CD 相等的高品质声音，但成本较高，需要能熟练操作数字录音设备的技术人员。

### 6.2.6 常用的音频处理软件

**1. Gold Wave 简介**

Gold Wave 是一个功能强大的数字音乐编辑器，它可以对音频内容进行播放、录制、编辑以及转换格式等处理。其工作主界面如图 6-4 所示。

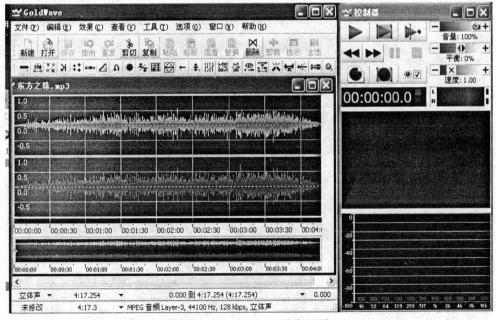

图 6-4 Gold Wave 工作主界面

普通高等教育『十二五』规划教材

Gold Wave 主要功能和特性如下：

① 集声音编辑、播放、录制和转换于一体，体积小巧、功能齐全、操作简便。

② 能打开多种音频文件格式，包括 WAV、OGG、VOC、IFF、AIFF、AIFC、AU、SND、MP3、MAT、DWD、SMP、VOX、DS AVI、MOV、APE 等音频文件格式，用户可以从 CD、VCD、DVD 或其他视频文件中提取声音。

③ Gold Wave 内含丰富的音频处理特效，从一般特效如多普勒、回声、混响、降噪、高级的公式计算程序（利用公式在理论上可以产生任意需要的声音），具备多种效果。

④ 可以同时打开多个文件，简化了文件之间的操作。

⑤ 编辑较长的音乐时，Gold Wave 会自动使用硬盘，而编辑较短的音乐时，Gold Wave 就会在速度较快的内存中编辑。

⑥ Gold Wave 允许使用很多种声音效果，如，倒转（Invert）、回音（Echo）、摇动、边缘（Flange）、动态（Dynamic）和时间限制、增强（Strong)）、扭曲（Warp）等。

⑦ Gold Wave 批转换命令可以把一组声音文件转换为不同的格式和类型。该功能可以把立体声转换为单声道，转换 8 位声音到 16 位声音，或者是文件类型支持的任意属性的组合。如果安装了 MPEG 多媒体数字信号编解码器，还可以把原有的声音文件压缩为 MP3 的格式，在保持出色的声音质量的前提下使声音文件的尺寸缩小为原有尺寸的十分之一左右。

**2. Adobe Audition 简介**

Adobe Audition 是一个专业音频编辑和混合环境，原名为 Cool Edit Pro，是美国 Syntrillium 公司正式开发的一款多轨音频制作软件，后来被 Adobe 公司收购后，改名为 Adobe Audition。

Adobe Audition 是专为在录音室、广播设备和后期制作设备方面工作的音频和视频专业人员设计的一个专业音视频编辑混合合成工具，可以在 Windows 操作系统中运行，能高质量地完成录音、编辑、合成等多种任务，其工作主界面如图 6-5 所示。

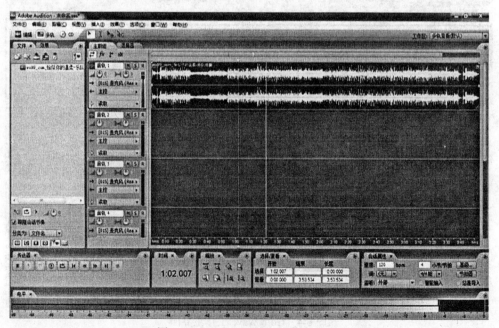

图 6-5　Adobe Audition 工作主界面

Adobe Audition 功能强大，具有先进的音频混合、编辑、控制和效果处理功能，其主要功能和特性如下：

① 最多混合 128 个声道，可编辑单个音频文件，创建回路并可使用 45 种以上的数字信号处理效果。

② Adobe Audition 是一个完善的多声道录音室，可提供灵活的工作流程并且使用简便。无论是要录制音乐、无线电广播，还是为录像配音，Adobe Audition 中的各种工具均可以创造出高质量、丰富细腻的音响特效。

③ Adobe Audition 支持无限多条音轨，低延迟混缩，具备波形编辑、实时特效、分析工具、视频支持等功能，可以为音视频专业人员提供全面的音频编辑和混音解决方案，实现高精度非破坏性的音频处理。

④支持虚拟仪器，提供乐器效果，实现了音乐工作站功能。支持多种音频格式文件，包括 WMA、MP3、WAV 等。同时改进了视频同步引擎，支持更多的视频格式。

⑤ Adobe Audition 中超过 192Hz 的采样速度，32 位的量化精度可以制作更高品质的 DVD 音频文件。

⑥ Adobe Audition 用户界面直观、操作简便。

## 6.3 图形图像处理基础

图像是人类获取和交换信息的主要来源，直接反映对象的特征，易于理解。随着计算机多媒体技术的发展，图形图像处理技术被广泛用于人们的工作和生活之中。

### 6.3.1 图形与图像

在多媒体技术领域中，图形与图像是两个不同的概念，图形是指用计算机绘制（draw）的画面，如直线、圆、圆弧、矩形、任意曲线和图表等；图像是指由专门的输入设备所捕捉的实际场景画面，是一种以数字化形式存储的画面。

图形也称为矢量图，是经过计算机运算而形成的抽象化结果，由具有长度和方向的矢量线段构成。图像一般使用坐标、计算规则及颜色数据进行描述，容易编辑与修改，能准确描述 3D 对象特征。

图像也称为位图，由若干个像素点组成的图案，以数字化的形式对构成图像的各个像素点的颜色、亮度等信息进行描述和说明。位图比较适合表现层次和颜色比较丰富，包含大量细节，具有复杂的颜色、灰度或形状变化的图像，能直接、快速地在屏幕上显示。位图是一种点阵图形，其大小和精度是确定的，放大位图图像会降低位图图像的质量，使图像变得模糊不清。

与矢量图相比，位图占用的存储空间较大，一般需要进行数据压缩处理，位图图像所需的存储空间计算机公式如下：

文件字节数=（位图高度×位图宽度×位图深度）/8

其中高度和宽度分别是图像垂直和水平方向的像素，深度是指存储图像像素点颜色信息的位数。例如，衣服 800×600 的 256 色的原始图像（未压缩）大小为（800×600×8）/8≈468KB。

普通高等教育「十二五」规划教材

### 6.3.2 图像的数字化

图像数字化就是将连续色调的模拟图像经采样量化后转换成数字影像的过程。要在计算机中处理图像，必须先把真实的图像（照片、画报、图书、图纸等）通过数字化转变成计算机能够接收的显示和存储格式，然后再用计算机进行分析处理。图像的数字化过程主要分图像采样、图像量化与压缩编码三个步骤。

**1. 图像采样**

采样的实质就是要用多少点来描述一张图像，对二维空间上连续的图像在水平和垂直方向上等间距地分割成矩形网状结构，所形成的微小方格称为像素点，一幅图像就被采样成有限个像素点构成的集合，如图6-6所示，左图是要采样的物体，右图是采样后的图像，每个小格即为一个像素点。

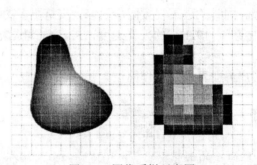

图6-6 图像采样示意图

例如，一幅640*480分辨率的图像，表示这幅图像是由640×480＝307200个像素点组成。

采样频率是指一秒钟内采样的次数，它反映了采样点之间的间隔大小。采样频率越高，得到的图像样本越逼真，图像的质量越高，但要求的存储量也越大。

在进行采样时，采样点间隔大小的选取很重要，它决定了采样后的图像能真实地反映原图像的程度。一般来说，原图像中的画面越复杂，色彩越丰富，则采样间隔应越小。为了保证精确复原图像，图像采样的频率必须大于或等于源图像最高频率分量的两倍。

**2. 图像量化**

量化是指要使用多大范围的数值来表示图像采样之后的每一个点，这个数值范围包括了图像所能使用的颜色总数，它反映了采样的质量。例如：如果以4位存储一个点，就表示图像只能有16种颜色；若采用16位存储一个点，则有$2^{16}＝65536$种颜色。所以，量化位数越大，表示图像可以拥有更多的颜色，自然可以产生更为细致的图像效果。

**3. 压缩编码**

数字化后得到的图像数据量十分巨大，必须采用编码技术来压缩其信息量。从一定意义上讲，编码压缩技术是实现图像传输与储存的关键。目前，图像压缩标准主要有JPEG标准、MPEG标准、H.261等。

### 6.3.3 数字图像的主要属性

**1. 分辨率**

分辨率是决定图像质量的主要因素之一，主要分为图像分辨率和显示器分辨率两种。图像分辨率是指数字图像单位长度内所含的像素点数量，分辨率单位为 dpi，例如 200dpi 是指该图像中每英寸包含 200 个像素点。

显示器屏幕分辨率是指显示器最大显示区域能显示的像素数量，即水平与垂直方向的像素个数。当图像分辨率与显示器屏幕分辨率相同时，所显示的图像占满整个屏幕区域；图像分辨率大于显示器屏幕分辨率时，屏幕上只能显示部分图像。同样，显示器屏幕分辨率越高，像素的密度越大，显示的图像就越精细。

图像分辨率决定了图像本身的质量和清晰程度，显示器屏幕分辨率反映了显示器显示图像时的效果。

**2. 颜色深度**

表示位图图像中像素的颜色信息的数据位称为颜色深度，颜色深度反映了构成图像的颜色总数，如表 6-1 所示。图像的颜色深度越大，颜色数量就越多，显示的图像色彩就越丰富，显示效果就越好。

**3. 色彩模式**

在进行图形图像处理时，色彩模式以建立好的描述和重现色彩的模型为基础，每一种模式都有它自己的特点和适用范围，用户可以按照制作要求来确定色彩模式，并且可以根据需要在不同的色彩模式之间转换。常见的色彩模式有 RGB、CMYK、HSB、Lab、Indexed Color、Bitmap、Grayscale 等。

表 6-1　　　　　　　　　　　**颜色深度与显示的颜色数量**

| 颜色深度 | 数值 | 颜色数量 | 图像 |
|---|---|---|---|
| 1 | $2^1$ | 2 | 单色图像 |
| 4 | $2^4$ | 16 | 索引 16 色图像 |
| 8 | $2^8$ | 256 | 索引 256 色图像 |
| 16 | $2^{16}$ | 65536 | 增强色图像 |
| 24 | $2^{24}$ | 1677216 | 真彩色图像 |
| 32 | $2^{32}$ | 4292967296 | 真彩色图像 |

（1）RGB 色彩模式

自然界中绝大部分的可见光谱可以用红、绿和蓝三色光按不同比例和强度的混合来表示。RGB 分别代表着三种颜色：R 代表红色，G 代表绿色，B 代表蓝色。RGB 模式也称为加色模型，通常用于光照、视频和屏幕图像编辑。

RGB 色彩模式使用 RGB 模型为图像中每一个像素的 RGB 分量分配一个 0~255 范围内的强度值。例如：纯红色 R 值为 255，G 值为 0，B 值为 0；灰色的 R、G、B 三个值相等（除了 0 和 255）；白色的 R、G、B 都为 255；黑色的 R、G、B 都为 0。RGB 图像只使用三种颜色，就可以使它们按照不同的比例混合，在屏幕上重现 16581375 种颜色。

（2）CMYK 色彩模式

CMYK 色彩模式以打印油墨在纸张上的光线吸收特性为基础，图像中每个像素都是由靛青（C）、品红（M）、黄（Y）和黑（K），按照不同的比例合成。每个像素的每种印刷油墨会被分配一个百分比值，最亮（高光）的颜色分配较低的印刷油墨颜色百分比值，较暗（暗调）的颜色分配较高的百分比值。例如，明亮的红色可能会包含 2%青色、93%洋红、90%黄色和0%黑色。在 CMYK 图像中，当所有四种分量的值都是0%时，就会产生纯白色。在制作用于印刷色打印的图像时，要使用 CMYK 色彩模式。

（3）HSB 色彩模式

HSB 色彩模式是根据日常生活中人眼的视觉特征而制定的一套色彩模式，最接近于人类对色彩辨认的思考方式。HSB 色彩模式以色相（H）、饱和度（S）和亮度（B）描述颜色的基本特征。色相指从物体反射或透过物体传播的颜色。在0到360度的标准色轮上，色相是按位置计量的。在通常的使用中，色相由颜色名称标识，比如红、橙或绿色。饱和度是指颜色的强度或纯度，用色相中灰色成分所占的比例来表示，0%为纯灰色，100%为完全饱和。在标准色轮上，从中心位置到边缘位置的饱和度是递增的。亮度是指颜色的相对明暗程度，通常将0%定义为黑色，100%定义为白色。

HSB 色彩模式比前面介绍的两种色彩模式更容易理解。但由于设备的限制，在计算机屏幕上显示时，要转换为 RGB 模式，作为打印输出时，要转换为 CMYK 模式。这在一定程度上限制了 HSB 模式的使用。

（4）Lab 色彩模式

Lab 色彩模式由光度分量（L）和两个色度分量组成，这两个分量即 a 分量（从绿到红）和 b 分量（从蓝到黄）。Lab 色彩模式与设备无关，不管使用什么设备（如显示器、打印机或扫描仪）创建或输出图像，这种色彩模式产生的颜色都保持一致。

Lab 色彩模式通常用于处理 Photo CD（照片光盘）图像、单独编辑图像中的亮度和颜色值、在不同系统间转移图像。

（5）Indexed Color（索引）色彩模式

索引色彩模式最多使用256种颜色，当图像转换为索引色彩模式时，通常会构建一个调色板存放并索引图像中的颜色。如果原图像中的一种颜色没有出现在调色板中，程序会选取已有颜色中最相近的颜色或使用已有颜色模拟该种颜色。

在索引色彩模式下，通过限制调色板中颜色的数目可以减少文件大小，同时保持视觉上的品质不变。在网页中常常需要使用索引模式的图像。

（6）Bitmap（位图）色彩模式

位图模式的图像只有黑色与白色两种像素组成，每一个像素用"位"来表示。"位"只有两种状态：0表示有点，1表示无点。位图模式主要用于早期不能识别颜色和灰度的设备。如果需要表示灰度，则需要通过点的抖动来模拟。

位图模式通常用于文字识别，如果扫描需要使用 OCR（光学文字识别）技术识别的图像文件，须将图像转化为位图模式。

（7）Grayscale（灰度）色彩模式

灰度模式最多使用256级灰度来表现图像，图像中的每个像素有一个0（黑色）到255（白色）之间的亮度值。灰度值也可以用黑色油墨覆盖的百分比来表示（0%表示白色，100%表示黑色）。

在将彩色图像转换灰度模式的图像时，会扔掉原图像中所有的色彩信息。与位图模式相比，灰度模式能够更好地表现高品质的图像效果。

### 6.3.4　图像的文件格式

数字图像的文件格式很多，目前流行的文件格式大多数是企业标准：静态图像文件格式和动态视频图像文件格式。同一幅数字图像，采用不同的格式存储，所占的存储空间大小也不相同。不同格式的图像可以通过工具软件来转换，常见的位图文件格式主要有 BMP、GIF、JPG、TIFF、PSD、PNG 等，常见的矢量图文件格式有 SWF、SVG 等。

**1. BMP 格式**

BMP 是英文 Bitmap（位图）的简写，它是 Windows 操作系统中的标准图像文件格式，能够被多种 Windows 应用程序所支持。BMP 格式文件包含的图像信息较丰富，不采用任何压缩，但由此占用磁盘空间过大。

**2. GIF 格式**

GIF 是英文 GraphicsInter Changeformat（图形交换格式）的缩写，主要用来在不同平台上进行图像交换，是一种基于 LZW 算法的无损压缩格式。GIF 格式的特点是压缩比高，磁盘空间占用较少，因此，这种图像格式迅速得到了广泛的应用。最初的 GIF 只是简单地用来存储单幅静止图像，后来随着技术发展，可以同时存储若干幅静止图像，产生简单的动画效果。GIF 图像文件较小，适合网络传输。

**3. JPG 格式**

JPG 是目前最常见的一种图像文件格式，其扩展名为.jpg 或.jpeg，JPG 采用有损压缩方式去除冗余的图像和彩色数据，不仅获得极高的压缩率，还能展现十分丰富生动的图像。

JPEG 是一种非常灵活的格式，具有调节图像质量的功能，允许用不同的压缩比例对文件压缩，最大压缩率可以达到 40∶1。

JPEG 格式的文件较小，下载速度快，适合应用于互联网，可以减少文件的传输时间，目前各类浏览器均支持 JPG 图像格式。

**4. TIFF 格式**

TIFF（TagImageFileformat）是图像文件中相对较为复杂的一种文件格式，它的特点是格式复杂、存储信息多、图像质量高。

**5. PSD 格式**

这是 Adobe Photoshop 图像处理软件的专用格式，Photoshop Document（PSD）。支持图层、通道、蒙板等多种图像特征，是一种非压缩的原始文件保存格式。PSD 文件可以保存所有的原始信息，非常适合图像处理。

**6. PNG 格式**

PNG（Portable Network Graphics）是可移植的网络图形格式，目前大部分绘图软件和浏览器都支持 PNG 图像浏览。

PNG 存储形式丰富，兼有 GIF 和 JPG 的色彩模式，PNG 是采用无损压缩方式来减少文件的大小，能把图像文件压缩到极限以利于网络传输，同时又能保留所有与图像品质有关的信息。PNG 文件显示速度很快，只需下载 1/64 的图像信息就可以显示出低分辨率的预览图像，并支持透明图像的制作，适合用来制作网页。

**7. SWF 格式**

SWF 是二维动画软件 Flash 中的矢量动画图形格式，这种格式的动画图像能够用比较小的体积来表现高清晰的画质，适合网络传输，特别是在传输速率不佳的情况下，也能取得较好的效果。SWF 文件如今已被大量应用于 Web 网页中，逐渐成为网页动画和网页图片设计制作的主流，成为网上动画的事实标准格式。

**8. SVG 格式**

SVG 是可缩放的矢量图形格式，是一种开放标准的矢量图形。SVG 文件分辨率高，用户可以直接用代码来描绘图像，可以用任何文字处理工具打开 SVG 图像，通过改变部分代码来使图像具有互交功能，并可以随时插入到 HTML 中通过浏览器来观看。

SVG 格式可以任意放大图形显示，边缘异常清晰，文字在 SVG 图像中保留可编辑和可搜寻的状态，没有字体限制，生成的文件比 JPG 和 GIF 格式的文件要小很多，下载很快非常适合高分辨率的网页图形设计。

### 6.3.5　图像的获取与处理

多媒体技术中所需的数字图像可以通过多种途径取得，如购置存储在 CD-ROM 上的数字化图像库；利用图像编辑软件自行创建图像；利用彩色扫描仪将照片或艺术作品扫描后得到数字图像；利用摄像仪拍摄实时图像；利用数码相机拍摄数字图像等。

通过各种硬件设备得到的图像需要经过编辑、加工处理后，才能称为符合需要的图像文件。大多数图形软件都能对位图文件进行常规性的加工处理和编辑，专业图像处理软件可以对图像进行较为复杂的处理，得到更加清晰的图像或具有某种特殊效果的图像。

### 6.3.6　常用图像处理软件

**1. ACDSee**

ACDSee 是目前全球最为流行的数字图像浏览和管理软件，能广泛应用于图片的获取、管理、浏览等。ACDSee 具有强大的图片处理功能，能快速处理数码影像，对图片进行风格化处理。ACDSee 用户界面如图 6-7 所示。

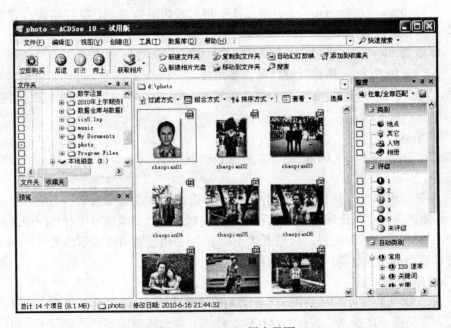

图 6-7　ACDSee 用户界面

ACDSee 主要功能和特性如下：

① 能快速浏览计算机中的图片文件。

② 可以直接从照相机等硬件设备中获取图像。

③ 对图形文件进行编辑、修改、裁剪、旋转、添加文字和特殊效果处理。

④ 能制作图形幻灯片，创建图形视频文件。

⑤ 支持多种文件格式，能快速进行图形文件格式转换，可以进行批量图形文件格式转换。

### 2. Photoshop

Photoshop 是 Adobe 公司开发的平面图形图像处理软件，它集图像的采集、编辑和特效处理于一体，并能在位图图像中合成可编辑的矢量图形，是多媒体图形图像处理的重要工具之一，其用户界面如图 6-8 所示。

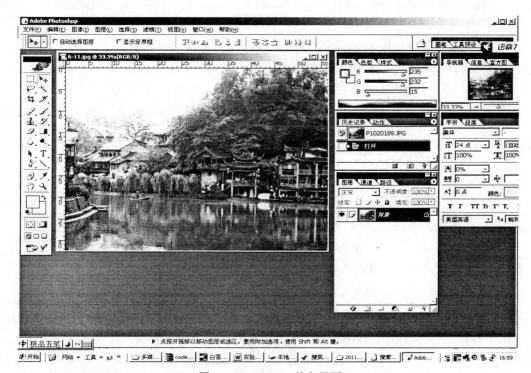

图 6-8 Photoshop 的主界面

（1）Photoshop 的主要功能及特性

① Photoshop 支持多种图形格式，包括 PSD、TIF、JPG、BMP、EPS、PCX、PDF、PNG 等 20 多种，能快速在这些格式之间进行任意转换。

② Photoshop 支持多图层工作方式，可以对图层进行合并、翻转、复制、移动、合成等操作，可以将图层从一个图像复制到另一个图像中，且能轻松地调整图层中像素的色相、渐变、透明度等。

③ Photoshop 能根据需要，任意调整图像尺寸大小或分辨率，可以在不影响分辨率的情况下改变图像的大小，也可以在不影响尺寸的同时增减分辨率，以适应图像的要求，其裁剪功能可以方便地选用图像中的某部分内容。

④ Photoshop 提供了功能强大的工具，包括绘画工具、文本工具、画笔工具、选择工具等。利用这些工具，能快速地绘图、选取图形对象、编辑图形、进行图形特效处理。

⑤ Photoshop 能转换多种色彩模式，在色彩和色调方面，Photoshop 可以有选择性地调整、饱和度和明暗度，根据输入的相对值和绝对值，选择修正功能可以是用户分别调整每个色版或色层的油墨量，取代颜色功能可以帮助选取某一种颜色，然后改变其色调、饱和度与明暗度，可以分别调整暗部色调、中间色调和亮部色调。

⑥ Photoshop 接受多种图像输入设备，可以直接通过其他硬件设备输入图形。

⑦ Photoshop 广泛用于平面设计、修复照片、广告摄影、包装设计、影像创意、艺术文字、网页设计、绘图绘画、视觉创意、图标制作等领域。

（2）Photoshop 工具箱

Photoshop 工具项包含了所有的绘图及编辑工具，如图 6-9 所示。工具箱中每个按钮代表一个工具，将鼠标放置在工具图标上，会自动显示该工具名称和对听的快捷键。如果某个工具箱的右下角有一个小三角形，表示它是一个工具组，隐含有其他的同类工具。单击该按钮，可以打开该工具组；按住 ALT 键并单击该按钮，可以调出隐含的工具。Photoshop 的绘图操作主要通过工具箱中的工具按钮来完成。

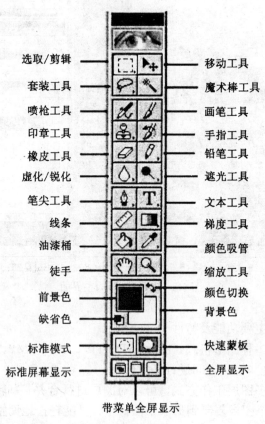

图 6-9　Photoshop 工具

（3）Photoshop 控制面板

Photoshop 提供了十余种控制面板，分别为导航、信息、颜色、色样、画笔图层、路径、通道、历史记录和动作。在工作区中打开一幅图片，该图片的信息显示在各控制面板中，利用控制面板可以监控或修改图像。

控制面板是浮动的，可以放置在屏幕中任意位置。默认情况下，控制面板以组的形式层叠在一起，通过"窗口"菜单中的相应命令或单击控制面板的标题栏，可以显示或隐藏该控制面板。

（4）Photoshop 图层

图层是 Photoshop 中重要的编辑手段，是一组可以绘制和存放图像的透明电子画布，用户在任意一个图层上都可以独立地进行绘图或编辑工作，不会影响其他图层的内容。

在进行图像合成及编辑时，可以根据需要增加或删减某些图层，将参与合成的层叠加起来，通过控制图像的色彩融合、透明度以及图层叠加顺序，来实现丰富的创意设计。

（5）Photoshop 通道

通道用来存放颜色信息，打开新的图像时，系统将自动创建颜色信息通道，通道的数量取决于图像的颜色模式。例如，RGB 格式有三个默认通道，即红色、绿色和蓝色通道。

通道分为颜色通道、专色通道和 Alpha 通道三种。其中，颜色通道与图像的颜色模式相对应，每个颜色通道代表一幅灰度图像，只代表一种颜色的明暗变化，当所有颜色通道混合在一起时，就形成了图形的彩色效果，一般图像的偏色问题可以通过编辑颜色通道解决。专色通道用来保存专色信息，专色是除几种基色以外的其他颜色，用于替代或补充基色，每个专色通道以灰度的形式存储专色信息，与其在屏幕上的彩色显示无关。在编辑图像时，单独创建的新通道都称为 Alpha 通道，它保存的不是颜色信息，而是创建的选取和蒙板信息，可以将选区作为 8 位灰度图像保存。

（6）Photoshop 滤镜

滤镜是 Photoshop 中功能最丰富、效果最奇特的工具之一，利用滤镜功能，可以强化图像效果、掩饰图像缺陷。通过使用不同的滤镜，可以将图像变形、扭曲、显示为三维效果。

Photoshop 的滤镜分为内置滤镜和外挂滤镜两种，前者是 Photoshop 自带的，后者是第三方开发的。Photoshop 的滤镜多样，有的滤镜可以用来提高图像的清晰度，有的用来模糊图像中的像素，产生动态效果等。

# 6.4　数字视频技术

数字视频技术包括视频信号数字化与视频编码两个方面。视频信号数字化是将模拟视频信号通过模数转换器转换成计算机可以显示和处理的数字信号，视频编码是将数字化的视频信号通过数模转换器转换成电流信号，直接在视频设备上播放。

## 6.4.1　数字视频的基本概念

影像视频，简称视频，是由连续画面组成动态图像，是由一组连续渐变的图像按照一定的顺序排列更换显示，由于人眼的"视觉暂停"现象，使人们在视觉上产生一种物体连续运动的错觉。医学证明，人的眼睛看到一幅画或一个物体后，在 1/24 秒内不会消失，利用这一原理，在一幅画还没有消失前播放出下一幅画，就会给人造成一种流畅的视觉变化效果。在日常生活中，电视为人们提供了大量的视频信息，在电视机系统中，摄像机的功能是将镜头前的图像转化为电子信号（模拟信号），电视机将模拟信号转化为活动的图像，这种模拟视频图像还原度好，因此，在电视机上看到的风景，往往有身临其境的感觉。模拟视频最大的缺点是不论被记录的图像多么清晰，经过长时间存放以后，视频质量将大大降低，或者经过多次复制以后，图像的失真就会很明显。

数字视频就是以数字形式记录的视频，数字视频在很大程度上能弥补模拟视频的缺点，不仅可以进行无失真的无限次复制，还可以对视频本身进行创造性编辑，加入特技效果等。数字视频有不同的产生方式，存储方式和播出方式。比如通过数字摄像机直接产生数字视频信号，存储在存储器中，从而得到不同格式的数字视频。然后通过计算机或特定的播放器等播放出来。

## 6.4.2 视频的数字化

数字视频技术包含有两重涵义，一是将模拟视频信号输入到计算机进行数字化编辑，最后制成数字化产品；二是指视频图像由数码摄像机拍摄下来，直接得到数字视频，输入到计算机时不再考虑视频质量的衰减问题，然后通过专业软件编辑成产品。

视频数字化实质就是将模拟视频信号转换成数字视频文件存储在存储介质（硬盘）中。视频数字化的过程称为捕捉，指在一段时间内以一定的速度对视频信号进行捕捉并加以采样后，形成数字化数据的处理过程，与音频信号数字化一样，是对视频信号进行采样捕捉，其采样精度可以是 8 位、16 位或 24 位。播放时，将数字化视频信号经过编码成电视信号进行播放。

影响数字视频图像质量的因素主要有三个：数据速率、关键帧和压缩比。

（1）数据速率

是指每秒文件占用的字节数。数据速率越高，图像质量越好，视频文件所占的磁盘空间越大。

（2）压缩比

压缩比在一定程度上会影响视频回放时图像的质量，压缩比过大，在回放时解压缩的时间过长，尤其是采用对称压缩技术的视频文件和采用纯软件解压的系统，视频图像质量将受到影响。

（3）关键帧

关键帧是视频压缩过程中影响视频质量的一项重要技术指标，关键帧数量过少，会产生图像不稳定的现象。

目前，国际上流行的视频制式标准主要有 NSTC、PAL 和 SECAM 等，如美国、日本等国使用 NSTC 制式，规定每秒 30 帧视频画面；中国及欧洲大多数地区使用 PAL 制式，规定每秒 25 帧。通常 NSTC、PAL 和 SECAM 制式的视频信号都是模拟的，在进入计算机编辑前必须进行数字化处理。

## 6.4.3 常见视频文件格式

### 1. AVI 文件

AVI 的全称是 Audio Video Interactive，是 Microsoft 制定的音频视频交错格式，是 windows 系统所使用的视频文件格式。

AVI 文件是目前较为流行的视频文件格式，采用视频有损压缩技术将视频信息与音频信息混合交错地存放在同一文件中，可以将音频和视频一起进行同步播放。AVI 格式文件可以跨多个平台使用，成本低，但文件较为庞大，兼容性较差，用不同压缩算法生成的 AVI 文件，必须使用相应的解压缩算法才能播放出来。AVI 文件目前主要用在多媒体光盘上，用来保存电影、电视等影像信息。

### 2. MOV 文件

MOV 是 QuickTime for Windows 视频处理软件所选用的视频文件格式，最早在苹果计算机上使用。目前，一般的微机上都可以安装 QuickTime for Windows 视频处理工具。与 AVI 文件格式类似，MOV 文件也采用了视频有损压缩技术，以及视频信息与音频信息混排技术。通常情况下，MOV 文件的图像质量比 AVI 文件好。

### 3. MPEG（MPG）文件

MPG 文件是目前微机上的全屏幕活动视频图像的标准文件格式，使用 MPEG 算法进行有损压缩，减少了图像中的冗余信息，同时保证了每秒约 30 帧的图像播放速率，几乎所有的计算机系统都支持 MPG 文件格式。MPEG 格式主要包括了 MPEG-1、MPEG-2 和 MPEG-4 在内的多种视频格式，其中，MPEG-1 广泛用于 VCD 制作，大部分 VCD 都采用了 MPEG-1 格式；MPEG-2 主要用于 DVD 制作和 HDTV（高清晰电视广播）制作，MPEG 文件压缩率比 AVI 文件高，图像质量比 AVI 文件好。

### 4. ASF 文件

ASF 全称是 Advanced Streaming Format（高级流格式），是微软公司推出的一种可以直接在网上观看视频节目的文件压缩格式，用户可以使用 Windows 系统自带的 Windows Media Player 对其进行播放。ASF 文件使用 MPEG-4 压缩算法，压缩率和图像质量较高。

### 5. WMV 文件

WMV 全称为 Windows Media Video，是微软公司开发的一种视频格式，是从 ASF 格式升级延伸来得。在同等视频质量下，WMV 格式的体积非常小，因此很适合在网上播放和传输。

### 6. RM 与 RMVB 文件

RealNetworks 公司所制定的音频视频压缩规范称为 Real Media，用户可以使用 RealPlayer 或 Real One Player 对符合 Real Media 技术规范的网络音频/视频资源进行实况转播并且 Real Media 可以根据不同的网络传输速率制定出不同的压缩比率，从而实现在低速率的网络上进行影像数据实时传送和播放。这种格式的另一个特点是用户使用 RealPlayer 或 Real One Player 播放器可以在不下载音频/视频内容的条件下实现在线播放。另外，RM 作为目前主流网络视频格式，它还可以通过其 Real Server 服务器将其他格式的视频转换成 RM 视频并由 Real Server 服务器负责对外发布和播放。RM 和 ASF 格式可以说各有千秋，通常 RM 视频更柔和一些，而 ASF 视频则相对清晰一些。

RMVB 格式是由 RM 视频格式升级延伸出来的一种新的视频格式，RMVB 打破了原先 RM 格式那种平均压缩采样的方式，在保证平均压缩比的基础上，设定了一般为平均采样率两倍的最大采样率值。将较高的比特率用于复杂的动态画面，而在静态画面中则灵活地转为较低的采样率，合理地利用了比特率资源，使 RMVB 在保证静态图像质量情况下，大幅提高率运动图像的质量，同时最大限度地压缩了影片的大小，获得较好的视听效果，从而在图像质量和文件大小之间达到了平衡。

### 7. 3GP 文件

3GP 是一种 3G 流媒体的视频编码格式，主要是为了配合 3G 网络的高传输速度而开发的，也是手机中的一种视频格式。3GP 是新的移动设备标准格式，应用在手机、MP4 播放器等移动设备上，优点是文件体积小，移动性强，适合移动设备使用，缺点是在 PC 机上兼容性差，支持软件少，且播放质量差，帧数低，较 AVI 等格式相差很多。

**8. FLV 文件**

FLV 是 FLASH VIDEO 的简称，是一种新的网络视频格式，FLV 视频格式本身占有率低、视频质量良好，文件体积小巧，非常适合网络在线播放，例如清晰的 FLV 视频 1 分钟在 1MB 左右，一部电影在 100MB 左右，是普通视频文件体积的 1/3。

## 6.4.4 视频的采集与处理

### 1. 视频采集

数字视频信号的采集必须借助视频采集设备，如摄像机、录像机以及视频捕捉卡等，采集方式分为单帧画面采集和多幅动态连续采集。单帧画面采集是将输入的视频信息定格为单帧画面，然后以图像文件格式存储；多帧动态连续采集是对视频信号进行实时、动态地捕捉和压缩，并以视频文件的形式加以保存。

在多媒体计算机中，视频信号的捕捉主要借助于视频捕捉卡（或称视频卡）进行，视频卡将模拟信号转换成数字视频信号，同时对转换后的视频信息进行压缩处理，并将压缩后的数据保存在内存中或直接存储到存储器中，一边进一步对其进行处理与应用。视频卡的工作方式有两种：连续帧采集与单帧采集，前者直接形成视频文件，后者以静止图像形式保存。视频卡不仅可以采集视频信号与音频信号，还可以播放视频节目等。

### 2. 视频处理

视频处理是使用专门的视频处理软件对数字视频进行剪辑，并增加一些特殊的效果，使视频更加具有观赏性。视频处理主要包括视频剪辑、视频叠加、影音同步、特效处理等。

（1）视频剪辑

剪除不需要的视频片段，将需要的视频进行连接。

（2）视频叠加

将多个视频影像叠加在一起，合成新的视频影像。

（3）影音同步

在单纯的视频信息上添加声音，并精确定位，保证视频与声音同步。

（4）特效处理

使用滤镜加工视频影像，使影像具备各种特殊效果。

## 6.4.5 常用视频处理软件

### 1. Windows Movie Maker

Windows Movie Maker 是 Windows 操作系统自带的一款视频编辑工具，操作简便，被广泛应用于视频编辑及处理，使用 Windows Movie Maker 不仅可以直接将音频或视频从数字摄像机导入到计算机中进行编辑，还可以将已有的音频、视频或静态图片导入到 Windows Movie Maker 中进行编辑和处理。Windows Movie Maker 用户界面如图 6-10 所示。Windows Movie Maker 操作简单，通过电影任务的方式处理视频、图像素材，处理过程分为"捕获视频"→"剪辑电影"→"完成电影"三个主要步骤。

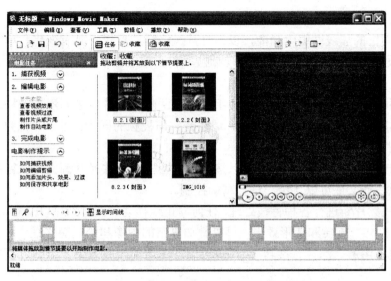

图 6-10　Windows Movie Maker 用户界面

Windows Movie Maker 主要功能和特性如下：

① 能进行简单的视频处理，支持 WMV、AVI 等格式。

② 可以对捕获的视频信息进行裁剪，将图像、视频片段重新组合。

③ 可以添加视频效果，制作视频标题、添加声音、字幕，过渡效果等。

④ 用户可以根据需要选择视频文件保存的清晰度、大小及压缩率等。

**2. Adobe Premiere**

Premiere 是 Adobe 公司推出的基于非线性编辑设备的视频/音频编辑软件，其用户操作界面如图 6-11 所示。目前，Premiere 被广泛应用于电视台、广告制作、电影剪辑等领域，成为 PC 和 MAC 平台上应用最为广泛的视频编辑软件。

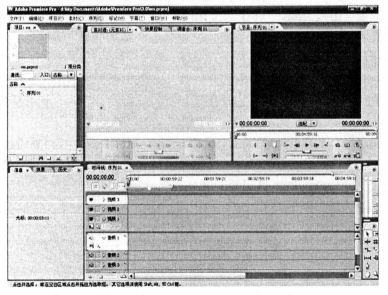

图 6-11　Premiere 用户界面

普通高等教育『十二五』规划教材

Premiere 主要功能和特性如下：

① 使用真正的非线性编辑功能，以幻灯片风格播放剪辑，具有变焦和单帧播放能力。可以改变视频特性参数，如图像深度、视频帧率和音频采样率等；设置音频、视频编码及压缩参数。

② 用户可以对视频片段进行裁剪和组合，在两断视频片段之间添加各种过渡效果；可以给视像配音，并对音频片断进行编辑，调整音频与视频的同步；可以在视频片断之上叠加各种字幕、图标和其他视频效果。

③ 具有较强的项目管理功能，可以按名称、图标或者注释对源文件进行排序、查看、搜索，其多重注释文件可以让用户进行精确控制。

④ 能对视频片断进行各种特技处理，任何静止或移动的图像都可以沿着某个路径运动，并具有扭转、变焦、旋转和变形效果；可以叠加复杂的图像和绘制图文框；可以选择众多的过渡效果（包括溶解、涂抹、旋转等），也可以创建新的过渡效果，调整过渡参数，支持滤镜插件。

⑤ Premiere 的插件丰富，拥有众多的第三方插件，开放性好。常见的有 Hollywood FX、Final Effects、Affter Effects、Boris FX、TMPG Enc、Title Deko Pro、Smart Sound Quicktracks 等。这些插件和 Premiere 无缝衔接，极大地扩展了 Premiere 的功能。例如，将 Premiere 与 Affter Effects 软件配合使用，可以互相补充，制作出精美的视频效果。

## 6.5 计算机动画制作

### 6.5.1 动画的基本概念

动画是连续播放的静态画面，是由一系列静止的帧画面按一定顺序排列而成的，以一定速度连续播放，每一帧与相邻的帧略有不同，在连续观看时，给人以活动的感觉。动画与视频在本质上没有区别，都属于动态图像，只是在表现内容和使用场所有所不同。动画序列中的每帧静止图像是由人工或计算机产生的图像，常用来表现虚拟场景，而视频中的每帧静止图像均来自数字摄像机或其他视频设备，常用来表现真实场景。

计算机动画是指采用图形与图像的处理技术，借助于编程或动画制作软件生成一系列的景物画面，其中当前画面是前一画面的部分修改。计算机动画是计算机图形学与艺术相结合的产物，作为一种独特的艺术形式被广泛用于影视特技、商业广告、训练模拟、电子游戏、教学演示、产品模拟实验等领域。

按画面性质来分，计算机动画可以分为帧动画和矢量动画。帧动画通过连续播放不同帧产生动画效果；矢量动画通过计算机编程或矢量动画制作软件产生变换的图像，实现动画效果。按表现形式来分，计算机动画可以分为二维动画和三维动画。二维动画也称"平面动画"，通过连续播放不同帧，使物体产生在平面上运动的效果，二维动画是一个二维画面，其实质就是在二维空间上模拟真实的三维围空间效果；三维动画也称"空间动画"，是真正的三维画面，画中景物有正面，也有侧面和反面，调整三维空间的视点，能够看到不同的内容。

### 6.5.2 常见动画文件格式

**1. GIF 文件**

GIF 是一种最常见的帧动画文件格式，采用了无损数据压缩方法中压缩率较高的 LZW 算法，文件尺寸较小，目前几乎所有的软件都支持 GIF 文件，能在不同的平台上交流使用。

**2. SWF 文件**

SWF 是 Flash 软件制作的矢量动画格式，采用曲线方程描述其内容，画面不是由点阵组成，因此在缩放时不会失真，非常适合描述由几何图形组成的动画，如教学演示等。由于这种格式的动画可以与 HTML 文件充分结合，并能添加 MP3 音乐，因此被广泛地应用于网页上，称为一种"准"流式媒体文件。

**3. FLIC 文件**

FLIC 文件是 Autodesk 公司在其出品的 2D/3D 动画制作软件中采用的动画文件格式，是 FLI 和 FLC 文件格式的统称，其中 FLI 是最初的基于 320X200 分辨率的动画文件格式，而 FLC 则是 FLI 的扩展，采用了更高效的数据压缩技术，其分辨率也不再局限于 320X200。FLIC 文件采用行程编码（RLE）算法和 Delta 算法进行无损的数据压缩，首先压缩并保存整个动画系列中的第一幅图像，然后逐帧计算前后两幅图像的差异或改变部分，并对这部分数据进行 RLE 压缩，由于动画序列中前后相邻图像的差别不大，因此可以得到相当高的数据压缩率。该文件被广泛用于动画图像中的动画序列、计算机辅助设计和计算机游戏应用程序。

### 6.5.3 常用动画处理软件

目前，制作计算机动画的软件很多，这些软件不仅具备绘制动画的编辑工具和效果设置工具，还具备自动生成动画功能。常用的动画制作软件主要有 Ulead GIF Animator、Adobe Falsh、3D Studio Max 等。

**1. Ulead GIF Animator**

Ulead GIF Animator 是 Ulead 公司出品的一个专门用于制作平面动画的软件，用于制作 GIF 格式动画，不仅能快速将一系列图片保存为 GIF 动画格式，产生 20 多种 2D 或 3D 动画效果，还能将 AVI 文件转成动画 GIF 文件。Ulead GIF Animator 能将动画 GIF 图片最佳化，将放在网页上的动画 GIF 图档减肥，以便让人能够更快速地浏览网页。Ulead GIF Animator 支持多种文件格式，可以将动画打包成 EXE 可执行文件，以便随时查看。Ulead GIF Animator 用户界面如图 6-12 所示。

**2. Adobe Flash**

Adobe Flash 是由原 Macromedia 公司（现在已被 Adobe 公司收购）所设计的一种二维动画软件，具有很强的矢量图形制作能力，常用于开发互动式多媒体动画软件。Adobe Flash 不仅可以对图像进行动画制作，还可以对音频进行简单编辑，其制作的动画文件较小，支持绝大多数网络浏览器，适合互联网上使用。Adobe Flash 采用时间轴和帧制作方式，在动画制作上面有很强大的功能，同时在网页制作、多媒体教学、游戏、广告等领域也有广泛的应用。Adobe Flash 开始页面和用户界面分别如图 6-13 与图 6-14 所示。

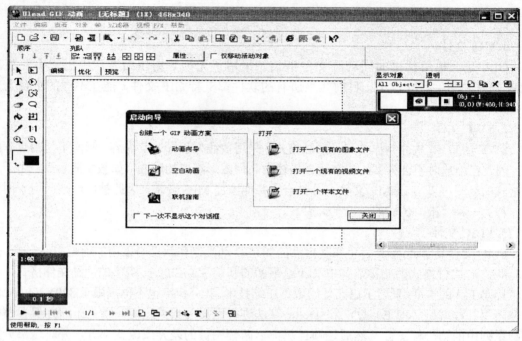

图 6-12　Ulead GIF Animator 用户界面

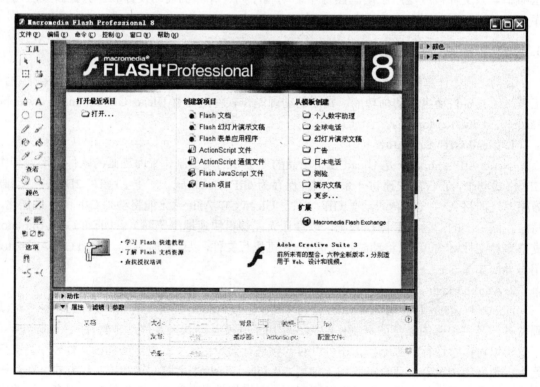

图 6-13　Adobe Flash 开始页面

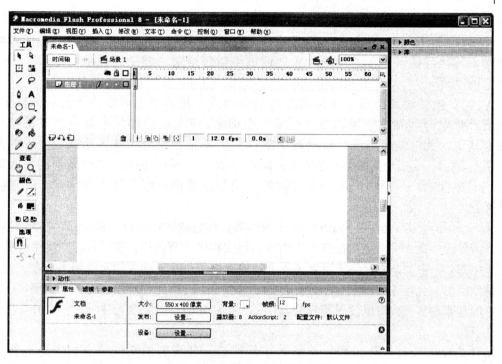

图 6-14 Adobe Flash 用户界面

（1）主要特性

① 使用矢量图形技术和流式媒体控制技术，可以任意缩放图形尺寸而不影响屏幕显示质量，在播放时，可以一边播放，一边下载，节省用户时间。

② 支持导入视频可以导入多种视频格式文件，用户可以对 Flash 中的视频对象进行操纵、编辑、缩放、旋转、偏移、使用遮罩效果，以及通过渐变实现动画等，还可以添加脚本使它们实现互动。

③ 使用关键帧技术和矢量计算方式，生成的动画文件较小，适合在互联网上传输。

④ 集音乐、动画、音频和交互方式于一体，支持多种网络浏览器，适合网页制作，可以用于建立新一代 Web 应用程序。

（2）基本功能

① 绘图和编辑图形。Flash 提供了多种绘图工具和图形编辑工具，这些工具能在不同的绘制模式下工作，用户可以使用这些工具快速绘制图形、修改图形。

② 动画制作。Flash 提供了"补间动画"制作和"遮罩动画"制作方式，其中"补间动画"是整个 Flash 动画设计的核心，是在两个关键帧中间做"补间动画"，实现图画的运动，插入"补间动画"后两个关键帧之间的插补帧是由计算机自动运算而得到的"是 Flash 中的一个很重要的动画类型，使用"遮罩动画"可以制作出丰富的动画效果。

③ 视频编辑。Flash 可以直接导入视频，对音频和视频进行编辑处理。

（3）Flash 动画制作基本概念

① 图层。Flash 是以图层来存储对象的，图层如同电影胶片叠放在一起，每一层中包含不同的图像，图层之间是相对独立的，互不干扰。创建动画时，通常将运动方

式不同的图像置于不同的图层，例如编辑运动的人，其头、手、脚分别处于不同的层，这样便于编辑每部分的动作。一般情况下，Flash 背景层中插入静态图形，作为动画的背景，其他层插入相应的动画对象，通过编辑每个层中的动画效果，最后制作出比较复杂的动画。

② 帧。帧是动画中最小单位的单幅影像画面，相当于电影胶片上的每一格镜头，在动画软件的时间轴上帧表现为一格或一个标记。Flash 中的帧主要分为关键帧与普通帧，其中，关键帧相当于二维动画中的原画，是角色或者物体运动或变化中的关键动作所处的那一帧。关键帧与关键帧之间的动画可以通过 Flash 自动来创建，叫做普通帧或者中间帧。一般情况下，关键帧的画面与位置由动画设计人员创建，普通帧由软件系统自动生成。

③ 元件与实例。元件是 Flash 中创建的图形、按钮或影片剪辑，自动保存在元件库中。元件只需创建一次，可以多次在整个文档或其他文档中重复使用，使用时，将元件从库中拖到场景中即可。实例是将元件应用到场景上或嵌套在另一个元件内的元件副本。将一个元件从元件库中导入到场景中即创建了该元件的一个实例，一个元件可以创建多个实例。实例保持元件的基本特征，但可以设置不同的颜色、大小和功能。当修改元件时，它的所有实例都会随之更新。

元件简化了影片制作过程，但修改了元件后，其所有的实例都会相应地更新，保持完善的交互性。在影片中使用元件和实例可以明显减少文件大小，加快影片的回放速度。

（4）Flash 工作环境

Flash 的基本工作界面由标题栏、菜单栏、工具箱、时间轴面板、控制面板、舞台和场景、属性面板等组成。

① 菜单栏。Flash 提供了文件、编辑、视图、插入、修改、文本、命令、控制、窗口、帮助等多个菜单，用户可以方便地使用菜单中提供的命令选项来绘制与编制图形、制作动画。

② 工具箱。工具箱中包含了 Flash 操作中必须使用的各类工具，主要分成绘图、查看、颜色和选项四部分。

③ 时间轴面板。时间轴面板用来对层和帧中的动画内容进行组织和控制，使动画的内容随着时间的推移而发生相应的变化。

④ 控制面板与属性面板。控制面板用来设置 Flash 工具的相关参数，属性面板用来设置对象的属性，简化创建过程。

⑤ 舞台和场景。舞台是编辑 Flash 文档和播放动画的矩形区域，一个场景是在一个舞台上一段表演，是一段连续的动画过程。在编辑比较复杂的动画时，为了方便管理，可以将整个动画分成几个连续的场景分别处理。

**3. 3D Studio MAX**

3D Studio Max，常简称为 3ds Max 或 MAX，是 Autodesk 公司开发的基于 PC 系统的三维动画渲染和制作软件。3D Studio Max 功能十分强大，适合于色彩渲染、实体造型，与其他软件配合可以制作出很专业的三维动画效果。3D Studio Max 广泛应用于广告、影视、工业设计、建筑设计、多媒体制作、游戏、辅助教学以及工程可视化等领域。

目前，拥有强大动画制作功能的 3DS MAX 被广泛地应用于电视及娱乐业中，比如片头动画和视频游戏的制作，在影视特效方面也有一定的应用。而在国内发展的相对比较成熟的建筑效果图和建筑动画制作中，3D Studio Max 的使用率更是占据了绝对的优势。根据不同行业的应用特点对 3DS MAX 的掌握程度也有不同的要求，建筑方面的应用相对来说要局限性大一些，它只要求单帧的渲染效果和环境效果，只涉及比较简单的动画；片头动画和视频游戏应用中动画占的比例很大，特别是视频游戏对角色动画的要求要高一些；影视特效方面的应用极大地发挥了 3DS MAX 的功能。

# 第7章 Word 文字处理

【学习目的与要求】

了解 Word2003 的特点及基本应用；掌握 Word2003 的常用功能与用法。

## 7.1 Word 2003 概述

### 7.1.1 Word 2003 简介

中文 Word 2003 （以下简称 Word）是微软办公自动化软件（Microsoft Office 2003）中最主要和最常用的软件之一，使用 Word 不仅可以实现各种书刊、杂志、信函等文档的录入、编辑、排版，而且可以对各种图像、表格、声音等文件进行处理，它是一个功能非常强大的文字处理软件，适合一般办公人员和专业排版人员制作各种电子文档。

Word 2003 具有友好的用户界面、强大的排版功能、灵活的图文混排、表格制作简单等特点。

### 7.1.2 启动与退出

**1. 启动**

（1）使用"运行"命令启动 Word

单击桌面"开始"菜单中的"运行"命令选项，在弹出的对话框内输入"winword"，单击"确定"按钮。

（2）使用 Word 快捷方式启动

安装 Office 软件后，在桌面上会出现一个 Word 的快捷方式图标，用鼠标双击该快捷方式图标即可启动 Word。

（3）从"开始"菜单启动

单击桌面"开始"菜单中的"所有程序/Microsoft Office/Microsoft Office Word 2003"命令选项，启动 Word。

（4）其他方式启动

鼠标双击 Word 文档图标，启动 Word，并打开该文档。

**2. 退出**

一般采用下面几种方式退出 Word。

① 单击"文件"菜单中的"退出"命令。

② 单击窗口右上角的关闭按钮。

③ 双击窗口左上角的"控制菜单"图标。

④ 单击"控制菜单"内的"关闭"命令。

⑤ 使用组合键 Alt+F4。

## 7.1.3 窗口的组成

Word2003 窗口由标题栏、菜单栏、工具栏、标尺、工作区、滚动条、状态栏和任务窗格组成，如图 7-1 所示。

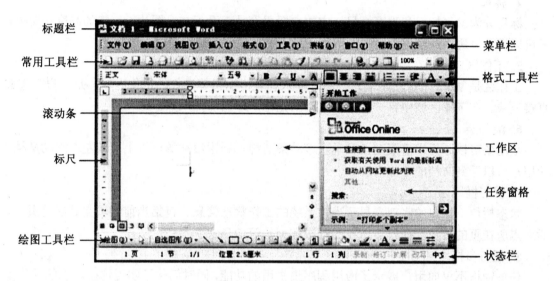

图 7-1　Word 2003 界面窗口

### 1. 标题栏

标题栏位于 Word 窗口的最上方，用来显示当前文档的标题。左侧有"控制菜单"图标、文档的名称和应用程序的名称，右侧有窗口的"最小化"、"最大化"与"关闭"按钮。

### 2. 菜单栏

菜单栏位于标题栏的下方，由 9 个命令菜单组成。用鼠标单击菜单项可以打开对应的菜单。此外，也可以按 Alt 键和菜单项后面带下画线的字母来打开菜单，例如按组合键 Alt+F 可以打开"文件"菜单。

### 3. 工具栏

工具栏以按钮的形式集合了一些 Word 常用的命令按钮。Word 默认情况下只显示常用工具栏和格式工具栏。常用工具栏中包括一些有关文档的常用命令按钮；格式工具栏中包括一些与文本和段落修饰排版有关的命令按钮。工具栏的主要控制操作有下述几种方式：

① 选择"视图"菜单中的"工具栏"命令，在出现的子菜单中，可以显示或隐藏某个工具栏。在选中的工具前面显示"√"标志。

② 鼠标右键单击工具栏的任意区域，在弹出的快捷菜单中，可显示或隐藏某个工具栏。

③ 鼠标移动到工具栏的左侧，变成双向十字箭头 ✛，此时拖动鼠标可以移动工

具栏。

④ 鼠标指针指向工具栏上的某个按钮，停留片刻，可以看到关于该按钮的简单提示。

⑤ 单击工具栏右侧的"显示隐藏命令"按钮，可以显示工具栏中的隐藏的命令按钮。

**4. 标尺**

标尺分为水平标尺和垂直标尺，它的主要用途是查看正文、图片、表格的高度和宽度，还可以调节页边距、设定段落缩进等。

**5. 工作区**

工作区是 Word 进行文字输入、图片插入和表格编辑等操作的工作区域，是用户工作的直接反映。在工作区域中有一个不断闪动的光标，即当前插入点。

**6. 滚动条**

滚动条可以分为水平滚动条和垂直滚动条两种。利用滚动条可以上下或左右滚动文档，使用户可以看到文档的全部内容。

**7. 状态栏**

状态栏位于窗口的底部，显示当前系统的工作状态信息。包括当前编辑文档的总页数、插入点所在页的页数及插入点所在的行数和列数等信息。

**8. 任务窗格**

任务窗格不仅向用户展示了应用程序最常用的功能，同时简化了实现这些功能的操作步骤。任务窗格还会根据用户的需要及时出现和隐藏。

### 7.1.4 Word 帮助功能

Word 2003 为用户提供了联机帮助文档，使用它可以随时解决用户在使用过程中遇到的问题。Word 2003 的帮助系统比早期版本 Word 的帮助系统做了改进，提高了信息共享的功能，如果用户的计算机连接在互联网上，那么使用"帮助"时，系统自动到 Microsoft Office Online 的主页去查询用户要查找的有关信息。Microsoft Office Online 的主页上发布了许多个人的和微软公司的有关 Office 信息，帮助系统将自动检索这些信息，然后在"搜索结果"任务窗格中列出所有检索到信息。

单击"帮助"菜单中的"Microsoft Office Word 帮助"菜单命令，显示 Word 帮助任务窗格。在"搜索"文本框中输入要查找帮助的主题，例如输入"字体"，单击"开始搜索"按钮，搜索帮助主题，如图 7-2 所示。

如果用户的计算机连接在互联网上，系统首先到 Microsoft Office Online 的主页去查询用户要查找的主题信息，并在"搜索结果"任务窗格中列出检索到的帮助信息，如图 7-3（a）所示。鼠标单击相应的帮助主题，系统将自动下载具体的帮助内容。

如果用户的计算机没有连接互联网，则系统会到系统自带的脱机帮助文件中去查找主题信息，并在"搜索结果"任务窗格中列出检索到的信息如图 7-3（b）所示。鼠标单击相应的主题，显示"Microft Office Word 帮助"窗口，并在窗口中显示具体的帮助内容。

图 7-2　搜索帮助主题

图 7-3(a)　网络搜索结果

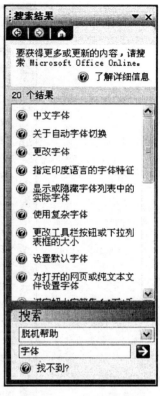

图 7-3(b)　本机搜索结果

# 7.2　文档的基本操作

## 7.2.1　创建文档

### 1. 自动创建文档

启动 Word 时，系统会自动建立一个名为"文档 1"的空白文档，用户可以在新建的空白文档中输入文本，并对文档进行编辑和排版。

### 2. 利用"新建"命令创建文档

方法一：启动 Word，单击"文件"菜单中的"新建"命令，在屏幕的右侧弹出"新建文档"任务窗格。单击"空白文档"选项，创建一个新的空白 Word 文档。

方法二：启动 Word，单击常用工具栏最左侧的"新建空白文档"按钮，创建一个新的空白 Word 文档。

## 7.2.2　打开文档

### 1. 打开最近编辑的文档

Word 自动将最近编辑过的文档列表在"文件"菜单的底部，要打开这些文档，只需单击相应的文件名即可，如图 7-4 所示。

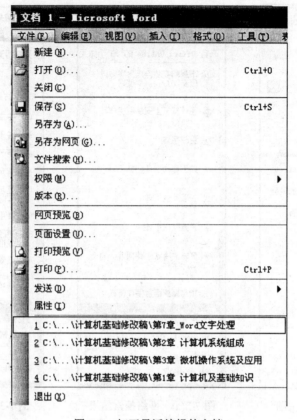

图 7-4　打开最近编辑的文档

## 2. 打开其他文档

① 单击"文件"菜单中的"打开"命令，或单击常用工具栏上的"打开"按钮 ，弹出打开文件对话框，如图 7-5 所示。

② 在对话框内选择文档所在的磁盘、路径及文件名，单击"打开"按钮，或者双击要打开的文档。

图 7-5　打开文档

### 7.2.3 保存文档

保存文档是将文档作为一个磁盘文件存储起来。在 Word 中建立的文档自动驻留在计算机内存中，并在磁盘上保存临时文件，内存和临时文件中的信息会随着计算机的断电而丢失，因此需要将编辑的文档保存在外存储器上，以便长期保存。

（1）新建文档的保存

对于一个新建的文档，系统自动给出一个默认的文件名，如文档 1、文档 2 等。用户第一次保存该文件，单击"文件"菜单中的"保存"命令，或者单击工具栏上的"保存"按钮 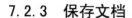，弹出如图 7-6 所示的"另存为"对话框。在"保存位置"下拉列表框中选择保存文档的位置，在"文件名"文本框中输入文档的名称，在"保存类型"下拉列表框中选择保存文档的类型，默认状态为 Word 文档，扩展名为.doc，单击"保存"按钮保存。

（2）已存在文档的保存

第一次保存文档后，文档就有名字了。如果用户又对这个文档作了修改，可以用下面的方法把修改的文档保存下来：

方法一：单击"文件"菜单中的"保存"命令。

方法二：单击常用工具栏"保存"按钮 。

方法三：使用组合键 Ctrl+S。

采用上述方法保存文件，后一次保存将自动覆盖前一次保存。如果不想覆盖以前保存的内容，可以单击"文件"菜单中的"另存为"命令进行保存。在弹出的如图 7-6 所示的"另存为"对话框中，给当前文档重新命名或选择新的保存位置进行保存，保存后的文档不会覆盖原来已经保存的文档。

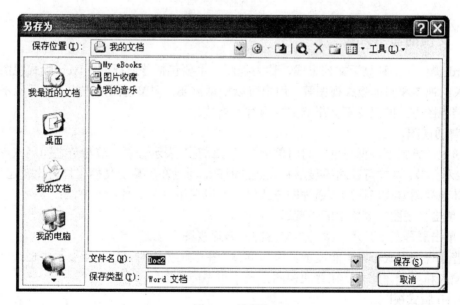

图 7-6　另存为

（3）自动保存

自动保存就是让 Word 每间隔一段时间为用户自动保存一次文档，具体设置方法如下：

① 单击"工具"菜单中的"选项"命令，打开"选项"对话框，单击"保存"标签，打开保存选项卡，如图 7-7 所示。

② 选中"自动保存时间间隔"复选框，并在右边变数框中选择或输入时间间隔。

③ 单击"确定"按钮。

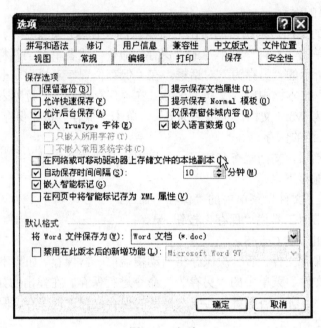

图 7-7　选项

### 7.2.4　文档的显示方式

Word 提供了多种显示文档方式，称为视图，主要包括普通视图、Web 版式视图、页面视图、大纲视图和阅读版式视图等。用户可以根据需要，调整视图的方式，以适应不同的要求。文档视图方式的改变不会影响文档内容及格式。

**1. 普通视图**

普通视图方式下，页与页之间用单虚线（分页符）表示分页，节与节之间用双虚线（分节符）表示分节。这样可以缩短显示和查找的时间，而且在屏幕上文档也显得比较连贯易读。

从其他视图方式切换到普通视图方式时，可以采用以下几种操作方法：

① 单击"视图"菜单中的"普通"命令。

② 单击屏幕左下角水平滚动条左边的"普通视图"按钮 ≡ 。

在普通视图方式下，不能显示页眉和页脚，在多栏排版时，也不能显示多栏，只能在一个栏中输入和显示。此外，在普通视图方式下也不能绘图。

**2. Web 版式视图**

Web 版式视图使文档具有最佳屏幕外观，文字显得大一些，可以将当前窗口调整得更适合用户视觉要求。

从其他视图方式切换到 Web 版式视图方式时，可以采用以下几种操作方法：

① 单击"视图"菜单中的"Web 版式"命令。

② 单击屏幕左下角水平滚动条左边的"Web 版式视图"按钮 。

**3. 页面视图**

页面视图使文档在屏幕上看上去就像在纸上一样。从其他视图方式切换到页面视图方式，可以采用以下几种操作方法。

① 单击"视图"菜单中的"页面"命令。

② 单击屏幕左下角水平滚动条左边的"页面视图"按钮 。

页面视图除了能显示普通视图方式所能显示的所有内容之外，还能显示页眉、页脚、脚注及批注等，适合进行绘图、插入图表和排版操作。

**4. 大纲视图**

大纲视图方式是将文档所有的标题分级显示出来，层次分明。可以通过对标题的操作，改变文档的层次结构。

从其他视图方式切换到大纲视图方式，可以采用以下几种操作方法：

① 单击"视图"菜单中的"大纲"命令。

② 单击屏幕左下角水平滚动条左边的"大纲视图"按钮 。

大纲视图特别适合于较多层次的文档，如报告文体和章节排版等。

**5. 阅读版式视图**

阅读版式视图是 Word 2003 中新增的一种视图方式，该视图方式使用户在计算机上阅读和审阅文档比以前更容易，而且可以在阅读文档时标注建议和注释。阅读版式视图以书页的形式显示文档，页面被设计为正好填满屏幕。

从其他视图方式切换到阅读版式视图方式，可以采用以下几种操作方法：

① 选择"视图"菜单中的"阅读版式"命令。

② 单击屏幕左下角水平滚动条左边的"阅读版式"按钮 。

③ 单击常用工具栏上的"阅读"按钮 。

## 7.2.5 文本输入与编辑

**1. 输入文本**

（1）中文输入

Word 的默认输入状态为英文输入状态。按 Ctrl+Space 键，可在中文和英文输入法之间进行切换。在中文输入状态下，单击"语言栏"中的按钮，或按 Ctrl+Shift 键，进行输入法的切换。单击"语言栏"中的按钮，可以进行中文标点符号输入和英文标点符号输入的切换。

（2）英文输入

若在 Word 中输入英文，系统会启动自动更正功能。在英文输入状态下，用户可以快速更正已经输入的英文字母或英文单词的大小写，操作方法如下：

① 选定要更新的文本。

② 按住 Shift 键的同时，不停地按 F3 键。每次按 F3 键时，英文单词的格式会在"全部大写"、"单词首字母大写"和"全部小写"格式之间进行切换。

（3）特殊符号的输入

Word 中允许输入一些特殊的符号，例如：☎、☺、Φ、Ω 等。操作步骤如下：

① 光标定位到插入字符的位置。

② 单击"插入"菜单中的"符号"命令，打开"符号"对话框，如图 7-8 所示。单击"符号"标签，打开符号选项卡，在"字体"下拉列表框中选择符号集。在选定的符号集中，选择不同的子集。

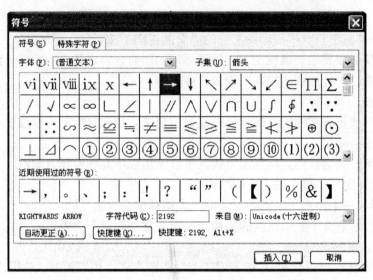

图 7-8　符号

③ 选择要插入的字符，单击"插入"按钮，即可在文档的光标处插入字符。

如果要插入常用的印刷符号，例如：©、§、¶等，应在特殊字符选项卡中选择。

（4）日期和时间的输入

在文档中可插入固定的日期和时间，也可插入自动更新的日期和时间，操作步骤如下：

① 移动光标要插入的日期和时间的位置。

② 选择"插入"菜单中的"日期和时间"命令，打开"日期和时间"对话框，如图 7-9 所示。

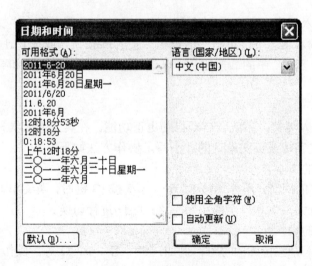

图 7-9　日期和时间

③ 在"可用格式"列表框中，选择一种要用的格式。

④ 如果选中"自动更新"复选框，可以自动更新日期和时间。

⑤ 单击"确定"按钮。

**2. 文本的选择**

文字左边的页边空白区是文本选择区，鼠标移动到文本选择时，指针形状显示为指向右上方的箭头。选择文本的方法主要有以下几种方式。

① 选择英文单词或汉字词组：在单词或词组上双击鼠标。

② 选择一句：Ctrl+单击鼠标。

③ 选择一行：在文本选择区单击鼠标。

④ 选择多行：在文本选择区上下拖动鼠标。

⑤ 选择一段：在文本选择区双击鼠标。

⑥ 选择一个矩形区域：Alt+拖动鼠标左键。

⑦ 选择整个文档：在文本选择区三击鼠标，或者选择"编辑"菜单→"全选"命令，或者使用组合键 Ctrl+A。

⑧ 选择任意文本：按住鼠标左键在文字上拖动，可以把鼠标拖动所经过的文字选中，或者先把鼠标指针移到开始位置单击左键，然后按住 Shift 键，再把光标移到结束位置单击左键。

**3. 插入与修改文本**

（1）插入文本

要在文档的某一个位置插入文本，将光标定位到插入位置，输入文本即可，在输入过程中，如果文档处于"插入"状态，插入点右面的字符会自动右移；如果文档处于"改写"状态，插入的新文本将替换插入点之后的原文本。用户通过反复按键盘上 Insert 键可以在插入和改写模式之间进行切换，也可以使用鼠标双击状态栏上的"改写"标志来打开或关闭改写模式。

（2）修改文本

选择要进行修改的文本，新输入的文本内容自动替换被选定的文本。

**4. 移动与复制文本**

（1）移动文本

在文档编辑过程中，经常需要把某些文本从一个位置移到另一个位置，移动文本可以通过以下方式来实现。

① 使用鼠标。选定需要移动的文本，使其高亮显示。鼠标指向被选定的文本，按住左键，将文本拖曳目标位置后松开鼠标左键。

② 利用剪贴板。选定需要移动的文本，使其高亮显示。然后单击常用工具栏上的"剪切"按钮 （或者使用组合键 Ctrl+X；或者单击"编辑"菜单中的"剪切"命令；或者在选定的文本上单击鼠标右键，在弹出的快捷菜单中选择"剪切"命令），这时选取的文本从文档中消失，被剪切到系统的剪贴板上。最后将鼠标定位到要插入文本的位置，单击常用工具栏上的"粘贴"按钮（或者使用组合键 Ctrl+V；或者单击"编辑"菜单中的"粘贴"命令；或者单击鼠标右键，在弹出的快捷菜单中选择"粘贴"命令），将剪贴板上的文本粘贴到当前插入点位置。

（2）复制文本

复制文本与移动文本的方法基本相同，也可以使用鼠标和剪贴板两种方式来实现。

① 使用鼠标。选定需要复制的文本，使其高亮显示。鼠标指向被选定的文本，按住左

键和 Ctrl 键，将文本拖曳到目标位置，放开鼠标左键。

② 利用剪贴板。选定需要复制的文本，使其高亮显示。然后单击常用工具栏上的"复制"按钮 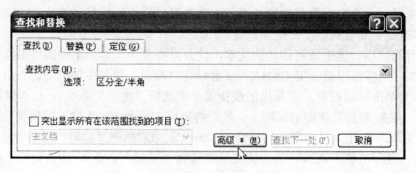（或者使用组合键 Ctrl+C；或者单击"编辑"菜单中的"复制"命令；或者在选定的文本上单击鼠标右键，在弹出的快捷菜单中选择"复制"命令），选取的文本被复制到系统的剪贴板上。最后将鼠标定位到要插入文本的位置，单击常用工具栏上的"粘贴"按钮 （或者使用组合键 Ctrl+V；或者单击"编辑"菜单中的"粘贴"命令；或者单击鼠标右键，在弹出的快捷菜单中选择"粘贴"命令），将剪贴板上的文本粘贴到当前插入点位置。

### 5. 删除文本

在文档编辑过程中，需要删除文本，应先选定要删除的文本，使其高亮显示。然后单击"编辑"菜单中的"清除／内容"命令（或者按 Delete 键），选中的文本被删除。

### 6. 撤销、恢复与重复

（1）撤销

如果在文本的编辑过程中出现了错误的操作，可以使用撤销功能，帮助用户弥补误操作，使文本恢复到原来的状态。单击常用工具栏上的"撤销"按钮 （或者单击"编辑"菜单中的"撤销"命令；或者使用组合键 Ctrl+Z）可以完成撤销操作。

（2）恢复

"如果要恢复被"撤销"的操作，可以单击常用工具栏上的"恢复"按钮 （或者单击"编辑"菜单中的"恢复"命令；或者使用组合键 Ctrl+Y）来完成恢复操作。

（3）重复

如果用户没有进行"撤销"的操作，可以通过单击"编辑"菜单中的"重复"命令，或者使用组合键 Ctrl+Y 来重复刚执行的操作。

### 7. 查找与替换

（1）查找

Word 提供了查找功能，可以使用户方便、快捷地查找所需的内容及所在位置，操作方法如下：

① 单击"编辑"菜单中的"查找"命令，或者使用组合键 Ctrl+F，弹出"查找和替换"对话框，如图 7-10 所示。

图 7-10　查找

② 选择"查找"选项卡，在"查找内容"文本框中输入或选择要查找的文本，单击"查找下一处"按钮查找要找的内容，查找的结果以高亮方式显示。

③ 对于一些特殊要求的查找，单击"高级"按钮，弹出如图 7-11 所示对话框。

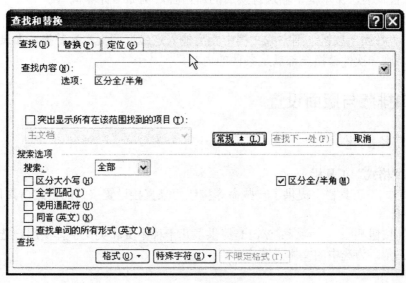

图 7-11 高级查找

④ 在"搜索范围"列表框中可以设定查找的范围，"全部"是指在整个文档中查找，"向下"是指从当前插入点位置向下查找，"向上"是指从当前位置向上查找。另外，有六个复选框来限制查找内容的形式，用户可以根据需要选择使用。

（2）替换

如果将文档中某些内容替换成其他的内容，并且在文档中将多次进行同样的替换操作，可以使用替换功能来实现。操作方法如下：

① 单击"编辑"菜单中的"替换"命令，或者使用组合键 Ctrl+H，打开如图 7-12 所示的对话框。

图 7-12 替换

② 在"查找内容"文本框中输入要查找的内容，例如"computer"。

③ 在"替换为"文本框中输入替换后的新内容，例如"计算机"。

④ 在"搜索"下拉列表框选择查找替换的范围。

⑤ 单击"替换"按钮，则完成文档中距离输入点最近的文本的替换。如果单击"全部替换"按钮，则一次性替换全部满足条件的内容。

## 7.3 文档排版与版面设置

### 7.3.1 字符格式化

**1. 使用"格式"工具栏**

Word"格式"工具栏上提供了一些命令按钮用来直接设置字符的格式，具体操作如下：

（1）字体

"字体"按钮 宋体 ：Word 提供了几十种中文和英文字体供用户选择使用，单击右侧的小三角，为选中的文本设置字体。

（2）字号

"字号"就是字的大小，在 Word 里，表示字号的方式有两种：一种是中文字号，字号越小，对应的字越大，例如一号字要比二号字大；另一种是阿拉伯数字，数字越大，对应的字越大。

"字号"按钮 五号 ：单击右侧的小三角，为选中的文本设置字号。

（3）字形

"字形"就是文字的形状，在"格式"工具栏中 Word 提供了几个设置字形的按钮，用户可以使用它们来选择字形。

① "加粗"按钮 **B**：选中的文本以粗体方式显示。

② "斜体"按钮 *I*：选中的文本以斜体方式显示。

③ "下画线"按钮 U：为选中的文本下面添加下画线。单击右侧的小三角，选择下画线的类型和粗细。

④ "字符边框"按钮 A：为选中的文本加上外边框。

⑤ "字符底纹"按钮 A：为选中的文本加上底纹。

⑥ "字符缩放"按钮 ：为选中的文本进行缩放。单击右侧的小三角，将会列出一系列百分数，这些百分数表示字符横向尺寸与纵向尺寸的比例。

⑦ "字体颜色"按钮 A：为选中的文本设置颜色。单击右侧的小三角，选择要设置字体的颜色。

⑧ "繁简转换"按钮 繁：为选中的文本进行繁体与简体之间转换。

注意：如果要使已经具有某种效果的文本恢复正常显示，应先选定这段文本，然后单击相应按钮恢复正常显示。例如：某段文本已经设置成斜体显示，选定这段文本，然后单击"斜体"按钮可以让这段文本恢复正常显示。

**2. 使用"格式"菜单**

除了使用格式工具栏中的按钮外，还可以使用"格式"菜单中的"字体"对话框对字符进行综合设置，其中既包括字体、字形、字号、颜色和效果，而且还可以设置字符间距并产生动态效果。具体操作步骤如下：

① 选择需要进行排版的文本。

② 单击"格式"中的"字体"命令，弹出字体对话框，如图 7-13 所示。

图 7-13　字体

③ 在"中文字体"或者"西文字体"下拉列表框中选择字体；在"字形"列表框中选择常规、倾斜或加粗等字形；在"字号"列表框中选择字的大小；在"字体颜色"列表框中选择显示颜色；在"下画线线型"列表框中选择下画线类型；在"效果"选项组中选择文字效果。

④ 选择"字符间距"选项卡，弹出如图 7-14 所示对话框。在"缩放"列表框：设置字符的缩放比例；在"间距"列表框：设置字符之间的距离，例如标准、加宽、紧缩等；在"位置"列表框：设置字符的位置，例如标准、提升、降低等。

图 7-14　字符间距

普通高等教育「十二五」规划教材

199

⑤ 选择"文字效果"选项卡，弹出如图 7-15 所示对话框。设置文字的动态效果，例如礼花绽放、七彩霓虹等。

图 7-15　文字效果

⑥ 设置完毕后，在"预览"窗口可以直接显示各种设置所产生的效果。

**3. 使用中文版式**

Word 提供了中文版式用来设置单个字符的特殊效果。选定文本，单击"格式菜"单中的"中文版式"命令，显示中文版式菜单，如图 7-16 所示。

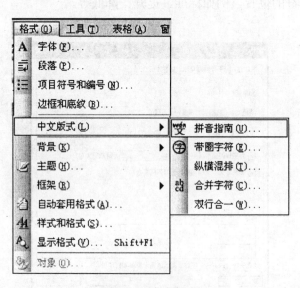

图 7-16　中文版式

① 拼音指南：给选定的文本标识中文拼音。

② 带圈字符：给选定的文本标识外圈。

③ 纵横混排：给选定的文本按纵向或横向排列。

④ 合并字符：将选定的文本合并成一个字符效果。

⑤ 双行合一：将选定的文本按照两行的方式合并成一行效果。

## 7.3.2　段落格式化

段落是指相邻两个回车符之间的文本内容。在进行段落排版时，不需要对每一个新段落重新进行排版。当设定一个段落排版后，用户开始新的一段时，新段落的排版格式自动和上一段保持一致。

**1. 段落对齐**

Word 提供了五种段落对齐方式：左对齐、右对齐、两端对齐、居中对齐和分散对齐。

设置段落的对齐方式可以通过如下两种方式进行。

（1）使用格式工具栏

① "两端对齐"按钮 ▉：将插入点所在段落的每行文字首尾对齐，对未满行的文字保持左对齐，如图 7-17 所示。Word 在默认情况下使用这种方式，适合于书籍的排版。

> 1990 年，微软公司推出了 Windows 3.0 操作系统，该操作系统提供了一个全新的图形用户界面，Microsoft Word 由此诞生。Word 较以前的字处理程序有了质的飞跃，它实现了灵活的图文混排、所见即所得等功能，这些功能只有在图形用户界面的操作系统上才能实现。随着计算机软硬件的发展，微软的 Word 历经了 Word 5.0、Word 6.0、Word 95、Word 97、Word 2000、Word XP 和 Word 2003 等版本。↵

图 7-17　两端对齐

② "居中对齐"按钮 ▤：将插入点所在的段落设为居中对齐。"居中"是指段落的每一行文字距页面的左、右边距相同。

③ "右对齐"按钮 ▤：将插入点所在的段落设为右对齐。

④ "分散对齐"按钮 ▤：使文字均匀的分布在页面上。段落的"分散对齐"和"两端对齐"很相似，其区别在于"两端对齐"方式中，对未满行的文字保持左对齐，而"分散对齐"方式中，对未满行的文字依然保持首尾对齐，而且平均分配字符间距，如图 7-18 所示。

> 1990 年，微软公司推出了 Windows 3.0 操作系统，该操作系统提供了一个全新的图形用户界面，Microsoft Word 由此诞生。Word 较以前的字处理程序有了质的飞跃，它实现了灵活的图文混排、所见即所得等功能，这些功能只有在图形用户界面的操作系统上才能实现。随着计算机软硬件的发展，微软的 Word 历经了 Word 5.0、Word 6.0、Word 95、Word 97、 W o r d   2 0 0 0、 W o r d   X P   和   W o r d   2 0 0 3   等 版 本 。↵

图 7-18　分散对齐

普通高等教育『十二五』规划教材

（2）使用对话框

单击"格式"菜单中的"段落"命令，弹出段落对话框，如图 7-19 所示。选择"缩进和间距"选项卡，在"对齐方式"的下拉列表框里有五种对齐方式可供选择。

图 7-19　对齐方式

### 2. 段落缩进

段落缩进用来设置和改变段落两侧与页边的距离。段落缩进有四种形式：首行缩进、悬挂缩进、左缩进和右缩进。可以使用以下几种方式进行段落缩进设置。

（1）使用标尺

标尺如图 7-20 所示。

图 7-20　标尺

① 首行缩进。首行缩进是指段落的第一行缩进显示，一般段落都采用首行缩进以标明段落的开始。将光标停留在段落中的任何位置，用鼠标拖动"首行缩进"游标到所需缩进量的位置。

② 悬挂缩进。悬挂缩进指的是段落的首行起始位置不变，其余各行一律缩进一定的距离，造成悬挂效果。将光标停留在段落中的任何位置，用鼠标拖动"悬挂缩进"游标到所需缩进量的位置。

③ 左缩进。左缩进是指整个段落向右缩进一段距离。将光标停留在段落任何位置，用鼠标向右拖动"左缩进"游标到所需缩进量位置。

④ 右缩进。右缩进是指整个段落向左缩进一段距离。将光标停留在段落任何位置，用鼠标向左拖动 "右缩进"游标到所需缩进量位置。

（2）使用对话框

段落缩进也可以使用对话框来设置，与鼠标拖动标尺上游标相比，使用对话框可使缩进量更加精确。单击"格式"菜单中的"段落"命令，选择"缩进和间距"选项卡，如图 7-21 所示。从中可以进行相应的"缩进"设置，可在"特殊格式"的下拉列表框里设置"首行缩进"和"悬挂缩进"。

**3. 段落间距和行间距**

段落间距是指相邻两个段落之间的距离，行间距是指段落中行与行之间的距离。可以使用以下两种方式调整段落间距和行间距。

① 使用"行距"按钮 ：单击右侧的小三角，弹出"行距"下拉菜单，设置相应倍数的行距，如图 7-22 所示。

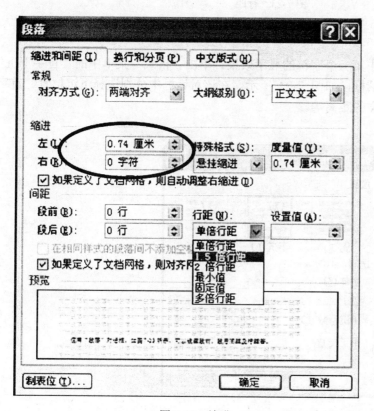

图 7-21　缩进

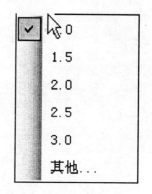

图 7-22　行距下拉菜单

② 使用段落对话框，如图 7-23 所示，可以设置段前、段后间距及行距等。

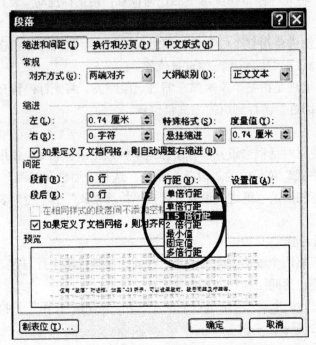

图 7-23  行距

## 4. 首字下沉

首字下沉用来设置段落中第一个字符的显示效果。单击"格式"菜单中的"首字下沉"命令，显示首字下沉设置对话框，如图 7-24 所示。在该对话框中分别选择下沉位置、首字字体、下沉行数及首字距正文的距离等。

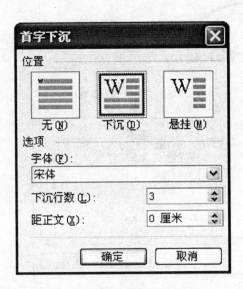

图 7-24  首字下沉

**5. 项目符号与编号**

（1）项目符号设置

项目符号和编号用来设置段落的显示符号和编号。单击"格式"菜单中的"项目符号和编号"命令，在显示的对话框中选择"项目符号"选项卡，如图 7-25 所示。用户可以直接选择 Word 提供的默认项目符号，也可以单击"自定义"按钮，在打开的自定义项目符号列表对话框中选择其他项目符号字符或图片，以及字符的字体、颜色等。

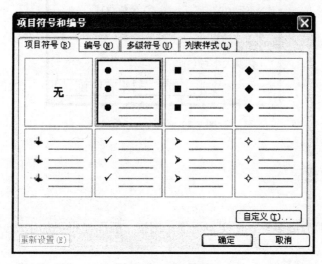

图 7-25　项目符号

（2）编号设置

单击"格式"菜单中的"项目符号和编号"命令，在显示的对话框中选择"编号"选项卡，如图 7-26 所示。用户可以直接选择 Word 提供的编号样式，也可以单击"自定义"按钮，在打开的编号列表对话框中设置新的编号样式及编号字体、颜色等。

图 7-26　编号

**6. 更改大小写**

用来更改段落中的西文字符的大写与小写、全角与半角。单击"格式"菜单中的"更改大小写"命令，在如图 7-27 所示的对话框中，选择相应选项。

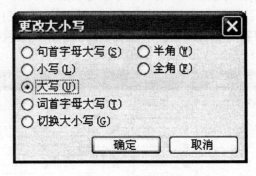

图 7-27　更改大小写

### 7.3.3　页面格式化

**1. 分栏**

分栏可以将版面分成多栏，使文本更便于阅读，版面显得更加生动。创建分栏的操作步骤如下：

① 单击"格式"菜单中的"分栏"命令，打开分栏对话框，如图 7-28 所示。

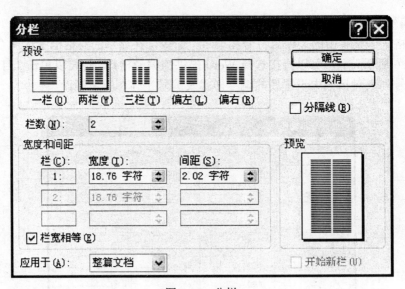

图 7-28　分栏

② 分别设置分栏的版式、栏数、宽度和间距等。如果要设置不等宽分栏，先取消"栏宽相对"复选框，再在"宽度和间距"微调框中逐栏输入栏宽和间距。

③ 单击"确定"按钮。

**2. 页面背景**

设置页面背景可以美化文档，增加文档的显示效果。Word 文档有两种背景效果：单一颜色背景和填充效果。

（1）单一颜色背景设置

单击"格式"菜单中的"背景／其他颜色"命令，打开颜色设置对话框，选择背景颜色，单击"确定"按钮。

（2）填充效果背景设置

① 颜色渐变填充背景设置：单击"格式"菜单中的"背景／填充效果"命令，打开填充效果对话框，选择"渐变"选项卡，如图 7-29 所示。分别选择填充颜色类型、透明度、底纹样式、变形等，单击"确定"按钮。

② 纹理填充背景设置：单击"格式"菜单中的"背景／填充效果"命令，打开填充效果对话框，选择"纹理"选项卡，选择纹理类型，单击"确定"按钮。

③ 图案填充背景设置：单击"格式"菜单中的"背景／填充效果"命令，打开填充效果对话框，选择"图案"选项卡，选择图案类型、前景颜色、背景颜色，单击"确定"按钮。

④ 图片填充背景设置：单击"格式"菜单中的"背景／填充效果"命令，打开填充效果对话框，选择"图片"选项卡，选择相应图片文件，单击"确定"按钮。

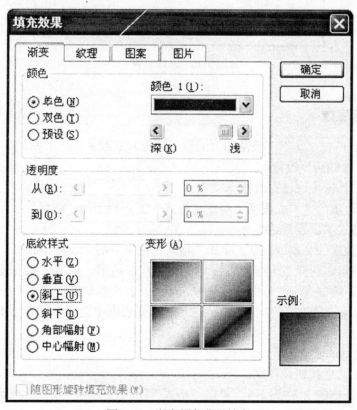

图 7-29　渐变颜色背景填充

**3. 水印**

水印是一种嵌在文本下面的文字或图形，常用来作为文档的背景。设置水印的步骤如下：

① 单击"格式"菜单中的"背景／水印"命令，打开水印设置对话框，如图7-30所示。

② 如果选择图片作水印，先选中"图片水印"选项，再单击"选择图片"按钮，在打开的对话框中选择做水印的图片。

③ 如果选择文字做水印，先选中"文字水印"选项，再输入作水印的文本、设置水印文本的字体、在选择水印尺寸、颜色和版式。

④ 单击"确定"按钮。

图7-30  水印设置

### 7.3.4  边框与底纹

在 Word 中，可以对文本、段落和页面设置边框和底纹。

**1. 文本与段落的边框设置**

（1）通过工具栏按钮设置边框

选择要设置边框的文本或段落，单击"格式"工具栏上的"边框"按钮 **A**。

（2）通过格式菜单设置边框

选择要设置边框的文本或段落，单击"格式"菜单中的"边框和底纹"命令，打开边框和底纹设置对话框，，选择"边框"选项卡，如图7-31所示。分别选择边框类型、边框线线型、边框线颜色、边框线宽、边框线位置等。如果设置文本边框，应在"应用于"列表框中选择"文字"，如果设置段落边框，应在"应用于"列表框中选择"段落"。最后单击"确定"按钮。

**2. 文本与段落的底纹设置**

（1）通过工具栏按钮设置底纹

选择要设置边框的文本或段落，单击"格式"工具栏上的"底纹"按钮 **A**。

（2）通过格式菜单设置底纹

选择要设置边框的文本或段落，单击"格式"菜单中的"边框和底纹"命令，打开边框和底纹设置对话框，选择"底纹"选项卡，如图7-32所示。分别设置底纹填充颜色、底纹图案样式与颜色。如果设置文本底纹，应在"应用于"列表框中选择"文字"，如果设置段落边框，应在"应用于"列表框中选择"段落"。最后单击"确定"按钮。

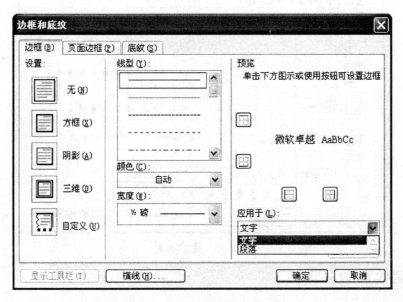

图 7-31　边框设置

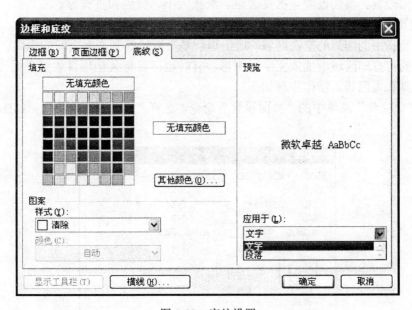

图 7-32　底纹设置

### 3. 页面边框设置

单击"格式"菜单中的"边框和底纹"命令，打开边框和底纹设置对话框，选择"页面边框"选项卡，如图 7-33 所示。分别选择边框类型、边框线线型、边框线颜色、宽度、边框线艺术类型、边框线位置等。并在"应用于"列表框中选择边框线的应用范围。最后单击"确定"按钮。

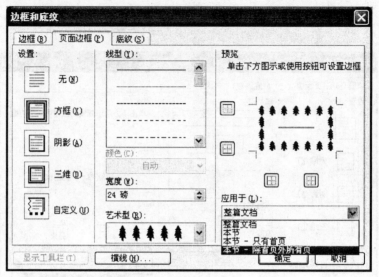

图 7-33　底纹设置

## 7.3.5　页面设置

字符和段落文本只会影响到某个页面的局部外观，影响文档整体外观的另一个重要因素是文档的页面设置。页面设置包括页边距、纸张大小、页眉和页脚等。

**1. 设置页边距**

页边距是指页面四周的空白区域，通俗理解是页面边线到文字之间的距离。通常，可在页边距内部的可打印区域中插入文字和图形，有时也可以将某些项目放置在页边距区域中，如页眉、页脚和页码等。操作步骤如下：

① 单击"文件"菜单中的"页面设置"命令，选择"页边距"选项卡，如图 7-34 所示。

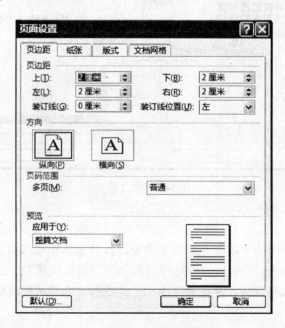

图 7-34　页边距设置

② 在页边距选项组中分别设置上、下、左、右、装订线的页边距。

③ 选择纸张方向（横向或纵向）、页码范围及应用范围等。

④ 单击"确定"按钮。

**2. 设置纸张大小**

设置纸张大小的操作步骤如下：

① 选择"文件"菜单中的"页面设置"命令，选择"纸张"选项卡，如图 7-35 所示。

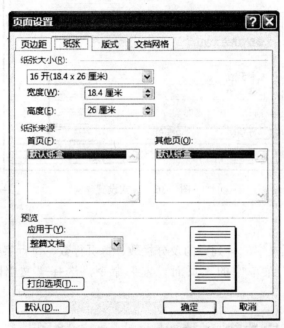

图 7-35　纸张设置

② 在纸张大小列表框中选择纸张大小，也可根据需要，自定义纸张大小。

③ 选择纸张来源及应用范围。

④ 单击"打印选项"按钮，在显示的对话框中设置打印相关选项，单击"确定"按钮返回。

⑤ 单击"确定"按钮。

**3. 设置版式**

页面版式主要包括节、页眉和页脚、页面对齐方式、行号及边框等。具体设置步骤如下：

① 单击"文件"菜单中的"页面设置"命令，选择"版式"选项卡，如图 7-36 所示。

② 在选择"节"的起始位置。

③ 在页眉和页脚选项组中选择页眉和页脚的显示方式、页眉和页脚距边界的距离。

④ 选择页面的垂直对齐方式及页面设置应用范围。

⑤ 单击"行号"按钮，在显示的对话框中添加行号及编号方式，单击"确定"按钮返回。

⑥ 单击"边框"按钮，在显示的对话框中设置边框，单击"确定"按钮返回。

⑦ 单击"确定"按钮。

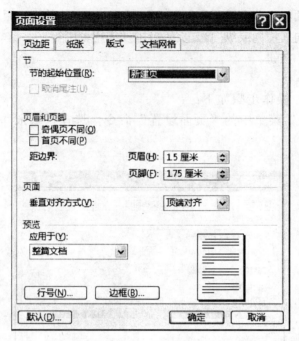

图 7-36　版式设置

### 4. 设置文档网格

文档网格主要包括文字的排列方向及分栏数、每页行数、每行字数等。操作步骤如下：

① 单击"文件"菜单中的"页面设置"命令，选择"文档网格"选项卡，如图 7-37 所示。

图 7-37　文档网格设置

② 在"文字排列"选项组中选择文字排列方向（水平或垂直）及分栏数。

③ 在"网格"选项组中，选择网格类型，确定每行的字符数及字符跨度、每页的行数及行跨度。

④ 选择文档网格的应用范围。

⑤ 单击"绘图网格"按钮，在显示的绘图网格对话框中选择绘图网格对齐方式、水平与垂直间距、水平与垂直起点、是否在屏幕上显示网格线（包括垂直间接、水平间接）等，单击"确定"按钮返回。

⑥ 单击"字体设置"按钮，在显示的字体对话框中设置字体、字符间距、文字效果等，单击"确定"按钮返回。

⑦ 单击"确定"按钮。

## 7.3.6　页眉与页脚

### 1. 创建页眉和页脚

页眉和页脚分别位于文档中每个页面边距的顶部和底部区域。可以在页眉和页脚中插入文本或图形，如页码、日期、徽标、文档标题、文件名或作者名等，这些信息通常出现在文档中每页的顶部或底部。

设置页眉和页脚的具体操作如下：

① 单击"视图"菜单中的"页眉和页脚"命令，弹出页眉和页脚工具栏，如图 7-38 所示。

② 分别编辑页眉和页脚，可以单击工具栏上的"在页眉和页脚间切换"按钮，切换页眉和页脚编辑。

③ 单击不同的按钮进行页眉和页脚设置，最后单击"关闭"按钮。

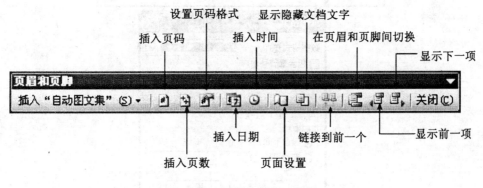

图 7-38　页眉和页脚工具栏

### 2. 修改页眉和页脚的内容

操作步骤如下：

① 单击"视图"菜单中的"页眉和页脚"命令，或者双击页眉或页脚，打开"页眉和页脚"工具栏。

② 选择需要修改的页眉或页脚，直接修改内容。

### 3. 删除页眉和页脚

当删除一个页眉或页脚时，Word 会自动删除整个文档中相同的页眉或页脚。

操作步骤如下：

① 选定要删除的页眉或页脚。

② 按下删除键 Delete。

## 7.3.7 设置页码

只有在页面视图模式下才能显示页码，如果设置了当前页的页码，则 Word 自动将所有的页面加上页码。插入页码的具体步骤如下：

① 单击"插入"菜单中的"页码"命令，弹出页码对话框，如图 7-39 所示。

② 选择插入页码的位置，例如页面底端、页面顶端等。

③ 选择对齐方式，例如外侧、左侧、居中等。

④ 选择是否首页显示页码等。

⑤ 单击"格式"按钮，在显示的页码格式对话框中选择数字格式、是否包含章节号、页码编排方式等。单击"确定"按钮返回。

⑥ 单击"确定"按钮。

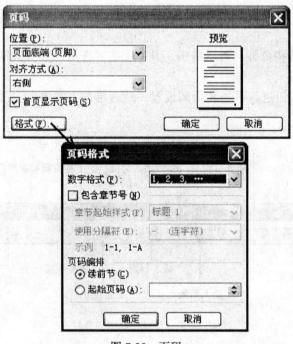

图 7-39　页码

## 7.3.8 编制文档目录

### 1. 建立纲目结构

在编辑文档时，Word 中为用户提供了能识别文章中各级标题样式的大纲视图，以方便作者对文章的纲目结构进行有效的调整，如图 7-40 所示。

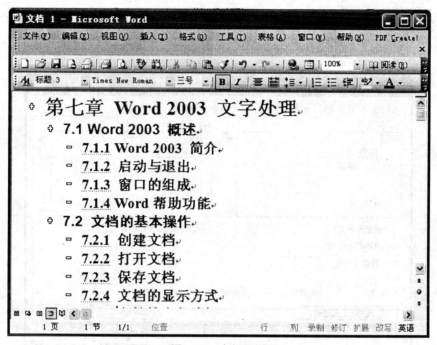

图 7-40　大纲视图

单击"视图"菜单中的"大纲"命令，文档显示为大纲视图。在大纲视图中调整纲目结构，主要是通过如图 7-41 所示的大纲工具栏中的功能按钮来实现。

图 7-41　大纲工具栏

### 2. 生成文档目录

编制目录最简单的方法是使用内置的标题样式。如果已经使用了内置标题样式，可以按下列步骤操作生成目录。

① 单击要插入目录的位置。

② 单击"插入"菜单中的"引用 / 索引和目录"命令，打开索引和目录对话框，如图 7-42 所示。

③ 选择"目录"选项卡，选定"显示页码"和"页码右对齐"两个复选框。

④ 选择目录显示级别，或者单击"选项"按钮，在显示的对话框中选择目录样式与显示级别，单击"确定"按钮返回；单击"修改"按钮，在显示的对话框中选择目录样式及字体，单击"确定"按钮返回。

⑤ 单击"确定"按钮，在光标所在位置插入生成的文档目录。

如果修改了文档正文的内容，需要更新目录，直接用右键单击目录，在弹出的快捷菜单中单击"更新域"命令，打开更新目录对话框，如图 7-43 所示。选中"更新整个目录"选项，单击"确定"按钮，更新目录。

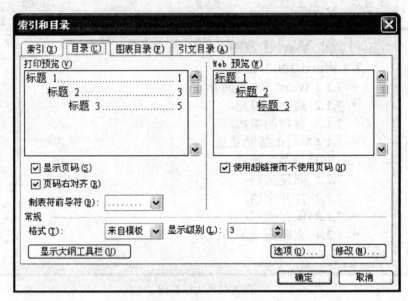

图 7-42　索引与目录

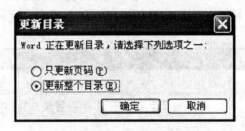

图 7-43　更新目录

### 7.3.9　样式与格式

样式是字体、字号和缩进等格式特性的组合。样式根据应用的对象不同，可以分为字符样式和段落样式两种。字符样式是只包含字符格式的样式，用来控制字符的外观；段落样式是同时包含字符、段落、边框与底纹、制表位、语言、图文框、项目列表符号和编号等格式的样式，用于控制段落的外观。另外，样式根据来源不同，分为内置样式和自定义样式。

**1. 应用样式**

用户在新建的文档中所输入的文本具有 Word 系统默认的"正文"样式，该样式定义了正文的字体、字号、行间距、文本对齐等。Word 系统默认内置样式中除了"正文"样式，还提供了其他内置样式，例如：标题 1、标题 2、默认段落字体等。单击"格式"工具栏的最左侧的"样式"下拉列表框 正文 + 居中 ，可以看到内置样式。

在文档中应用样式的方法如下：

① 选定要设置样式的段落或文本。

② 单击"格式"工具栏最左侧的"样式"下拉列表框 正文 + 居中 ，在下拉列表框中单击一种样式，即可完成对段落或文本的样式设置。

**2. 创建新样式**

在编制文档过程中，经常需要使文本或段落保持一致的格式，如章节标题、字体、字号、对齐方式、段落缩进等。如果将这些格式预先设定为样式，再进行命名，并在编辑过程中应用到所需的文本或段落中，可使多次重复的格式化操作变得简单快捷，并可保持整篇文档的格式协调一致，美化文档外观。

创建样式的一般操作步骤如下：

① 单击"格式"菜单中的"样式和格式"命令，显示样式和格式任务窗格，如图 7-44 所示。

② 单击"新样式"按钮，打开新建样式对话框，如图 7-45 所示。

③ 在"名称"文本框内键入新建样式的名称；在"样式类型"下拉列表框中选择样式类型（段落或字符）；在"基于样式"下拉列表框中选择一种样式作为基准。

④ 如果要创建"段落"样式，应在"后续段落样式"下拉列表框为所创建的样式指定后续段落样式。后续段落样式是下一个段落的默认段落样式。

⑤ 在"格式"设置区，分别设置字体、字号、字形、对齐方式、行间距、段落间距、缩进等。或者单击"格式"按钮，在显示的菜单中依次单击"字体"、"段落"等命令，分别设置文本格式和段落格式。

⑥ 单击"确定"按钮，返回到新建样式对话框中。

⑦ 单击"确定"按钮，返回到文档中。

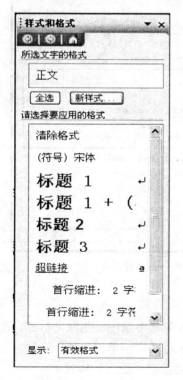

图 7-44　样式和格式

图 7-45　新建样式

普通高等教育『十二五』规划教材

### 3. 显示样式和管理样式

（1）显示样式

用户可以用以下方法显示文档中已应用的样式：

① 单击"格式"菜单中的"显示格式"命令，打开显示格式任务窗格。窗格中显示了当前文档选定内容中已应用的各种样式。

② 将插入点移至段落中的任意处，单击"格式"工具栏上的"样式"下拉列表框，显示出当前段落的样式。

（2）修改样式

如果对一个已经作用于文档的样式进行修改，则文档中所有应用该样式的字符或段落也将随之改变格式。修改样式的操作步骤如下：

① 选中含有该样式的字符或段落，单击"格式"菜单中的"样式和格式"命令，这时样式和格式任务窗格中突出显示当前使用的样式。

② 在该样式右侧的下拉列表框中单击"修改样式"命令，如图 7-46 所示。打开修改样式对话框，如图 7-47 所示。在对话框中对样式进行修改。修改完毕，单击"确定"按钮退出。

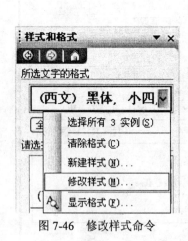

图 7-46　修改样式命令

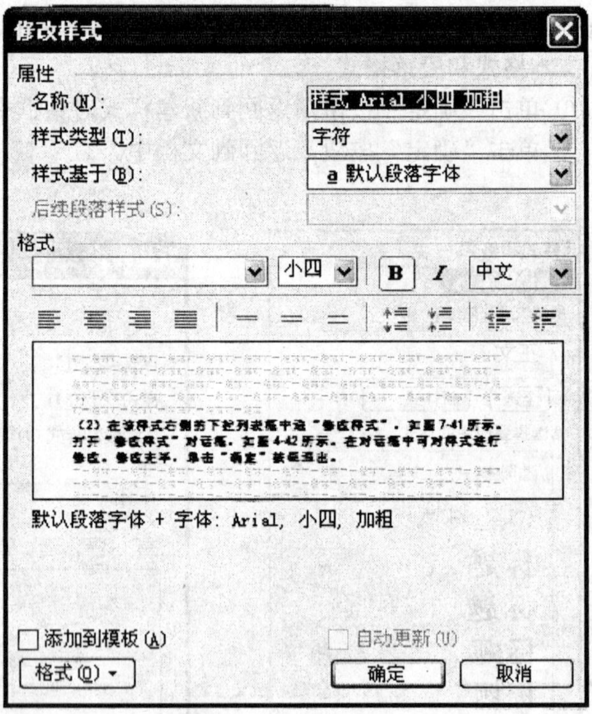

图 7-47　修改样式

（3）删除样式

用户可以根据需要删除自定义样式。在样式和格式任务窗格中选中要删除的样式，在其右侧的下拉列表框中单击"删除"命令，在弹出的删除提示对话框中单击"是"按钮。当前样式被删除后，文档中所有使用此样式的段落或文本将自动使用"正文"样式。

## 7.4　表格的制作

### 7.4.1　创建表格

在使用表格之前应先创建表格。在 Word 中，可以通过多种方式创建一个新的表格。

**1. 使用"插入表格"按钮创建表格**

① 将光标定位在需要插入表格的位置。

② 单击常用工具栏上的"插入表格"按钮 ▦ 。

③ 按住鼠标左键拖动，选择满足需要的行数和列数，然后放开鼠标，在插入点显示新创建的表格。例如图 7-48 所示的是创建 3×4 表格，即 3 行 4 列的表格。

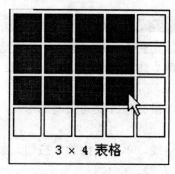

图 7-48　创建表格

**2. 使用菜单创建表格**

① 将光标定位在需要插入表格的位置。

② 单击"表格"菜单中的"插入 / 表格"命令，弹出插入表格对话框，如图 7-49 所示。

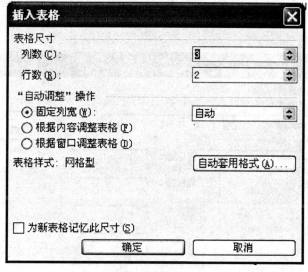

图 7-49　插入表格

普通高等教育『十二五』规划教材

③ 在表格尺寸选项组中分别输入表格的列数和行数。在自动调整选项组设置表格每列的宽度。也可以单击"自动套用格式"按钮，在显示的对话框中选择 Word 提供的表格样式，然后单击"确定"按钮返回。

④ 单击"确定"按钮。

### 3. 手动绘制表格

对于一些比较复杂的表格，例如有对角线或斜线的表格，使用手动绘制更加方便灵活。具体操作步骤如下：

① 将光标定位在需要插入表格的位置。

② 单击常用工具栏上的 "表格和边框"按钮 ，弹出"表格和边框"工具栏，如图7-50所示。

图 7-50 "表格和边框"工具栏

③ 单击"绘制表格"按钮，鼠标指针变为铅笔的形状，按住鼠标左键，拖动鼠标绘制表格。

④ 如果要擦除不需要的表格线，单击"擦除"按钮，鼠标指针变成橡皮的形状，移动鼠标到要擦除的表格线上，单击左键。

⑤ 绘制完表格后，将光标定位到某一个单元格，就可以进行表格编辑操作。

### 4. 绘制斜线表头

Word 提供了为表头（表格的第一行第一列）绘制斜线表头的功能。具体操作步骤如下：

① 选定要绘制斜线头的表格。

② 单击"表格"菜单中的"绘制斜线表头"命令，弹出插入斜线表头对话框，如图7-51所示。

③ 选择表头的样式和字体大小，输入表格标题，单击"确定"按钮。

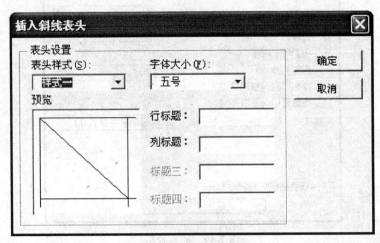

图 7-51 插入斜线表头

### 7.4.2　编辑表格

**1. 添加行（或列）**

用户在使用表格的过程中，可以添加行或列，具体操作步骤主要有下列三种。

① 先选定与插入位置相邻的行（或列），选定的行数（或列数）要与添加的行数（或列数）相同。再单击"表格"菜单中的"插入"命令，如果要插入行，则在弹出的子菜单中单击"行（在上方）"或"行（在下方）"命令；如果要插入列在弹出的子菜单中单击"列（在左侧）"或"列（在右侧）"命令，如图 7-52 所示。

② 先选定与插入位置相邻的行（或列），选定的行数（或列数）要与添加的行数（或列数）相同。鼠标右击选定的行（或列），在弹出如图 7-53 所示的快捷菜单中单击"插入行"命令（或"插入列"命令），在选定的行的上部（或列的左边）插入若干行（或列）。

③ 若要在表格末插入一行，可将鼠标定位到最后一行的最后一个单元格，然后按 Tab 键，或者将鼠标定位到最后一行末尾，然后按 Enter 键。

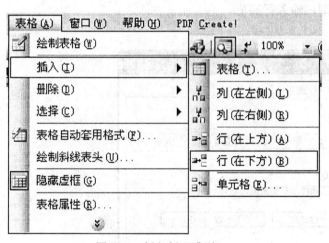

图 7-52　插入行（或列）

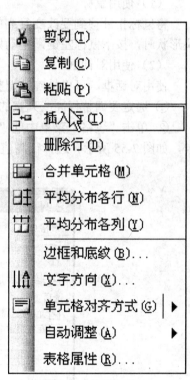

图 7-53　快捷菜单

**2 删除行（或列）**

删除行（或列）与添加行（或列）的方法类似，先选中要删除的行（或列），然后单击"表格"菜单中的"删除"命令，在弹出的子菜单中选择"行"命令（或"列"命令），如图 7-54 所示。

**3. 行（或列）重调**

表格的行（或列）重调是指重新调整单元格的行高和列宽。下面介绍主要几种表格重调的操作方法。

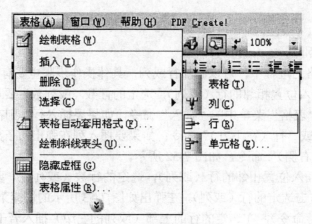

图 7-54　删除行（或列）

（1）使用鼠标

将鼠标指针移到要改变行高的表格横线上（或列宽的表格竖线），当鼠标指针变为双箭头形状时，按下鼠标左键，拖动鼠标就可改变行高（或列宽）。

（2）使用对话框

使用对话框，可更精确地调整列宽，具体操作方法如下：

① 选定要调整行高或列宽的单元格。

② 单击"表格"菜单中的"表格属性"命令，打开表格属性对话框，选择"行"选项卡，如图 7-55 所示。选择行高值类型，输入行高值。

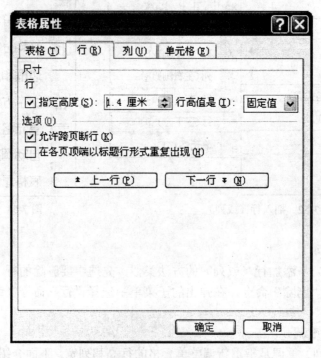

图 7-55　表格属性

③ 选择"列"选项卡，选择列宽值类型，输入列宽值。

④ 完成后单击"确定"按钮。

### 4. 合并和拆分单元格

（1）合并单元格

合并单元格是将相邻的几个单元格合并成一个单元格。具体操作步骤如下：

① 选定需要合并的单元格。

② 单击"表格"菜单中的"合并单元格"命令，或单击鼠标右键，在弹出的快捷菜单选择"合并单元格"命令，执行合并单元格操作。

（2）拆分单元格

拆分单元格是将一个单元格拆分成相邻的几个单元格，具体操作如下：

① 选定需要拆分的单元格。

② 单击"表格"菜单中的"拆分单元格"命令，或单击鼠标右键，在弹出的快捷菜单选择"拆分单元格"命令，弹出拆分单元格对话框，如图 7-56 所示。

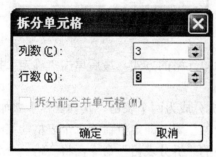

图 7-56  拆分单元格

③ 在"列数"和"行数"列表框中输入或选择拆分后的行数和列数。

④ 单击"确定"按钮。

### 5. 插入和删除单元格

（1）插入单元格

① 选定若干个单元格，插入的单元格数与选定的单元格数相同。

② 单击"表格"菜单中的"插入 / 单元格"命令，打开插入单元格对话框，如图 7-57 所示。

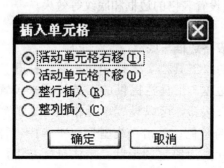

图 7-57  插入单元格

③ 在对话框中选择插入单元格的方式，最后单击"确定"按钮。

（2）删除单元格

删除单元格与插入单元格的方法相似，具体操作步骤如下：

① 选定要删除的单元格。

② 单击表格菜单中的"删除／单元格"命令，打开删除单元格对话框，如图 7-58 所示。

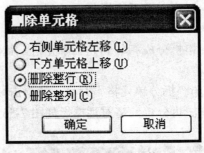

图 7-58　删除单元格

③ 在对话框中选择删除单元格的方式，最后单击"确定"按钮。

**6. 拆分表格**

拆分表格是将一个表格拆分成为两个表格，具体操作步骤如下：

① 将光标定位到要拆分的位置，即定位在第二个表格的第一行处。

② 单击"表格"菜单中的"拆分表格"命令，将表格一分为二。

### 7.4.3　表格内容的输入

表格创建好以后，可以直接在表格中输入文本（或字符）。表格中的文本（或字符）输入与普通文本（或字符）输入相同。鼠标单击需要输入文本（或字符）的单元格，然后直接输入文本（或字符），也可以通过"插入"菜单，插入特殊字符。

表格中文本（或字符）的格式设置与普通文本（或字符）的格式设置相同，先选定表格中的文本（或字符），然后按照普通文本（或字符）的格式设置方法进行。

### 7.4.4　格式化表格

表格的格式化主要包括设置表格的边框和底纹等效果。

**1. 边框与底纹设置**

（1）使用工具栏设置表格边框与底纹

单击"视图"菜单中的"工具栏／表格和边框"，打开"表格与边框"工具栏。用户可以直接使用"表格与边框"工具栏提供的工具按钮来设置表格的边框与底纹。选定单元格，单击"边框颜色"按钮，可以设置单元格边框线的颜色；单击"底纹颜色"按钮，可以设置单元格底纹的颜色；单击"线型"按钮选择一种线型或单击"粗细"按钮选择一种线宽后，鼠标指针变为铅笔的形状，按住鼠标左键，拖动鼠标重新绘制单元格边框。

（2）使用菜单设置表格边框与底纹

选定单元格或整个表格。右击鼠标，在弹出的快捷菜单中单击"边框和底纹"命令，或者单击"格式"菜单中的"边框和底纹"命令，打开边框和底纹对话框，对表格中的单元格或整个表格进行"边框和底纹"的设置。

（3）使用表格自动套用格式。

选定表格，单击"表格"菜单中的"表格自动套用格式"命令，打开表格自动套用格式对话框，如图7-59所示。选择已有的一种表格格式，然后单击"应用"按钮。

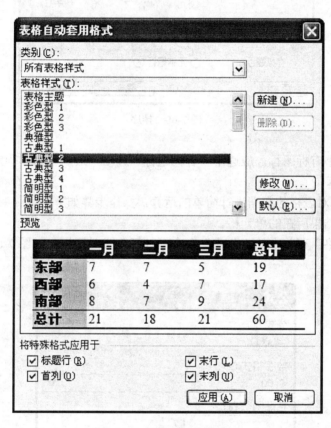

图7-59　表格自动套用格式

## 7.4.5　表格中的数据管理

### 1. 表格的排序

在Word中，可以按照递增或递减的顺序对单元格中的内容进行排序，操作步骤如下：

① 选定要排序的表格。

② 单击"表格"菜单中的"排序"命令，打开排序对话框，如图7-60所示。

③ 在"主要关键字"下拉列表框中选择排序主要关键字，并选定主要关键字的排序方式。在排序过程中，为了确定两个相同数值的排序顺序，除了要确定主要关键字外，还需要选择次要关键字及排序方式。

普通高等教育『十二五』规划教材

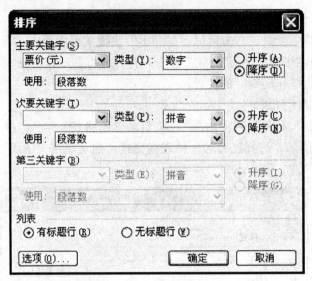

图 7-60　排序

④ 如果表格中有标题行，应选中"有标题行"选项，最后单击"确定"按钮。

### 2. 表格的计算

在表格中可以对表格的数据进行简单的运算，操作步骤如下：

① 选定运算结果所在的单元格。

② 单击"表格"菜单中的"公式"命令，打开公式对话框，如图 7-61 所示。

图 7-61　公式

③ 在"公式"输入框中输入参与运算的公式，或者单击"粘贴函数"下拉列表框，选择要参与运算的公式。

④ 单击"数字格式"下拉列表框，选择运算结果的数字格式。

⑤ 单击"确定"按钮。

## 7.5  图文处理

### 7.5.1  插入图片

#### 1. 插入图片

图片的来源主要分为两种：一种来自 Word 的"剪辑库"，Word 中的"剪辑库"中包含了大量专业人员制作的剪贴画，在安装 Office 时作为一个选项与 Word 软件一起安装。另外一种来自用户图片文件，其包含内容更为广泛，存储在计算机内的各种图片资源均可以使用。

（1）插入剪贴画

① 将光标定位于要插入图片的位置。

② 单击"插入"菜单中的"图片 / 剪贴画"命令，或者单击屏幕下面绘图工具栏上的"插入剪贴画"按钮  ，在屏幕右侧出现剪贴画任务窗格，如图 7-62 所示。

③ 在"搜索文字"文本框中输入搜索关键字。

④ 在"搜索范围"下拉列表框中选择"Office 搜藏集"，如图 7-63 所示。

⑤ 在"结果类型"下拉列表框中选择文件类型（在选中类型的前面方框中打"√"标志），如图 7-64 所示。

⑥ 单击"搜索"按钮，显示搜索结果，单击要插入的剪贴画即可将其插入到文档中。

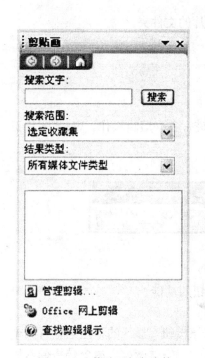

图 7-62　剪贴画任务窗格

图 7-63　收藏集

图 7-64　结果类型

（2）插入用户图片文件

① 将光标定位于要插入图片的位置。

② 单击"插入"菜单中的"图片/来自文件"命令，弹出插入图片对话框，如图 7-65 所示。

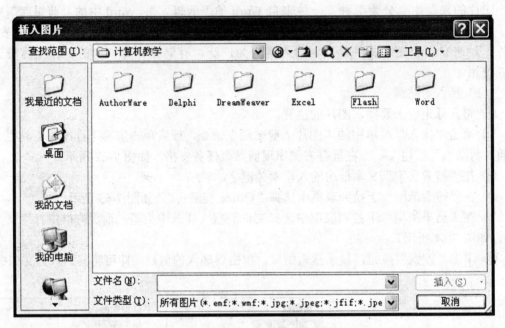

图 7-65　插入图片

③ 在"查找范围"下拉列表框里选择包含用户所需图片的文件夹。

④ 在"查找范围"下面的浏览区域中选择所需的图片。

⑤ 单击"插入"按钮，完成图片的插入操作。

**2. 编辑图片**

（1）图片工具栏

Word 提供了多种图片编辑工具，对插入文档中的图片进行各种编辑操作。Word 图片工具栏如图 7-66 所示。

图 7-66　图片工具栏

"图片"工具栏上共有 14 个按钮，下面分别介绍各按钮的功能。

① "插入图片"按钮 ：用于插入来自文件的图片。

② "图像控制"按钮 ：用于控制图像的色彩。单击该按钮，显示的下拉菜单有四个命令选项。其中，"自动"命令是指将插入后的图片前后颜色一致；"灰度"命令是将插入后的图片各种颜色按照灰度等级变成相应的黑白图片；"黑白"是指将插入后的图片用黑白两

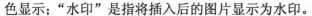

色显示；"水印"是指将插入后的图片显示为水印。

③"增加对比度"按钮 ：用于增加图片色彩的对比度。

④"降低对比度"按钮 ：用于降低图片色彩的对比度。

⑤"增加亮度"按钮 ：用于增加图片色彩的亮度。

⑥"降低亮度"按钮 ：用于降低图片色彩的亮度。

⑦"裁剪"按钮 ：用于裁剪图片。单击"裁剪"按钮，光标就会变成两个十字交叉形状 ，将光标置于图片八个控点中的任意一个上，按住鼠标左键并拖动，出现一个虚线框，松开鼠标左键，图片只剩下虚线框内的部分。

⑧"向左旋转90°"按钮 ：将图片向左旋转90°。

⑨"线型"按钮 ：用于设置图片边框的线型。

⑩"压缩图片"按钮 ：用于选中的图片或文档所有图片的压缩。

⑪"文字环绕"按钮 ：用于设置文字与图片的环绕形式。

⑫"设置图片格式"按钮 ：用于设置图片的格式。单击该按钮打开设置图片格式对话框，如图 7-67 所示。该对话框有六个选项卡，通过该对话框的各个选项卡可以设置图片的格式。另外，直接用鼠标双击插入的图片也可以打开设置图片格式对话框。

图 7-67 设置图片格式

⑬"设置透明色"按钮 ：将图片的背景色设为透明色，前提是原始图片必须全部着色，不能有无色的区域和点。

⑭"重设图片"按钮 ：将图片的颜色、尺寸等格式恢复到原始图片形状。

（2）删除图片

删除图片的操作非常简单，只需先选定图片，然后按下 Delete 键即可。

### 7.5.2 插入艺术字

艺术字就是具有艺术效果的文字,可以有各种颜色和形状,可以带阴影、倾斜、旋转和延伸。Word 中的艺术字以图形形式存在,在文档中插入艺术字的操作方法如下:

① 单击"插入"菜单中的"图片 / 艺术字"命令,或者单击绘图工具栏上的"插入艺术字"按钮 ,弹出艺术字库对话框,如图 7-68 所示。

图 7-68　艺术字库

② 选择一种艺术字样式,单击"确定"按钮,弹出编辑艺术字库文字对话框,如图 7-69 所示。

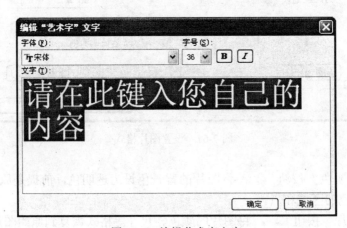

图 7-69　编辑艺术字文字

③ 在对话框内填写文字内容,设置字体、字号、是否加粗或倾斜,最后单击"确定"

按钮。

## 7.5.3　绘制图形

Word 提供了一套强大的图形绘制的工具，帮助用户在文档中绘制所需的图形。

### 1. 绘制图形

（1）绘图工具栏

一般情况下，绘图工具栏会出现在屏幕的下方，用户可以通过单击"视图"菜单中的"工具栏/绘图"命令来显示绘图工具栏。绘图工具栏主要按钮的功能如图 7-70 所示。

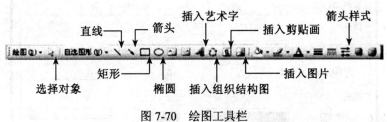

图 7-70　绘图工具栏

（2）绘制简单图形

如果绘制的是直线、箭头、矩形或椭圆，只需按下绘图工具栏上相应工具按钮，就可以在文本编辑区进行绘制。正方形和圆形分别是矩形和椭圆的特例，绘制时先单击"矩形"或"椭圆"按钮，再按住 Shift 键和鼠标左键，拖动鼠标进行绘制。

（3）自选图形

Word 提供了自选图形，利用自选图形可以绘制多种图形。单击绘图工具栏上的"自选图形"按钮，就可打开如图 7-71 所示的菜单。利用该菜单可绘制各种线条、连接符、基本形状、箭头、流程图、星与旗帜以及标注等。

图 7-71　自选图形菜单

### 2. 编辑图形

（1）选定图形

如果同时选定多个图形，可先按住 Shift 键，然后依次单击每个图形。如果选择的多个图形位置比较集中，可以单击"绘图"工具栏上的"选择对象"按钮，然后在文本区按下鼠标左键并拖动鼠标，屏幕上出现一个虚线框，将要选择的图形全部包含在虚线框内，松开鼠标左键，则虚线框内的每个图形都被选中。

（2）编辑图形格式

鼠标双击图形，打开如图 7-72 所示的设置自选图形格式对话框，在对话框中选择相应的选项卡，分别设置图形的颜色与线条、大小、版式等。

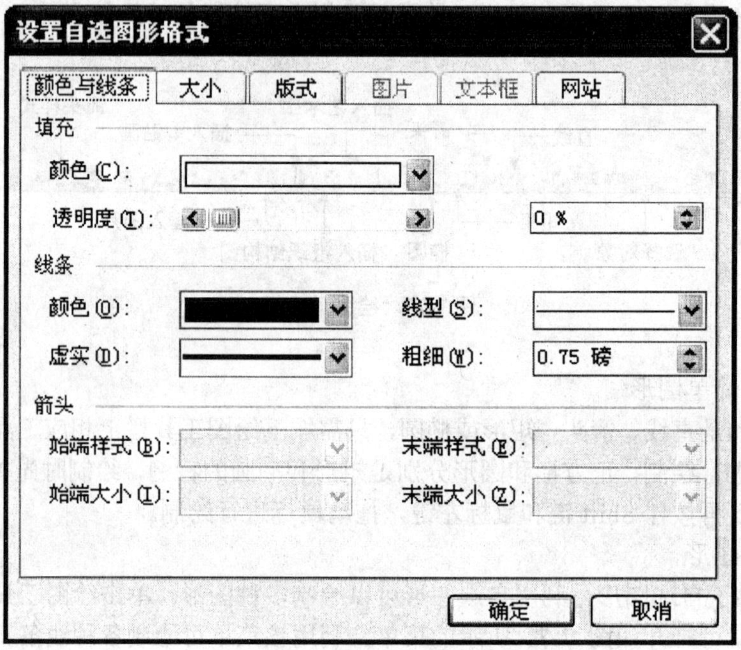

图 7-72　设置自选图形格式

（3）图形叠放次序

当用户绘制的多个图形位置相同时，它们会重叠起来，用户可以自行调节各图形的叠放次序。操作方法为：先选定需要调整叠放次序的图形，然后单击"绘图"工具栏上的"绘图"按钮，在显示的快捷菜单中单击"叠放次序"命令，该命令包括 6 种叠放次序，选择其中一种，则选定的图形按此叠放次序排列。

（4）旋转图形

用户可以任意改变图形的方向，将图形进行旋转。操作方法为：先选定一个图形，单击"绘图"工具栏上的"绘图"按钮，在显示的快捷菜单中单击"旋转或翻转"命令，该命令其中包括三种旋转方式和两种翻转方式，用户根据需要选择其中一种进行旋转或翻转。

（5）在封闭图形中输入文本或字符

鼠标右击选定的图形，在显示的快捷菜单中单击"添加文字"命令，然后按照添加普通文本或字符的方法在图形中添加文本或字符。

（6）删除图形

先选定要删除的图形，然后按 Delete 键。

### 7.5.4 使用文本框

文本框是一种特殊的可移动、可调大小的文字或图形容器。使用文本框，可以在一页上放置数个文字块。

**1. 插入文本框**

（1）使用插入菜单

① 单击"插入"菜单中的"文本框／横排"命令，或者单击"插入"菜单中的"文本框／竖排"命令，鼠标光标变为十字形。"横排"表示文本框中文字水平排列；"竖排"表示文本框中文字垂直排列。

② 将十字形光标移到文档中要插入文本框的位置，按住鼠标左键并拖动鼠标，在指定位置插入文本框。

③ 在文本框中添加文字或插入图形。

（2）使用绘图按钮

单击屏幕下方绘图工具栏上的"文本框"按钮 ，或者"竖排文本框"按钮 ，当鼠标光标变为十字形后，将十字形光标移到文档中要插入文本框的位置，按住鼠标左键并拖动鼠标，在指定位置插入文本框。

如果屏幕下方没有出现绘图工具栏，应单击"视图"菜单中的"工具栏／绘图"命令来显示绘图工具栏。

**2. 编辑文本框**

（1）使用图片工具栏

操作文本框时，可以通过"图片"工具栏上的"线型"、"文字环绕"和"设置文本框格式"三个按钮来设置文本框边框的线型、文字环绕的效果以及文本框的颜色、大小、版式等相关内容。

（2）使用绘图工具栏

① "文本框"按钮 ：插入横排文本框。

② "竖排文本框"按钮 ：插入竖排文本框。

③ "填充颜色"按钮 ：设置文本框的背景色。

④ "线条颜色"按钮 ：设置文本框边框的颜色。

⑤ "字体颜色"按钮 ：设置文本框中文字的颜色。

⑥ "线型"按钮 ：设置文本框边框的线型。

⑦ "虚线线型"按钮 ：调整文本框边框的虚实。

⑧ "阴影样式"按钮 ：给文本框设置阴影。

⑨ "三维效果样式"按钮 ：设置文本框的三维效果。

（3）使用设置文本框对话框

鼠标双击选定的文本框，或者鼠标右击选定的文本框，在弹出的快捷菜单中单击"设置文本框格式"按钮，打开设置文本框对话框，如图 7-73 所示。在该文本框中选择相应选项卡，分别设置文本框的颜色与线条、大小、版式等。

（4）删除文本框。

先选定文本框，然后按下 Delete 键。

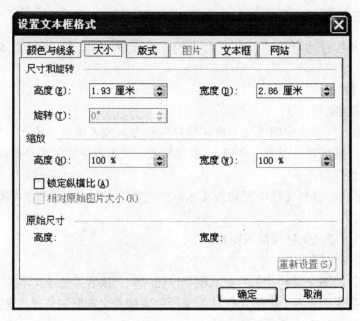

图 7-73　设置文本框格式

### 7.5.5　使用批注

在审阅或修改他人的文档时，往往需要在文档中添加相应的意见，但又不能改变原有文档的内容及排版，此时，最好的办法就是使用批注。

插入批注的方法是：先选定要使用批注的文本内容，然后单击"插入"菜单中的"批注"命令，在显示的"批注"文本框中输入批注信息。

删除批注的方法是：鼠标右击批注文本框，在显示快捷菜单中单击"删除批注"命令。

### 7.5.6　编辑公式

在编辑有文档时，经常会遇到各种公式。Word 提供了公式编辑器帮助用户编辑各种公式，下面以一个简单的求和公式来说明公式的一般编辑步骤。

【例】　利用公式编辑器编排下图数学公式。

$$S = \prod \sqrt{x_i^2 - y_i^2} + \frac{\pi}{x_i^2 + y_i^2} - \int_3^9 \int_5^8 x_i y_i dx dy$$

操作步骤如下：

① 将插入点定位在要加入公式的位置，单击"插入"菜单中的"对象"命令，打开对象对话框，如图 7-74 所示。

② 在"新建"选项卡中，选择"Microsoft 公式 3.0"选项，单击"确定"按钮，弹出公式编辑器工具箱，如图 7-75 所示。

③ 选择相应的公式符号编辑公式。编辑完毕，单击鼠标返回。

④ 公式可以进行移动、缩放等操作。若要修改公式，双击公式对象，弹出编辑器工具箱，重新进入公式编辑状态，对公式进行修改。

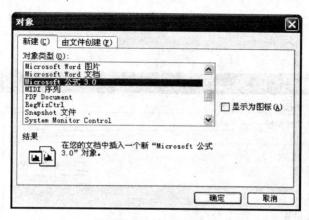

图 7-74 对象

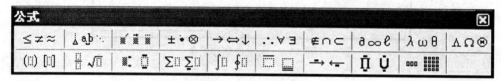

图 7-75 公式编辑器

### 7.5.7 对象的嵌入和链接

在 Word 2003 能通过链接对象和嵌入对象，可以在文档中插入使用其他应用程序创建的对象，从而达到程序之间共享数据和信息交换目的。

**1. 创建链接和嵌入的对象**

（1）利用编辑工具新建一个对象

利用安装在计算机上的并支持链接和嵌入对象的程序，可以在 Word 中新建一个对象，步骤如下：

① 把光标移到要插入对象的位置。

② 单击"插入"菜单中的"对象"命令，在弹出的对象对话框中，选择"新建"选项卡。

③ 在"对象类型"列表框中，选择一个要插入的对象。如要插入一个媒体剪辑，选中"媒体剪辑"选项。

④ 如果在文档中不显示嵌入对象本身，而是显示创建这个对象的工具图标，需要选中"显示为图标"复选框。以便在联机查看文档时，能很容易地看出创建这个对象的工具。如果要查看这个对象的内容，应双击对象的图标查看嵌入对象的具体内容。用户可以单击"更改图标"按钮来改变对象在 Word 文档中显示的图标。

（2）利用已有的文件创建链接与嵌入的对象

利用已有的文件创建链接与嵌入对象是将已有文件的内容插入到当前文档中，然后通过调用创建该对象的应用程序对插入的文件内容进行编辑。利用已有文件创建链接与嵌入对象的操作如下：

① 将光标移到要插入对象的位置。

② 选择"插入"菜单中的"对象"命令，打开对象对话框，选择"由文件创建"选项卡，如图 7-76 所示。

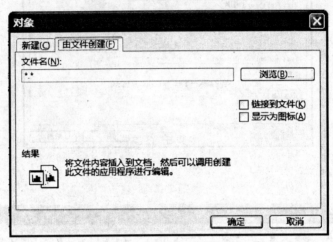

图 7-76　由文件创建对象

③ 在"文件名"下面的文本框中输入要插入对象的文件名及路径。也可以单击"浏览"按钮，打开浏览对话框。 选择要插入的文件名及路径，单击"插入"按钮返回。

④ 如果创建链接对象，应选中"链接到文件"复选框； 如果创建嵌入对象，应清除"链接到文件"复选框。

⑤ 如果要以图标的方式显示链接或嵌入的对象，以便于查看，应选中"显示为图标"复选框。

⑥ 单击"确定"按钮。

（3）用已有文件的部分内容或信息创建链接和嵌入对象

各应用程序之间要交换信息时，可以通过复制粘贴的方法实现。在 Word 文档中，可以把粘贴的信息作为 Word 文档中的一个对象，具体操作步骤如下：

① 打开相应的应用程序，复制要插入 Word 文档中的信息。

② 在 Word 中，单击"编辑"菜单的"选择性粘贴"命令，打开选择性粘贴对话框。

③ 如果要创建嵌入对象，选择"粘贴"选项，并在"形式"列表框中选择对象的形式；如果要创建链接对象，应选择"粘贴链接"选项。

④ 如果要以图标方式链接或嵌入对象，应选中"显示为图标"复选框。

⑤ 单击"确定"按钮。

**2. 编辑链接和嵌入的对象**

创建链接或嵌入对象后，有时需要对插入的对象进行修改，修改链接的对象与嵌入的对象的方法不同。

（1）修改链接对象

要修改链接的对象，必须进入创建该对象的原文件中去修改，因为链接对象实际上并没有保存在插入的文档中，而是存放在创建它的源文件中。修改链接对象的操作步骤如下：

① 单击"编辑"菜单中的"链接"命令，打开链接对话框，如图 7-77 所示。

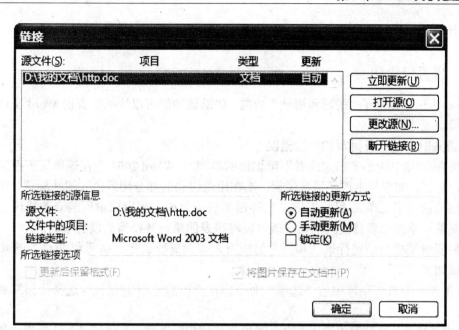

图 7-77　链接

② 在"源文件"列表框中，选择要修改的链接对象的文件。

③ 单击"打开源"按钮，打开链接对象的源文件。

④ 在源文件中对链接对象作所需的修改。

⑤关 闭源程序返回插有链接对象的 Word 文档，此时链接对象已经得到修改。

从上面的操作步骤可以看出，修改链接对象实际上是在创建链接对象的源文件上修改，然后通过源文件与插入链接对象的文档的链接关系，将这种修改反映到插入链接对象的文档中。

（2）修改嵌入对象

修改嵌入对象分两种情况：第一种是用户计算机安装了创建嵌入对象的源文件；另一种是用户计算机中没有安装创建嵌入对象的源文件。如果安装了源文件，则修改嵌入对象的操作比较简单，具体操作如下：

① 双击需要修改的嵌入对象，即进入创建该对象的源文件。

② 在源文件中对嵌入对象作所需的修改。

③ 关闭源程序即可返回到插入嵌入对象的 Word 文档中。

如果用户计算机中没有安装创建嵌入对象的源文件，此时要修改嵌入对象，必须把嵌入对象转换为已有程序的文件，利用该文件来对嵌入对象进行修改。转换操作如下：

① 选定要转换的嵌入对象。如"媒体剪辑"对象。

② 鼠标右击该对象，在弹出的快捷菜单中单击"媒体剪辑 / 转换"命令。由于选定的嵌入对象是"媒体剪辑" 对象，所以弹出的快捷菜单显示"媒体剪辑对象"，如果嵌入的对象是 Word 文档，则弹出的快捷菜单显示"文档对象"。

③ 在打开的转换对话框中，在"对象类型"列表框中选择要转换的源文件类型。将嵌入对象转换后，双击嵌入对象会打开转换后的源文件，并对元文件进行修改。

## 7.6 Word2003 其他功能

### 7.6.1 拼写与语法

Word 为用户提供了"拼写和语法"功能,借助该功能可以快速检查出 Word 文档中存在的拼写错误或语法错误。

**1. 键入时自动检查拼写和语法错误**

如果在文档 中输入了错误或者不可识别的单词时,Word 2003 会在该单词下面用红色波浪线进行标记,如果是出现了语法错误,则在出现错误的部分用绿色波浪线标记。此时,在带有波浪线的文字上单击 鼠标右键,在弹出的快捷菜单中列出该单词的修改建议。只要在该快捷菜单中单击想要替换的单词,就可以将错误的单词替换为选取的单词。

如果要对文档自动进行语法和拼写的检查,首先需要进行"拼写和语 法"选项设置。操作步骤如下:

① 单击"工具"菜单中的"选项"命令,在弹出的选项 对话框中选择"拼写和语法"选项卡。

② 在"拼写"选项组中选中"键入时检查拼写"复选框,在 "语法"选项组中选中"键入时检查语法"。

③ 清除"拼写"选项组中的"隐藏文档中的拼写错误"复选框和"语法"选项组中的"隐藏文档中的语法错误"复选框。

④ 单击"确定"按钮。

**2. 设置拼写和语法检查选项**

为了提高拼写和语法检查的速度和精度,可以自定义拼写和语法 检查。如果要自定义拼写和语法检查,先打开"拼写和语法"选项卡。 其中,"拼写"选项组用于自定义拼写检查,"语法"选项组 用于自定义语法检查。各选项具体功能如下:

① 键入时检查拼写:在输入的同步自动检查拼写错误并标出。

② 隐藏文档中的拼写错误:隐藏标明拼写错误位置的红色波浪线。

③ 总提出更正建议:在拼写检查期间自动显示拼写建议列表。

④ 仅根据主词典提供建议:根据主词典提供更正拼写建议。

⑤ 忽略所有字母都大写的单词:在拼写检查期间,不检查全部大写的单词。

⑥ 忽略带数字的单词:在拼写检查期间,不检查带数字的单词。

⑦ 忽略 Internet 和文件地址:在拼写检查期间,忽略 Internet 地址和电子邮件地址之类的单词。

⑧ 键入时检查语法:在键入文本的同步自动进行语法检查。

⑨ 隐藏文档中的语法错误:隐藏标明语法错误位置的绿色波浪线。

⑩ 随拼写检查语法:表示在检查拼写错误的同步检查语法错误。

⑪ 显示可读性统计信息:表示当检查结束后显示可读性统计信息,可读性统计信息是基于每个句子的平均单词数和每个平 均音节数计算出来的检查后的统计信息。

⑫ 重新检查文档:使用户在更改了拼写和语法选项后,打开自定 义或特殊词典后再检查一次拼写和语法。单击"重新检查文 档"按钮,Word 重新设置内部的"全部忽略"列表。

**3. 自动测定语言**

在 Word 2003 中,允许在一篇文档中同时输入中文、英文、日文 或其他语言的文字。

如果文档中使用了多种语言，那么 Word 2003 还会自动检测所使用的语言，并启动不同语言的拼写检查功能。

要使用自动测定语言功能，可以选择"工具"菜单中的"语言／设置语言"命令，在弹出的语言对话框中选择"自动测定语言"复选框。

**4. 对已存在的文档进行拼写和语法检查**

当完成文档的输入和编辑后，要对文档进行拼写检查和语法检查。先打开要检查的文档，然后选择"工具"菜单中的"拼写和语法"命令或直接按 F7 键，Word 将启动拼写和语法检查。当遇到拼写错误的单词时，Word 将此单词放入文本框并打开拼写和语法对话框。

## 7.6.2　保护文档

文档排版后，一般不希望被他人修改，因此需要对文档加以保护，防止他人擅自访问和修改。

Word 2003 提供了多种方法限制对文档的存取，主要包括以下几种：

① 为传送供审阅的文档设置密码，防止除批注或修订标志以外的任何修改。

② 为打开文档设置密码，防止未授权用户打开该文档。

③ 为修改文档设置密码，防止未授权用户修改文档。

保护文档只接受批注的步骤如下：

① 单击"工具"菜单中的"保护文档"命令，出现如图 7-78 所示的保护文档对话框。

② 在"编辑限制"选项中选择"仅允许在文档中进行此类编辑"复选框，并在下拉框中选择"批注"选项，如图 7-79 所示。文档受保护后，只可以在文档中插入批注，不能进行其他编辑操作。

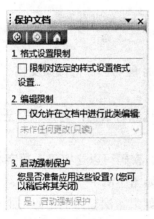

图 7-78　保护文档

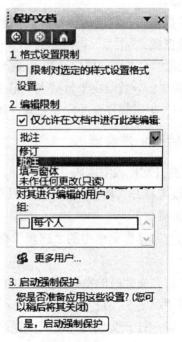

图 7-79　选择批注

普通高等教育『十二五』规划教材

③ 如果在下拉框中选择"修订"选项，文档受保护后，可以在文档中插入修订内容；如果选择"填写窗体"选项，文档受保护后，不能做任何编辑。

### 7.6.3 信函与邮件

信函是日常生活中经常要用到的且已经形成一定格式和用语的文档，利用 Word 2003 能方便地创建信函和信封。

**1. 创建信函**

Word 2003 提供了信函模板，主要包括现代型信函模板、优雅型信函模板和专业型信函模板，利用信函模板可以快速创建信函。另外，Word 2003 还提供了信封制作向导，帮助用户快速、方便地创建信封。下面列出了常用的几种信封创建方法。

① 创建信封与标签：单击"工具"菜单中的"信函与邮件/信封和标签"命令，在打开的信封与标签对话框中创建信封和标签。

② 制作中文信封：单击"工具"菜单中的"信函与邮件/中文信封向导"命令，在打开的中文信封向导对话框中根据向导提示创建中文信封。

③ 制作英文信函：单击"工具"菜单中的"信函与邮件/英文信函向导"命令，在打开的英文信函向导对话框中依次选择相应选项卡创建信封。

**2. 邮件合并**

邮件合并功能用于创建套用信函、邮件标签、信封、目录以及大宗电子邮件和传真分发。邮件合并一般分为三个步骤。

① 创建主文档。主文档是指邮件合并内容固定不变的部分，如信函中的通用部分、信封上的落款等。

② 准备数据源。数据源就是数据记录表，其中包含相关的字段和记录内容，一般采用 Excel 创建数据源。

③ 将数据源合并到邮件中。利用油价合并工具，将数据源合并到主文档中，得到目标文档。合并后的文档分数取决于数据表中记录的条数。单击"工具"菜单中的"信函与邮件/邮件合并"命令，根据邮件合并向导完成合并操作。

### 7.6.4 文档安全性设置

**1. 设定打开文档权限密码**

为文档设置打开文档设置密码后，只有知道密码才能阅读和修改该文档。设置打开文档权限密码的步骤如下：

① 单击"工具"菜单中的"选项"命令，打开选项对话框，选择"安全性"选项卡，如图 7-80 所示。

② 在"打开文件时的密码"文本框中输入密码。密码可以是字母、数字和符号。

③ 单击"确定"按钮，打开确认密码对话框，如图 7-81 所示。

④ 再次输入打开文件时的密码，以确保无误。如果本次输入的密码与上一次输入的密码不同，密码将设置不成功。

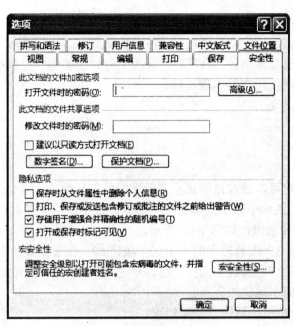

图 7-80 安全性

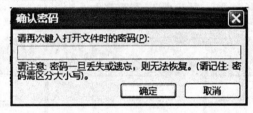

图 7-81 确认密码

⑤ 单击"确定"按钮。

经过上述的密码设置后，再次打开文档时，弹出一个密码对话框，要求用户输入打开权限密码，如图 7-82 所示。如果用户忘记了密码，将不能打开该文档，因此一定要牢记所设置的密码。

图 7-82 输入密码

如果要删除或者修改原来的密码，可以在打开文档后，单击"工具"菜单中的"选项"菜单项，打开选项对话框，选择"安全性"选项卡，在设置打开权限密码的文本框中删除原来的密码或者重新输入新密码。

**2. 设置修改权限密码**

设置了修改权限密码的文档只能阅读，不能编辑或修改。设置修改权限密码的方法和设置打开权限密码的方法基本一样，只需在"修改文件时的密码"文本框中输入密码即可，操作步骤与设置打开文档权限密码步骤一样。

# 7.7 打印文档

**1. 文档预览**

在打印之前，用户可以通过打印预览查看文档的打印效果。操作步骤如下：

① 选择"文件"菜单中的"打印预览"命令，或单击常用工具栏上的"打印预览"按钮 ，查看文档的打印效果，如图 7-83 所示。

② 单击"打印预览"工具栏上的"多页"按钮 ，在窗口显示多个页面。

③ 单击"打印预览"工具栏上的"放大镜"按钮 ，鼠标变成放大镜形状，在预览窗口单击，可以放大或缩小预览的页面。

④ 单击"关闭"按钮，返回文档编辑窗口。

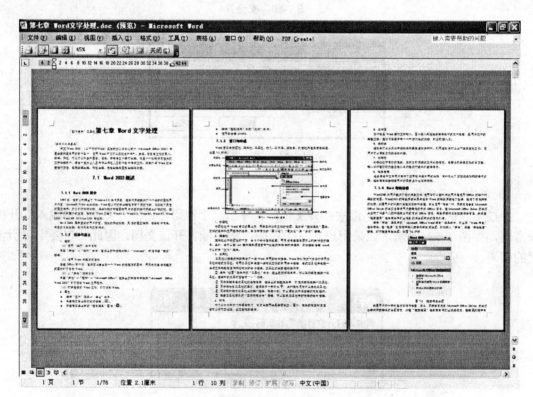

图 7-83　打印预览

**2. 打印文档**

打印文档之前需要对打印机和打印方式进行设置，具体操作步骤如下：

① 单击"文件"菜单中的"打印"命令，弹出打印对话框，如图 7-84 所示。

图 7-84　打印设置

② 在"名称"下拉列表框中选择打印机名称。

③ 在"页面范围"中选择打印的范围，例如打印全部文档、当前页、设定打印范围等。

④ 在副本份数中输入打印份数，默认状态下为 1 份。

⑤ 设置完成后单击"确定"按钮。

注意：单击工具栏上的"打印"按钮（📄），则按照默认设置直接打印文档。

# 第8章　Excel 电子表格

## 【学习目的与要求】

了解 Excel 2003 的特点及基本应用；掌握 Excel 2003 的常用功能与用法。

## 8.1　Excel 2003 概述

Excel 2003（以下简称 Excel）是美国 Microsoft 公司开发的一个电子表格软件，是 Microsoft Office 2003 中的一个重要组件。它不仅能制作日常工作中的各种表格，而且提供了大量的计算函数，在表格中可直接运用这些函数进行财务、统计等领域的数据分析，制作各种数据报表与图表。

### 8.1.1　Excel 2003 功能简介

使用 Excel 可以快捷地建立数据表格，能在单元格内输入数据，Excel 不仅提供了文字信息快速填写功能，还提供了数据格式设置功能，能够实现对数值、文字、表格等格式的设置。

Excel 具有强大的计算功能，提供了简单易学的公式输入方式和丰富的计算函数，可以对表格中的数据进行各种复杂计算。

Excel 图标非常丰富，用户可以根据图标向导，可以方便地建立与工作表对应的统计图标，使得数据更加直观、清晰。

Excel 具有强大的数据处理功能，可以对数据表进行排序、筛选、分类汇总等操作，帮助用户从不同角度分析统计数据。

### 8.1.2　Excel 2003 启动与退出

#### 1. 启动 Excel 2003 的常用方式

（1）使用 Excel 快捷方式启动

安装 Office 软件后，在桌面上会出现一个 Excel 的快捷方式图标，用鼠标双击该快捷方式图标即可启动 Excel。

（2）从"开始"菜单启动

单击桌面"开始"菜单中的"所有程序/Microsoft Office/Microsoft　Office Excel 2003"命令选项，启动 Excel。

#### 2. 退出 Excel 2003 的常用方式

一般采用以下几种方式退出 Excel：

① 单击"文件"菜单中的"退出"命令。

② 单击窗口右上角的关闭按钮✖。

③ 双击窗口左上角的"控制菜单"图标 ✖

④ 单击"控制菜单"内的"关闭"命令。

⑤ 使用组合键 Alt+F4。

## 8.1.3 Excel 2003 工作窗口

第一次启动 Excel 2003 时，会自动打开一个名为 book1 的空白工作簿，该工作簿默认含有三张工作表，Excel 2003 工作窗口如图 8-1 所示。

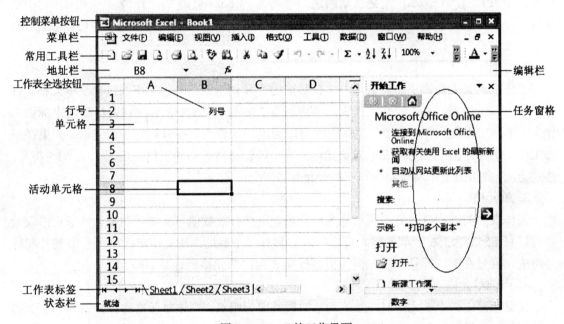

图 8-1 Excel 的工作界面

Excel 工作窗口由标题栏、菜单栏、工具栏、地址框、状态栏、工作表区和任务窗格组成。其中标题栏、菜单栏、状态栏和任务窗格等与 Word 类似，在此不再赘述，下面对 Excel 工作窗口中的一些特殊组成部分进行叙述。

**1. 地址栏**

显示当前所选中单元格的地址。

**2. 编辑栏**

用来显示、编辑单元格中的数据和公式，在单元格内输入或编辑数据的同时，也会在编辑栏中显示其内容。

**3. 行号与列号**

行号与列号用来定位单元格，例如，C5 就代表第 5 行，第 C 列。行号用数字显示，列号用英文字母显示。

**4. 工作表区**

工作表区是用来记录数据的区域，工作表中所有的信息都将保存在这张表中。

**5. 工作表标签**

用来显示工作表的名称，Excel 每张工作表都有标签，标签上注写了工作表名称，如 sheet1、sheet2、sheet3 等。用鼠标单击工作表标签，可以实现工作表之间的切换，被选中的工作表称为当前工作表，并在 Excel 工作窗口显示。

## 8.1.4　Excel 2003 中的几个基本概念

**1. 工作簿**

一个 Excel 文件就是一个工作簿，其扩展名为 xls。一个工作簿可以包含一张或多张表格（工作表），启动 Excel，便会自动创建一个名为 "book1.xls" 的工作簿。一个工作簿中默认有三张工作表，分别命名为 sheet1、sheet2、sheet3。一个 Excel 工作簿最多可以包含 255 张工作表。

**2. 工作表**

工作表就是工作簿中的表格，由含有数据的行和列组成。一张工作表包含了单元格、行号、列号和工作表标签。一张工作表最多可以有 256 列、65536 行。工作表标签用来标识工作表，单击工作表标签，则该张工作表就会成为当前工作表，可以对它进行编辑，如果在一张工作表中应用另一张工作表中的单元格内容，需要在被引用的工作表后面加上 "!" 符号，格式为：<被引用工作表名>! <单元格地址>。

**3. 单元格**

工作表中的行列交会处的区域称为单元格，用来存放数值与文本等数据。一张工作表最多可以有 65536×256 个单元格。每个单元格都有一个地址，地址由单元格所在的列号和行号组成，列号在前，行号在后。例如第 8 行第 8 列的单元格地址是 H8。

**4. 当前单元格**

用鼠标单击一个单元格时，该单元格的框线变为粗黑，则该单元格称为当前单元格。当前单元格的地址显示在地址栏中，同时，编辑栏中显示当前单元格的内容。

**5. 单元格区域的表示**

连续单元格组区域用 "左上角单元格名称：右下角单元格名称" 表示，例如 A1、A2、A3、B1、B2、B3 单元格组成的区域用 "A1:B3" 表示。不连续的单元格区域，用逗号将单元格区域分隔开，例如 A1:B3,D4:F9,H10。

## 8.1.5　Excel 2003 帮助功能

同 Word 2003 一样，Excel 2003 也为用户提供了联机帮助文档，使用它可以随时解决用户在使用过程中遇到的问题。

单击 "帮助" 菜单中的 "Microsoft Excel 帮助" 命令或者在键盘上按 F1 键，显示 Excel 帮助任务窗格，如图 8-2（a）所示。在 "搜索" 文本框中输入要查找帮助的主题，再单击 "开始搜索" 按钮，开始搜索帮助主题。

如果用户的计算机连接在互联网上，系统首先到 Microsoft Office Online 的主页去查询用户要查找的主题信息，并在 "搜索结果" 任务窗格中列出检索到的帮助信息，如图 8-2（b）所示。如果用户的计算机没有连接互联网，系统到系统自带的脱机帮助文件中去查找主题信息，并在 "搜索结果" 任务窗格中列出检索到的信息如图 8-2（c）所示。

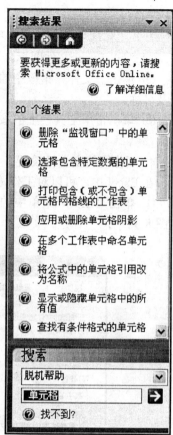

（a）帮助任务窗格　　　　　（b）网络搜索结果　　　　　（c）本机搜索结果

图 8-2

# 8.2　Excel 2003 基本操作

## 8.2.1　工作簿的基本操作

### 1. 建立新的空白工作簿

一般采用下述几种方法建立 Excel 的新工作簿：

① 启动 Excel 应用程序，系统自动创建名称为 "book1.xls" 的工作簿。

② 单击常用工具栏中的 "新建" 按钮 。

③ 单击 "文件" 菜单中的 "新建" 命令，在显示的新建工作簿任务窗格中单击 "空白工作簿" 选项。

### 2. 保存工作簿

保存工作簿有以下几种方法：

① 单击 "文件" 菜单中的 "保存" 或 "另存为" 命令，在显示的另存为的对话框中输入工作簿文件名，并选择保存的路径。

② 单击常用工具栏中的 "保存" 按钮 。

### 3. 打开工作簿

打开工作簿主要有以下几种方法：

① 双击 Excel 文件图标。

② 单击"文件"菜单中的"打开"命令，在显示的对话框中选择要打开的工作簿的路径及名称。

③ 单击常用工具栏上的按钮 ，在显示的对话框中选择要打开的工作簿的路径及名称。

### 4. 工作簿的安全性设置

在 Excel 中，可以对工作簿设置相应的权限密码加以保护，操作步骤如下：

① 单击"工具"菜单中的"选项"命令，在弹出选项对话框中选择"安全性"选项卡，如图 8-3 所示。

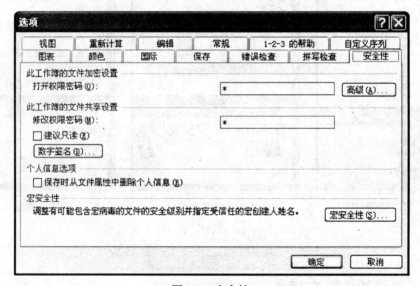

图 8-3　安全性

② 在"打开权限密码"文本框中输入工作簿的打开权限密码值，或在"修改权限密码"文本框中输入工作簿修改权限密码值。

③ 单击"确定"按钮，在弹出密码确认对话框中，再一次输入前面所输入的密码。

④ 保存工作簿。

如果设置了打开权限密码，下一次打开此工作簿时，系统要求输入正确的打开密码，否则就不能打开此工作簿。如果设置了修改权限密码，则此工作簿只能以"只读"的方式打开。

### 5. 设置共享工作簿

共享工作簿允许多个用户同时编辑。设置共享工作簿的操作步骤如下：

① 单击"工具"菜单中的"共享工作簿"命令，打开共享工作簿对话框，选择"编辑"选项卡，如图 8-4(a)所示。选中"允许多个用户同时编辑，同时允许工作簿合并"复选框。

② 选择"高级"选项卡，如图 8-4（b）所示。分别选择修订保存方式、更新方式等。

③ 单击"确定"按钮。

 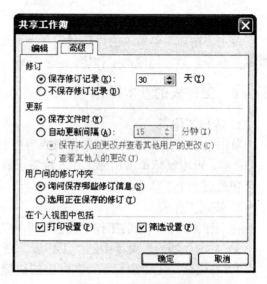

（a）共享工作簿编辑选项　　　　　（b）共享工作簿高级选项

图 8-4

## 6. 保护工作簿

如果要保护工作簿中工作表不被他人删除或者限制他人在工作簿中插入工作表,可以对该工作簿进行保护,操作步骤如下:

① 单击"工具"菜单中的"保护/保护工作簿"命令,打开保护工作簿对话框,如图 8-5所示。

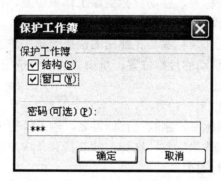

图 8-5　保护工作簿

② 选择"结构"复选框,表示保护工作表的结构,工作簿中的工作表将不能进行移动、删除、隐藏、插入等操作。

③ 选择"窗口"复选框,则每次打开工作簿时其窗口有固定的位置和大小,工作簿窗口不能移动、缩放、隐藏、取消隐藏等操作。

④ 在"密码框"中输入保护密码,单击"确定"按钮,再次输入该保护密码,单击"确定"按钮。

⑤ 保存工作簿。

如果要取消工作簿的保护，可以点击"工具"菜单中的"撤销工作簿保护"命令。

**7. 隐藏工作簿**

单击"窗口"菜单中的"隐藏"命令，可以隐藏工作簿。单击"窗口"菜单中的"取消隐藏"命令，显示隐藏的工作簿。

### 8.2.2 工作表的基本操作

**1. 选择工作表**

单击某个工作表标签，该工作表成为当前工作表。如果要选择多个不连续的工作表，按住 ctrl 键，再用鼠标单击相应工作表标签；要选择多个连续的工作表，按住 shift 键，单击第一个和最后一个工作表标签。

**2. 插入工作表**

在工作簿中插入新的工作表有以下几种方法：

① 单击"插入"菜单中的"工作表"命令。

② 右击任一工作表标签，在弹出的快捷菜单中单击"插入"命令，在打开的插入对话框中选择"工作表"。

**3. 删除工作表**

在工作簿中插入新的工作表有以下几种方法：

① 选中要删除的工作表标签，单击"编辑"菜单中"删除工作表"命令。

② 选中要删除的工作表标签，鼠标右击该工作表标签，在弹出的快捷菜单中单击"删除"命令。

**4. 移动工作表**

移动工作表的位置有以下两种方法：

① 选中要移动的工作表标签，移动鼠标到该工作表标签，按下鼠标左键，拖动鼠标到目标位置释放即可完成移动操作。

② 鼠标右击要移动的工作表标签，在弹出的快捷菜单中单击"移动或复制工作表"命令，在打开的对话框中选择移动的目标位置，单击"确定"按钮。

**5. 工作表改名**

给工作表更改标签名有以下三种方法：

① 双击要更名的工作表标签，删除已有标签名，输入新的工作表标签名。

② 鼠标右击要更名的工作表标签，在弹出的快捷菜单中单击"重命名"命令，删除已有标签名，输入新的工作表标签名。

③ 选中要更名的工作表标签，单击"格式"菜单中的"工作表／重命名"命令，删除已有标签名，输入新的工作表标签名。

**6. 复制工作表**

复制工作表有以下两种方法：

① 选中要复制的工作表标签，移动鼠标到该工作表标签，按住 Ctrl+鼠标左键，拖动鼠标到目标位置释放即可完成移动操作。

② 鼠标右击要复制的工作表标签，在弹出的快捷菜单中单击"移动或复制工作表"命令，在打开的对话框中选择复制的目标位置，选中"建立副本"复选框，单击"确定"按钮。

**7. 隐藏工作表**

单击"格式"菜单中的"工作表 / 隐藏"命令，可以隐藏选定的工作表。

**8. 显示隐藏的工作表**

对于隐藏的工作表，在需要编辑的时候，可以取消隐藏，操作步骤如下：

① 单击"格式"菜单中的"工作表 / 取消隐藏"命令，打开取消隐藏对话框。

② 在该对话框中选择要取消隐藏的工作表，单击"确定"按钮。

**9. 保护工作表**

要保护工作簿中指定的工作表，操作步骤如下：

① 选定要保护的工作表，使之成为当前工作表。

② 单击"工具"菜单中的"保护 / 保护工作表"命令，打开保护工作表对话框。

③ 在对话框中选定工作表中要保护的对象，并输入密码，单击"确定"按钮。

如果要取消保护工作表，应单击"工具"菜单中的"保护 / 撤销保护工作表"命令。

## 8.2.3 单元格的基本操作

**1. 选定单元格区域**

（1）单元格的选定

用鼠标单击要选定的单元格即可。

（2）连续单元格的选定

连续单元的选定通常有以下两种方法：

① 选中连续单元格的左上角单元格，按住 Shift 键不放，再单击连续单元格的右下角单元格。

② 选中连续单元格的一个角点单元格，按住鼠标左键不放，拖动鼠标至对角单元格时松开鼠标。

（3）不连续单元格的选定

先选定第一个单元格，然后按住 Ctrl 键不放，再选定其他的单元格，最后松开 Ctrl 键。

（4）整行或整列的选定

单击要选择行的行号或列的列号。

（5）多行或多列的选定

先选中一行（或一列），然后按住 Ctrl 键，再单击其他的行号（或列号）。

（6）选定整个工作表

单击行号和列号的交叉处的"工作表全选"按钮，或者直接使用 Ctrl+C 键。

**2. 插入行单元格**

操作步骤如下：

① 选中要插入单元格的位置。

② 鼠标右击选定的单元格，在弹出的快捷菜单中单击"插入"命令，或者单击"插入"菜单中的"单元格"命令，打开插入对话框。

③在对话框中选中"活动单元格右移"选项或"活动单元格下移"选项，单击"确定"按钮。

其中"活动单元格右移"表示选中的单元格向右移，"活动单元格下移"表示选中的单元格向下移。

普通高等教育『十二五』规划教材

### 3. 插入行或列

在工作表中插入行或列有以下几种方法：

① 选定要插入的目标（行或列，或者行、列中单元格），单击"插入"菜单中的"行"命令，则在所选目标的上方插入一行；单击"插入"菜单中的"列"命令，则在所选目标的左侧插入一列。

② 鼠标右击选定的行或列，在弹出的快捷菜单中单击"插入"命令，则在所选目标的上方插入一行或在所选目标的左侧插入一列。

③ 鼠标右击选定的单元格，在弹出的快捷菜单中单击"插入"命令，打开插入对话框。如果在对话框中选中"整行"选项，则在该单元格的上方插入一行，如果选中"整列"选项，则在该单元格的左侧插入一列。然后单击"确定"按钮。

### 4. 删除单元格

① 选中要删除的单元格。

② 单击"编辑"菜单中的"删除"命令，或者鼠标右击该单元格，在弹出的快捷菜单中单击"删除"命令，打开删除对话框。

③ 在对话框中如果选择"右侧单元格左移"选项，则单元格删除后，其右侧的单元格向左移动，填补被删除的单元格位置；如果选择"下方单元格右移"选项，则单元格删除后，其下方的单元格向上移动，填补被删除的单元格位置。最后单击"确定"按钮。

### 5. 删除行或列

在工作表删除某行或某列的操作方法有以下几种：

① 选中要删除行或列，单击"编辑"菜单中的"删除"命令，或者鼠标右击该单元格，在弹出的快捷菜单中单击"删除"命令。

② 选择要删除的行或列中的某个单元格，单击"编辑"菜单中的"删除"命令，或者鼠标右击该单元格，在弹出的快捷菜单中单击"删除"命令，打开删除对话框。在对话框中如果选择"整行"选项，则删除单元格所在的行；如果选择"整列"选项，则删除单元格所在的列；最后单击"确定"按钮。

### 6. 合并单元格

选择要合并的连续单元格，单击格式工具栏中的"合并及居中"按钮 ▣ 。或者选择要合并的连续单元格，单击"格式"菜单中的"单元格"命令，打开单元格格式对话框，在"对齐"选项卡中选中"合并单元格"选项后，再单击"确定"按钮。

### 7. 拆分单元格

拆分单元格的操作与合并单元格的操作类似。选择要拆分的单元格，单击格式工具栏中的"合并及居中"按钮 ▣ 。或者选择要拆分的单元格，单击"格式"菜单中的"单元格"命令，打开单元格格式对话框，在"对齐"选项卡中取消"合并单元格"选项后，单击"确定"按钮。

### 8. 使用批注

（1）插入批注

选中需要插入批注的单元格，单击"插入"菜单中的"批注"命令，在弹出的批注对话框中输入批注文字，输入完毕，单击批注外部的工作表区域即可退出。

（2）编辑/删除批注

选定有批注的单元格，右击该单元格，在弹出的快捷菜单中单击"编辑批注"命令编辑批注信息，或者单击"删除批注"命令删除已有的批注信息。

## 8.3　工作表数据基本操作

### 8.3.1　数据有效性设置

用户在输入数据时，可以限定单元格的数据有效性。选中设置了数据有效性的单元格，系统自动显示输入提示信息，如果输入的数据不在有效范围内，系统显示相应的错误提示。设置单元格数据有效性的操作步骤如下：

① 选定要设置数据有效性的单元格。

② 单击"数据"菜单中的"有效性"命令，打开数据有效性对话框，如图 8-6 所示。

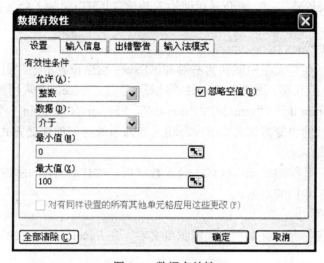

图 8-6　数据有效性

③ 在"设置"选项卡中选择数据的类型和数据范围；在"输入信息"选项卡中，输入单元格的显示标题及信息；在"出错"选项卡中选择警告样式及警告标题、错误信息。

④ 单击"确定"按钮。

### 8.3.2　数据输入

Excel 的基本操作对象是单元格，在输入数据之前，先选定某个单元格作为当前单元格，然后在当前单元格中输入数据，输入完毕按 Enter 键或者单击编辑栏上的 √ 按钮，即可完成该单元格的数据输入。

Excel 中数据类型有：文本型、数值型、日期时间型三种。

**1. 文本型数据输入**

文本型数据一般包括汉字、字母、符号、数字、空格等。文本型数据在单元格中的默认对齐方式为左对齐。

如果输入的数据不是纯数字，Excel 自动认为它为文本型数据；如果输入的是纯数字，输入时在数字前面加上一个英文单引号，或者数字前加上一个等号，并且数字用双引号标注，

Excel 则按文本型数据处理；如果文本长度超过单元格宽度，但右侧单元格为空时，超出部分延伸到右侧单元格，当右侧单元格有内容时，超出部分隐藏；如果在一个单元格内输入多段文本，按 Alt+Enter 键表示该段结束。

**2. 数值型数据输入**

数值型数据包括数字（0～9）、+、-、小数点、¥、$、%、E、e 等。数值型数据在单元格中的默认对齐方式为右对齐。

输入数值时，默认形式为常规表示法，如 34，-23.5 等。如果输入的数值长度超过单元格长度时，则会自动转换为可续计数法，例如，输入 1234567890，则显示为 1.2E+09；如果单元格显示为"###"，表示单元格列宽不够，应增加单元格宽度；如果输入小数，可以省略小数点前面的 0，如 0.25 可以输入.25；如果要单元格中输入分数，需先输入零和空格，然后在输入分数，否则会被默认为如期类型，例如，输入分数 3/4 应输入"0 3/4".；如果要输入负数，可以先输入负号"-"，再负号后面输入数值，也可以将输入的数值用英文符号"（）"标识，如输入"（3）"表示数值 -3。

**3. 输入日期及时间**

日期时间型数据在单元格中默认为右对齐，Excel 预先设置了一些日期时间的格式，当输入的数据与这些格式项匹配时，Excel 将识别它们。Excel 中常用的日期时间格式有"yy/mm/dd"、"yy-mm-dd"、"mm/dd"、"mm-dd"、"hh:mm:ss(am/pm)"等。

要输入当前日期的快捷方式为 Ctrl+；，输入当前系统时间的快捷方式为 Ctrl+Shift+；。

**4. 相同数据的输入**

选中要输入相同数据的单元格区域，输入数据后，按住 Ctrl+Enter 键，则所有被选中的单元格中都被输入了相同的数据。

**5. 导入文本文件**

文本文件一般包括分隔符文本和固定宽度文本，在 Excel 中导入文本文件的操作步骤如下：

① 创建一个文本文件，文本数据通过逗号隔开。

② 打开一个空白工作表作为当前工作表，单击"数据"菜单中的"导入外部数据／导入数据"命令，打开选取数据源对话框。

③ 将对话框中的"文本类型"设置为"文本文件"，选择要导入的文本文件及路径，单击"打开"按钮，打开文本导入向导对话框。

④ 在"文本导入向导－3 步骤之一"对话框中，选择到时的文本类型和导入起始行，单击"下一步"按钮。如果导入的是分隔符文本，则在"原始数据类型"选项组中选择"分隔符号"选项。如果导入的是固定宽度文本，则在"原始数据类型"选项组中选择"固定宽度"选项。导入起始行可以从第 1 行开始。

⑤ 在"文本导入向导－3 步骤之二"对话框中，选择分隔符号为"逗号"，单击"下一步"按钮。

⑥ 在"文本导入向导－3 步骤之二"对话框中，选择默认选项，单击"下一步"按钮。

⑦ 打开导入数据对话框，在"数据的放置位置"选项组中选择"现有工作表"选项。

⑧ 单击"确定"按钮，完成文本导入。

**6. 导入数据库文件**

Excel 本身具有导入数据库的能力，通过导入数据功能可以将数据库文件转换为 Excel

表格形式，操作步骤如下：

① 打开一个空白工作表作为当前工作表，单击"数据"菜单中的"导入外部数据 / 导入数据"命令，打开选取数据源对话框。

② 将对话框中的"文本类型"设置为"所有数据源"，选择要导入的数据库文件及路径，单击"打开"按钮，打开文本导入向导对话框。

③ 在"数据的放置位置"选项组中选择"现有工作表"。单击"确定"按钮，完成数据库文件安的导入。

### 8.3.3　数据编辑

**1. 删除单元格内容**

操作步骤如下：

① 选定要删除内容的单元格。

② 按 Delete 键删除单元格内容，或者单击"编辑"菜单中的"清除 / 内容"命令。

**2. 修改单元格内容**

鼠标双击需要修改内容的单元格，然后在单元格中进行修改或编辑内容。或者选中需要修改内容的单元格，然后单击编辑栏，在编辑栏内修改或编辑内容。

**3. 移动或复制单元格内容**

操作步骤如下：

① 选中要移动或复制的单元格。

② 单击"编辑"菜单中的"复制"或"剪切"命令，或者单击常用工具栏中的"复制"或"剪切"按钮，或者鼠标右选定的单元格，在弹出的快捷菜单中单击"复制"或"剪切"命令，或者直接按 Ctrl+C 键或 Ctrl+X 键，将选定的数据复制到剪贴板上。

③ 选择目标单元格，单击"编辑"菜单中的"粘贴"命令，或者单击常用工具栏中的"粘贴"按钮，或者鼠标右选定的单元格，在弹出的快捷菜单中单击"粘贴"命令，或者直接按 Ctrl+V 键，将选定的数据剪贴板复制到目标单元格。

**4. 选择性粘贴**

执行性粘贴，不仅可以粘贴单元格的数据，还可以粘贴单元格的格式、公式、批注等其他信息，另外，还可以进行算术运算、数据转置等。如果只需粘贴上述的部分内容，可以使用选择性粘贴命令，操作步骤如下：

① 将数据复制或剪切到剪贴板上。

② 选择目标单元格，单击"编辑"菜单中的"选择性粘贴"命令，在打开的对话框中选中相应的选项。

③ 单击"确定"按钮。

**5. 查找与替换**

如果要在工作表中快速查找某一数据，可以使用查找命令。具体操作如下：

① 单击"编辑"菜单中的"查找"命令，在弹出的换对话框中选择"查找"选项卡。如图 8-7 所示。

② 在查找内容框中输入要查找的数据；指定搜索方式和搜索范围。

③ 单击"查找下一个"按钮即可开始查找工作。

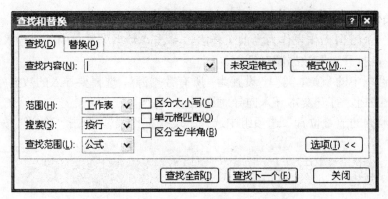

图 8-7　查找

④ 当 Excel 找到一个匹配的内容后，单元格指针就会指向该单元格。如果需要继续查找，则单击"查找下一个"按钮，如果结束查找，则单击"关闭"按钮。

替换操作与查找操作类似，选择"替换"选项卡，如图 8-8 所示。在选项卡中输入查找内容、替换目标，指定搜索方式及范围。最后单击"全部替换"或"替换"按钮进行替换。

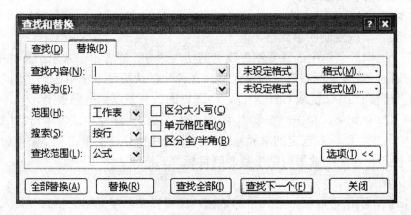

图 8-8　替换

### 6. 撤销与恢复

（1）撤销

撤销最近一步操作有以下几种方法：

① 单击 ↶ 按钮。

② 按 Ctrl+Z 键。

③ 单击"编辑"菜单中的"撤销"命令。

（2）恢复

恢复刚撤销的操作有以下几种方法：

① 单击 ↷ 按钮。

② 按 Ctrl+Y 键。

③ 单击"编辑"菜单中的"重复"命令。

### 7. 数据填充

如果在某行或某列中输入有规律的数据，可以使用自动填充功能来完成。有规律的数据包括四类：重复数据、数列、日期序列和自定义序列。

（1）快速填充重复数据

如果在某一行（或某一列）中输入重复的数据，操作步骤如下：

① 在行（或列）中的一个单元格中输入数据要重复的数据。

② 选中该单元格，此时，单元格的右下角出现一个黑色小方块，称为填充柄。

③ 移动鼠标指针到填充柄，当鼠标指针变成实心十字形时，按住鼠标左键不放，拖动鼠标指针到最后一个单元格，松开鼠标。

（2）填充数列

如果要在 D2:D10 中创建等差数列 2、4、6……操作步骤如下：

① 在 D2 和 D3 单元格中分别输入数列中的第一个数字和第二个数字，即 2 和 4。

② 选定 D2:D3 单元格区域。

③ 移动鼠标指针到填充柄，当鼠标指针变成实心十字形时，按住鼠标左键不放，向下拖动鼠标指针到 D10。

如果要在 E2:E10 中创建等比序列 3，6，12……操作步骤如下：

① 在 E2 中输入等比序列的初始值 3。

② 选定要创建序列的单元格区域，如 E2:E10。

③ 单击"编辑"菜单中"填充／序列"命令，打开填充序列对话框。

④ 在"序列产生在"选项组中选择"列"。

⑤ 在"类型"选项组中选定所要产生的序列类型，此时选择"等比序列"。

⑥ 在"步长值"框中输入 2。

⑦ 单击"确定"按钮。

创建等差序列也可以使用这种方法，在"类型"选项组中选择"等差序列"即可。

（3）日期序列

如果在 E1:E15 中输入日期序列，操作步骤如下：

① 在 E1 单元格中输入日期序列的第一个值，如"2012/7/1"。

② 选定创建输入序列的区域 E1:E15。

③ 单击"编辑"菜单中"填充／序列"命令，打开填充序列对话框。

④ 在"序列产生在"选项组中选择"列"，在"类型"选项组中选择"日期"，在"日期单位"选项组中选择 "工作日"。这里的工作日是指除了星期六和星期日之外的日期。

⑤ 在"步长值"框中输入步长值 1。

⑥ 单击"确定"按钮。

（4）自定义序列

Excel 中还提供了一些自定义序列，如甲、乙、丙、丁……一月、二月……星期一、星期二……这些序列的输入方法与输入等差序列的方法相同。

除了 Excel 提供的标准序列外，用户也可以根据需要自定义序列，如"春"，"夏"，"秋"，"冬"。添加自定义序列的步骤如下：

① 单击"工具"菜单中的"选项"命令，在打开的对话框中选择"自定义序列"选项卡。如图 8-9 所示。

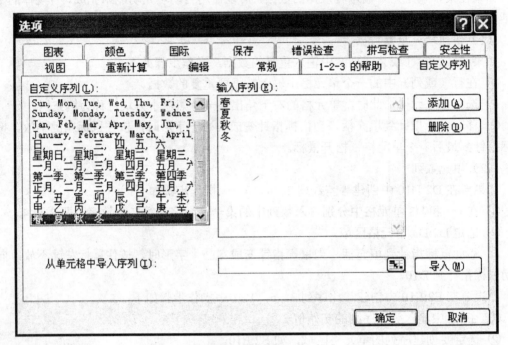

图 8-9　自定义序列

② 在"输入序列"框中依次输入"春"、"夏"、"秋"、"冬"，每输入一个按一次 Enter 键。

③ 单击"添加"按钮，将新输入的序列添加到"自定义序列"列表中。

④ 单击"确定"按钮。

选择用户添加得到自定义序列，单击"删除"按钮，可以删除该序列。

## 8.4　工作表的格式化

Excel 为用户提供了多种格式化命令，利用这些命令，可以对表格进行美化，制作出美观实用的电子表格。

### 8.4.1　设置单元格格式

#### 1. 设置数字的显示格式

Excel 提供了许多数据格式供用户使用，用户可以通过格式工具栏中的按钮来设置单元格的数字格式。也可以通过"格式"菜单中的"单元格"命令进行设置，操作步骤如下：

① 选定单元格，单击"格式"菜单中的"单元格"命令，或者鼠标右击选定的单元格，在弹出的快捷菜单中单击"设置单元格格式"命令，在打开的对话框中选择"数字"选项卡，如图 8-10 所示。

图 8-10  数字格式

② 在"分类"列表框中选择一种数字类型。

③ 选择数字的显示样式或类型。

④ 单击"确定"按钮。

在 Excel 中，使用数字选项卡，不仅可以设置数值的格式，还可以设置货币、日期、时间、文本的格式，还可以将数值类型转换为文本类型。

**2. 设置对齐、排列和转动**

单击常用工具栏中的"左对齐"、"居中"、"右对齐"等按钮，可以更改单元格中的文本对齐方式。同样，也可以通过"格式"菜单中的"单元格"命令进行设置，操作步骤如下：

① 选定单元格，单击"格式"菜单中的"单元格"命令，或者鼠标右击选定的单元格，在弹出的快捷菜单中单击"设置单元格格式"命令，在打开的对话框中选择"对齐"选项卡，如图 8-11 所示。

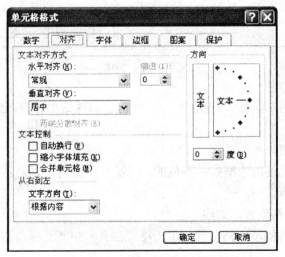

图 8-11  对齐

② 在"水平对齐"列表框中选择文本在单元格中水平方向的对齐方式。

③ 在"垂直对齐"列表框中选择文本在单元格中垂直方向的对齐方式。

④ 在"缩进"列表框中选择缩进值。

⑤ 在"文本控制"选项组中选择文本的控制显示方式，如选择"自动换行"。

⑥ 在"方向"选项组中拨动指针调整文字的方向，或者选择直接输入文本的显示角度。

⑦ 单击"确定"按钮。

**3. 设置字体格式**

Excel 可以像 word 一样设置单元格中的字体、字号、颜色等。用户可以通过格式工具栏中的工具按钮进行设置，也可以利用菜单中的命令进行设置，操作步骤如下：

① 选定单元格，单击"格式"菜单中的"单元格"命令，或者鼠标右击选定的单元格，在弹出的快捷菜单中单击"设置单元格格式"命令，在打开的对话框中选择"字体"选项卡，如图 8-12 所示。

图 8-12　字体

② 分别选择相应的字体、字形、字号、颜色、特殊效果、下画线样式等。设置完毕单击"确定"按钮。

**4. 设置单元格边框**

默认情况下，单元格的边框线是灰色的，无法打印出来，如果要打印边框线，需要对单元格的边框线进行设置。

（1）使用工具按钮设置边框线

选择要设置边框线的单元格，然后单击格式工具栏中"边框"按钮右侧的黑色三角形，选择边框线类型即可。

（2）使用菜单命令设置边框线

操作步骤如下：

① 选定单元格，单击"格式"菜单中的"单元格"命令，或者鼠标右击选定的单元格，在弹出的快捷菜单中单击"设置单元格格式"命令，在打开的对话框中选择"边框"选项卡，如图 8-13 所示。

② 在"线条"选项组下的"样式"列表框中选择边框线线条样式，在"颜色"下拉列表框中选择边框线的颜色。

③ 在"预置"选项组下选择边框线形式。

④ 单击"确定"按钮。

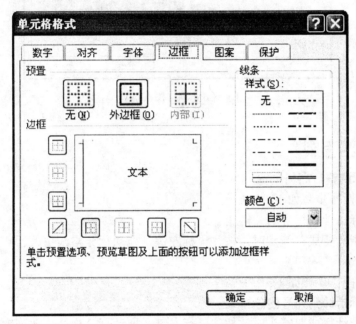

图 8-13 边框

### 5. 设置单元格背景

（1）使用工具按钮设置单元格背景

选择要设置背景的单元格，然后单击格式工具栏中"填充颜色"按钮 中右侧的黑色三角形，选择填充颜色即可。

（2）使用菜单命令设置单元格背景

操作步骤如下：

① 选定单元格，单击"格式"菜单中的"单元格"命令，或者鼠标右击选定的单元格，在弹出的快捷菜单中单击"设置单元格格式"命令，在打开的对话框中选择"图案"选项卡，如图 8-14 所示。

② 在"颜色"选项组中选择填充颜色，在"图案"下拉列表框中选择图案样式。

③ 单击"确定"按钮。

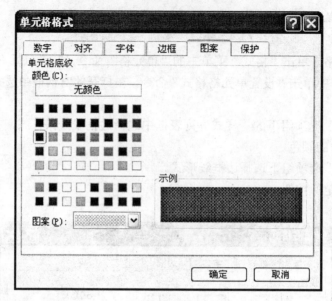

图 8-14 图案

### 8.4.2 调整行高与列宽

**1. 使用鼠标调整行高与列宽**

调整行高的操作步骤如下：

① 移动鼠标指针到行号的分格线上。

② 当鼠标指针变成双箭头时，按住鼠标左键，拖动行分格线更改行高到需要的高度后松开鼠标左键。

调整列宽的操作步骤如下：

① 移动鼠标指针到列号的分格线上。

② 当鼠标指针变成双箭头时，按住鼠标左键，拖动行分格线更改列宽到需要的宽度后松开鼠标左键。

另外，使用鼠标左键双击行号的下分格线可以调整行高到最合适的高度，同样，使用鼠标左键双击列号的右分格线可以调整列宽到最合适的宽度。

**2. 使用菜单命令调整行高与列宽**

操作步骤如下：

① 选择需要调整的单元格或区域。

② 单击"格式"菜单中的"行"（或"列"）命令，打开行高（或列宽）对话框。

③ 在对话框中输入行高（或列宽）值。

④ 单击"确定"按钮。

另外，鼠标右击选定的需要调整行高的行号（或需要调整列宽的列号），在弹出的快捷菜单中单击"行"（或"列"）命令，也可以打开行高（或列宽）对话框。

### 8.4.3 使用条件格式

条件格式是指根据单元格内容，有选择性地自动应用某种格式，它为 Excel 增色不少的同时，还为用户带来很多方便。

**1. 添加条件格式**

操作步骤如下：

① 选择要添加条件格式的单元格或区域。

② 单击"格式"菜单中的"条件格式"命令，打开条件格式对话框，如图 8-15 所示。

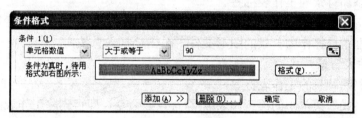

图 8-15 单条件格式

③ 在"条件 1"选项组中设置数据条件和格式。例如，设置单元格数值大于或等于 90，然后单击"格式"按钮，打开单元格格式对话框，设置单元格字体格式颜色为绿色。单击"确定"按钮返回。

④ 如果要设置多个条件格式，可以单击"添加"按钮，添加"条件 2"选项组，如图 8-16 所示。在"条件 2"选项组中设置数据条件和格式。例如，设置单元格数值小于 60，然后单击"格式"按钮，打开单元格格式对话框，设置单元格字体格式颜色为红色。单击"确定"按钮返回。

图 8-16 多条件格式

⑤ 单击"确定"按钮。

**2. 删除条件格式**

① 选择要删除条件格式的单元格或区域。

② 单击"格式"菜单中的"条件格式"命令，打开条件格式对话框。

③ 单击"删除"按钮，选定要删除的条件，单击"确定"按钮返回。

④ 单击"确定"按钮。

**3. 修改条件格式**

① 选择要更改条件格式的单元格或区域。

② 单击"格式"菜单中的"条件格式"命令，打开条件格式对话框。

③ 单击要更改的条件选项组，重新设置条件及格式。

### 8.4.4 设置工作表背景

**1. 添加工作表背景**

用户可以给工作表添加背景，增强美化效果，操作步骤如下：

① 单击要添加背景的工作表标签。

② 单击"格式"菜单中的"工作表/背景"命令，打开工作表背景对话框。

③ 在对话框中选择作为背景的图形文件，单击"插入"按钮。

**2. 删除工作表背景**

① 单击要删除背景的工作表标签。

② 单击"格式"菜单中的"工作表/删除背景"命令，即可删除工作表的背景。

### 8.4.5 复制格式

**1. 使用格式刷**

格式刷可以将一个单元格的格式复制到另一个单元格或区域中。选定被复制格式的单元格或区域，然后单击工具栏上的按钮 ，当鼠标指针变成 时，用鼠标单击目标单元格，或者按住鼠标左键，拖动鼠标选择定目标区域。

如果要删除格式，只需单击"编辑"菜单中的"清除/格式"命令即可。

**2. 自动套用格式**

Excel 提供了自动格式化功能，用户可以使用预设的格式，快速格式化表格，操作步骤如下：

① 选定要格式化的区域。

② 单击"格式"菜单中的"自动套用格式"命令，打开自动套用格式对话框，如图 8-17 所示。

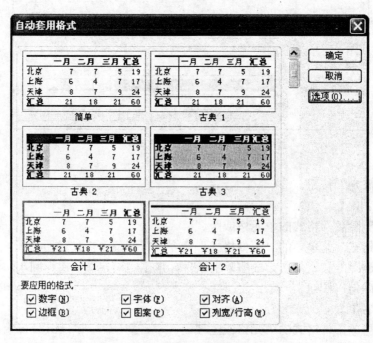

图 8-17 自动套用格式

③ 在列表框中选择要使用的格式样式，单击"选项"按钮，选择要应用的格式选择项。

④ 单击"确定"按钮。

## 8.5 公式与函数的应用

Excel 电子表格具有较强的计算能力，用户可以利用 Excel 提供的公式与函数进行各种计算。

### 8.5.1 使用公式

公式是对数据进行计算的算式，通常由等号、运算符、数据、函数等构成。

**1. 运算符**

Excel 中包含了四种类型的运算符：算术运算符、比较运算符、文本运算符和应用运算符。

（1）算术运算符

用来完成基本的算术运算，主要有：+（加）、-（减）、*（乘）、/（）除、%（百分比）、^（乘方）。

例如，$=3^3+12$，表示 3 的立方再加上 12，运算等于 39。

（2）关系运算符

用来对两个数据进行比较，主要有：=（等于）、<（小于）、>（大于）、<=（小于等于）、>=（大于等于）、<>（不等于）。

关系运算符的计算结果是一个逻辑值 True（或 False）。

例如，$=5<3$，运算结果为 False。因为 5 不可能小于 3。

（3）文本运算符

文本运算符&用来将两个文本连接起来生成一个新的文本。

例如，="湖北省"&"武汉市"，运算结果为"湖北省武汉市"

（4）引用运算符

用来将单元格区域合并计算，引用运算符主要有以下两种：

① 区域引用运算符（冒号）：对引用区域中的所有单元格进行引用，例如 SUM(A1:D5)。

② 联合引用运算符（逗号）：将多个引用合并成一个引用，SUM(A1:D5，E1:H3)。

**2. 公式的输入**

在单元格中输入公式的步骤如下：

① 选定要输入公式的单元格。

② 输入"="，进入公式输入状态。

③ 输入具体公式，如图 8-18 所示。

④ 完毕后按 Enter 键。

如果要修改公式，可以用鼠标双击单元格，显示公式内容，然后直接修改公式，修改完毕按 Enter 键。

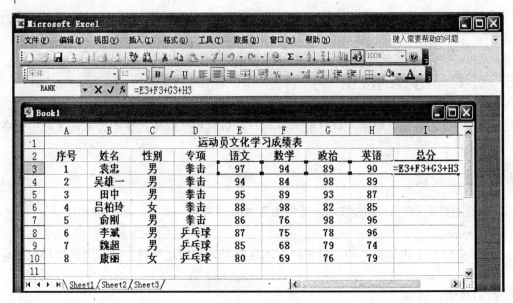

图 8-18　输入公式

### 3. 公式的自动填充

在单元格输入公式后，如果相邻的单元格需要进行同类型的计算，可以使用公式的自动填充，操作步骤如下：

① 选择公式所在的单元格。

② 拖动鼠标指针到填充柄，当鼠标指针变成实心十字形时，按住鼠标左键不放，拖动鼠标指针到达标区域，如图 8-19 所示。

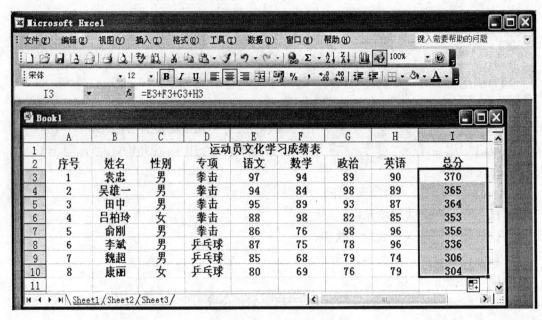

图 8-19　公式自动填充

③ 到达标区域后，松开鼠标左键，自动填充完毕。

## 8.5.2 使用函数

函数是一些预定义的公式，它们使用一些称为参数的特定数值按特定的顺序或结构进行计算，然后把计算的结果存放在某个单元格中。在大多数情况下，函数的计算结果是数值。当然，它也可以返回文本、引用、逻辑值、数组或工作表的信息。

Excel 提供了多种不同类型的函数，处理常用函数外，还包括财务函数、日期函数、时间函数、数学与三角函数、统计函数、数据库管理函数、文本函数、信息函数等。

在 Excel 中输入函数的常用方法有下述两种。

**1. 手工输入函数**

对于一些简单的函数，可以采用手工输入的方法。手工输入函数的方法与输入公式的方法一样。例如，在单元格中输入=SUM（A1:A6）。

**2. 使用向导输入函数**

对于比较复杂的函数，可以使用向导来完成函数的输入，操作步骤如下：

① 选择要输入函数的单元格。

② 单击"插入"菜单中的"函数"命令，或者单击编辑栏左侧的插入函数按钮 ![fx] 打开插入函数对话框，如图 8-20 所示。

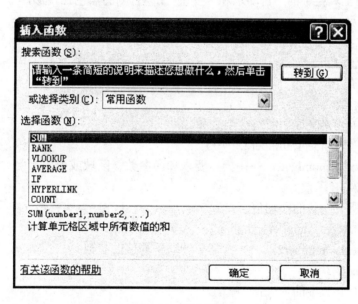

图 8-20　插入函数

③ 在"选择类别"下拉列表框中选择函数的类别，例如选择"常用函数"。

④ 在"选择函数"下拉列表框中选择函数，例如选择"SUM"。

⑤ 单击"确定"按钮，打开函数参数对话框，如图 8-21 所示。

⑥ 输入函数的参数，也可以单击文本框右侧的 ![按钮] 按钮，选择单元格区域。单击"确定"按钮。

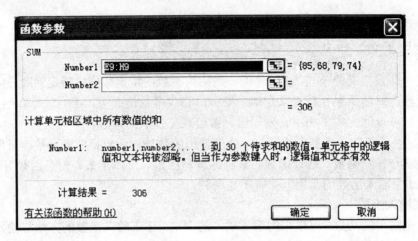

图 8-21    函数参数

### 3. 输入自动运算函数

Excel 中提供的自动运算函数主要有自动求和、平均值、计数、最大值、最小值等。使用自动运算函数的操作步骤如下：

① 选定要进行自动运算的单元格。

② 单击常用工具栏中的"自动求和"按钮 **Σ ▾** 右侧的黑色三角形，在打开的扩展菜单中单击相应命令。

③ 用鼠标选择参加运算的单元格或者单元格区域。

④ 按 Enter 键结束。

### 4. 常用函数介绍

（1）SUM 函数

用途：计算单元格区域中所有数字之和。

语法：SUM（number1,number2,……）。

参数：number1，number2，……为需要求和的参数、区域或引用。

（2）AVERAGE 函数

用途：计算所有参数的平均值。

语法：AVERAGE（number1,number2,……）。

参数：number1，number2，……为需要计算平均值的参数。

（3）MAX 函数

用途：求所有参数中的最大值。

语法：MAX（number1,number2,……）。

参数：number1，number2，……为从中找出最大值的 1~30 个参数。

（4）MAX 函数

用途：求所有参数中的最小值。

语法：MIN（number1,number2,……）。

参数：number1，number2，……为从中找出最小值的 1~30 个参数。

（5）COUNT 函数

用途：求数字参数的个数。常用来统计单元格区域中含有数字单元格的个数，或者数组中数字的个数。

语法：COUNT（value1,value2,……）。

参数：value1，value2，……为包含各种数据类型的参数，其中只有数字类型的数据才能被统计。

（6）IF 函数

用途：执行真假值判断，根据逻辑计算的真假值，返回不同结果。

语法：IF(logical_test,value_if_true,value_if_false)。

参数：Logical_test 表示计算结果为 TRUE 或 FALSE 的任意值或表达式。Value_if_true 是 logical_test 为 TRUE 时返回的值。Value_if_false 是 logical_test 为 FALSE 时返回的值。

（7）COUNTIF 函数

用途：计算区域中满足给定条件的单元格的个数。

语法：COUNTIF（range,criteria）。

参数：Range 为需要计算其中满足条件的单元格数目的单元格区域。Criteria 为确定哪些单元格将被计算在内的条件，其形式可以为数字、表达式或文本。

（8）SUMIF 函数

用途：根据指定条件对若干单元格求和。

语法：SUMIF（range,criteria,sum_range）。

参数：Range 为用于条件判断的单元格区域。Criteria 为确定哪些单元格将被相加求和的条件，其形式可以为数字、表达式或文本。

（9）RANK 函数

用途：返回一个数字在数字列表中的排位。

语法：RANK（number,ref,order）。

参数：number 为需要找到排位的数字。ref 为数字列表数组或对数字列表的引用（非数值型参数将被忽略）。order 为一数字，指明排位的方式。如果 order 为 0（零）或省略，按降序排位，否则，按升序排位。

### 8.5.3 公式与函数的引用

**1. 相对引用**

相对引用表示公式中引用的单元格地址是在工作表中的相对地址，如果公式所在单元格的地址改变，则公式中被引用的单元格地址也相对改变。

例如，在 A1 单元格中输入了一个公式"=A2+B3+20"，该公式中的 A2、B3、D8 都是相对引用。如果复制 A1 单元格内容到 B1 单元格，则公式中的引用也会随之发生相应的变化，变化的依据是公式所在的单元格到目标单元格所发生的行、列位移，公式中所有被引用的单元格都会发生相同的位移变化，因此，B1 单元格为"=B2+C2+20"。

**2. 绝对引用**

绝对引用表示公式中引用的单元格地址一个固定地址。如果公式所在单元格的地址改变，则公式中被引用的单元格地址保持不变。绝对引用是在被引用单元格的列号与行号前面加"$"符号。比如，$A$1 就是对 A1 单元格的绝对引用。

选定整个公式，按 F4 键，可以进行相对引用和绝对引用切换。

### 3. 混合引用

混合引用相对地址和绝对地址的混合引用。例如，A$1 中，A 是相对引用。$1 是绝对引用。如果公式所在单元格的地址改变，则混合引用中的相对引用地址改变，绝对引用地址保持不变。

### 4. 内部引用与外部引用

在 Excel 的公式中，可以引用相同工作表中的单元格，也可以引用其他工作表中的单元格，还可以引用其他工作簿中的单元格。引用同一工作表中的单元格就被称为内部引用，引用不同工作表中的单元格就被称为外部引用。

① 引用同一工作簿中其他工作表上的单元格，只要在引用单元格地址前加上工作表名和"!"。例如，当前公式位于 Sheet2 工作表中，要引用 Sheet1 工作表中的 G3 和 G5 单元格，可以输入"=Sheet1!G3+Sheet1!G5"。

② 引用不同工作簿中的单元格。如果要引用另一个工作簿中的单元格，正确的引用方法是：[工作簿名称]工作表名称！单元格地址。如"=[book1]Sheet1！L4+[book3]Sheet2！E7"。

## 8.6  数据管理与分析

Excel 具有强大数据管理功能，它为用户提供了许多分析和处理数据的有效工具（如排序、筛选、分类汇总等），帮助用户很方便地处理、分析数据。

### 8.6.1  数据清单

所谓数据清单就是包含列号的一组连续数据行的工作表，数据清单包含两部分：表结构和数据。

Excel 对数据清单进行管理时，自动将数据清单视为数据库，数据清单中的列是数据库中的字段，列标志是数据库中的字段名称，每一行是数据库中的一条记录。

Excel 创建数据清单，应遵循以下规定：

① 每列都有一个列标题。

② 列标题必须在数据的前面。

③ 同一列中的数据必须为同一种类型。

④ 不能有空行或空列。

使用记录单创建数据清单的操作步骤如下：

① 新建一个工作簿，将 sheet1 工作表命名为"学生体育成绩统计表"，在数据清单第一行一次输入各个字段，如图 8-22 所示。

② 选定 H3 单元格，输入公式"=D3+E3+F3+G3"，并将公式自动填充到 H 列的其他单元格。

③ 选择 A2：H6 区域，单击"数据"菜单中的"记录单"命令，打开如图 8-23 所示的"体育成绩统计表"记录单对话框。

④ 在对话框的各个字段中输入新记录的值。输入完毕，按 Enter 键或单击"新建"按钮，继续输入下一条记录的值。

⑤ 所有记录输入完毕，单击"关闭"按钮。

图 8-22　学生体育成绩统计表

图 8-23　"体育成绩统计表"记录单

## 8.6.2 数据排序

Excel 允许对表格中的数据按照大小顺序进行升序或降序排序，要进行排序的字段称为关键字。

如果要对某工作表中的数据按照某一字段进行排序，操作步骤如下：

① 在需要排序的单元格区域中，单击任一单元格。

② 单击"数据"菜单中的"排序"命令，打开排序对话框，如图 8-24 所示。

③ 在"主要关键字"下拉列表框中选择要排序的字段，然后选择该字段排序方式（升序或降序）。

④ 如果需要使用次关键字和第三关键字，分别在"次关键字"和"第三关键字"的下拉列表框中选择要排序的字段，然后选择该字段排序方式（升序或降序）。

⑤ 如果单击"选项"按钮，则打开排序选项对话框，如图 8-25 所示。可以在"自定义排序次序"下拉列表框中设置自定义排序顺序，还可以指定区分大小写排序、按行（列）排序、按字母（或笔画）排序等。单击"确定"返回。

⑥ 排序设置完毕，单击"确定"按钮。

此外，单击格式工具栏中的 按钮或 按钮，可以快速排序。

图 8-24　排序

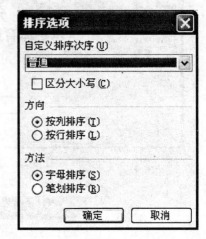

图 8-25　排序选项

## 8.6.3　数据筛选

数据筛选仅显示满足条件的数据行，暂时隐藏不满足条件的数据行，筛选条件由用户自行确定。Excel 提供了两种数据筛选方法：自动筛选和高级筛选。

### 1. 自动筛选

自动筛选通常用于简单条件的筛选，操作步骤如下：

① 单击需要筛选的数据清单中的任一单元格。

② 单击"数据"菜单中的"筛选/自动筛选"命令，此时，数据清单中的每个字段的右侧出现一个下拉箭头按钮，如图 8-26 所示。

| | A | B | C | D | E | F | G | H |
|---|---|---|---|---|---|---|---|---|
| 1 | | | 学生体育成绩统计表 | | | | | |
| 2 | 学号▾ | 姓 名▾ | 性别▾ | 100米▾ | 铅球▾ | 跳远▾ | 武术▾ | 总分▾ |
| 3 | 001 | 钱梅宝 | 女 | 88 | 76 | 82 | 85 | 331 |
| 4 | 002 | 张平光 | 男 | 90 | 98 | 93 | 89 | 370 |
| 5 | 003 | 郭建峰 | 男 | 77 | 94 | 89 | 90 | 350 |
| 6 | 004 | 张 雨 | 女 | 86 | 76 | 98 | 96 | 356 |
| 7 | 005 | 徐 菲 | 女 | 85 | 68 | 79 | 74 | 306 |
| 8 | 006 | 王 伟 | 男 | 95 | 89 | 93 | 87 | 364 |
| 9 | | | | | | | | |

图 8-26　自动筛选

③ 单击下拉箭头，选择筛选条件，例如，单击"性别"字段右侧的下拉箭头按钮，从下拉列表框中选择"男"，那么数据清单中只显示性别为"男"的记录，性别为"女"的记录暂时被隐藏，如图 8-27 所示。

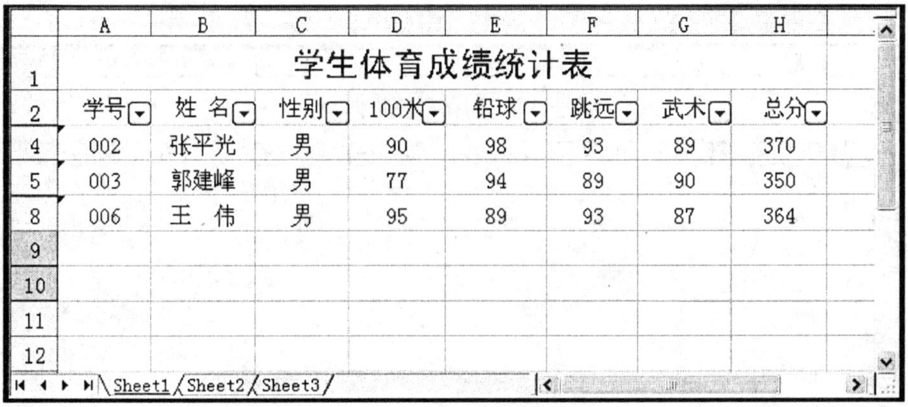

| | A | B | C | D | E | F | G | H |
|---|---|---|---|---|---|---|---|---|
| 1 | | | | 学生体育成绩统计表 | | | | |
| 2 | 学号 | 姓 名 | 性别 | 100米 | 铅球 | 跳远 | 武术 | 总分 |
| 4 | 002 | 张平光 | 男 | 90 | 98 | 93 | 89 | 370 |
| 5 | 003 | 郭建峰 | 男 | 77 | 94 | 89 | 90 | 350 |
| 8 | 006 | 王 伟 | 男 | 95 | 89 | 93 | 87 | 364 |
| 9 | | | | | | | | |
| 10 | | | | | | | | |
| 11 | | | | | | | | |
| 12 | | | | | | | | |

图 8-27　自动筛选后的数据

● 如果要对某个字段进行自定义条件筛选，应单击该字段右侧的下拉箭头按钮，在列表中选择"自定义"，打开如图 8-28 所示的对话框。在对话框中对筛选的条件进行设置。例如选择总分大于 350，且总分小于 370，如图 8-29 所示。单击"确定"按钮，筛选后的数据清单显示如图 8-30 所示。

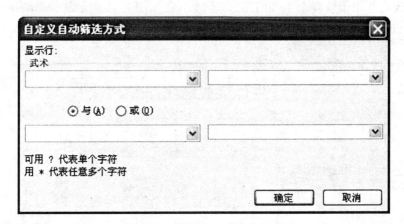

图 8-28　自定义自动筛选方式

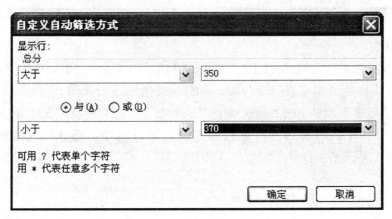

图 8-29　自定义自动筛选

普通高等教育「十二五」规划教材

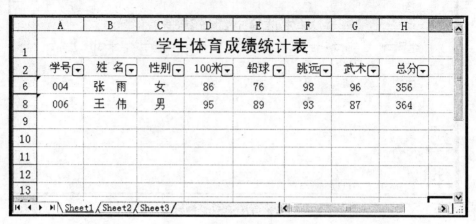

| | A | B | C | D | E | F | G | H |
|---|---|---|---|---|---|---|---|---|
| 1 | | | 学生体育成绩统计表 | | | | | |
| 2 | 学号▾ | 姓 名▾ | 性别▾ | 100米▾ | 铅球▾ | 跳远▾ | 武术▾ | 总分▾ |
| 6 | 004 | 张 雨 | 女 | 86 | 76 | 98 | 96 | 356 |
| 8 | 006 | 王 伟 | 男 | 95 | 89 | 93 | 87 | 364 |
| 9 | | | | | | | | |
| 10 | | | | | | | | |
| 11 | | | | | | | | |
| 12 | | | | | | | | |
| 13 | | | | | | | | |

图 8-30  自定义自动筛选后数据

● 如果要取消自动筛选，单击数据"菜单中的"筛选/自动筛选"命令，使其前面的"√"符号消失，则自动筛选被取消。

**2. 高级筛选**

高级筛选通常用于较复杂条件的筛选，例如，在如图 8-31 所示的数据清单中筛选出 100 米成绩大于 80，且武术成绩大于 80 的学生数据，操作步骤如下：

| | A | B | C | D | E | F | G | H |
|---|---|---|---|---|---|---|---|---|
| 1 | | | 学生体育成绩统计表 | | | | | |
| 2 | 学号 | 姓 名 | 性别 | 100米 | 铅球 | 跳远 | 武术 | 总分 |
| 3 | 001 | 钱梅宝 | 女 | 88 | 76 | 82 | 85 | 331 |
| 4 | 002 | 张平光 | 男 | 90 | 98 | 93 | 89 | 370 |
| 5 | 003 | 郭建峰 | 男 | 77 | 94 | 89 | 90 | 350 |
| 6 | 004 | 张 雨 | 女 | 86 | 76 | 98 | 96 | 356 |
| 7 | 005 | 徐 菲 | 女 | 85 | 68 | 79 | 74 | 306 |
| 8 | 006 | 王 伟 | 男 | 95 | 89 | 93 | 87 | 364 |
| 9 | | | | | | | | |

图 8-31  高级筛选前数据

① 先设置筛选条件区域。复制筛选字段，并输入筛选条件（默认状态下，同一列中的条件是"或"；同一行中的条件是"与"）。如图 8-32 所示。

② 单击"数据"菜单中的"筛选/高级筛选"命令，打开高级筛选对话框。

③ 在对话框中，分别选择筛选数据列表区域，例如，选择筛选数据列表区域为"$A$2:$H$8"，筛选数据条件区域为"$A$10:$H$11"，筛选结果显示起始位置为"$A$13"，如图 8-33 所示。

④ 单击"确定"按钮。筛选结果如图 8-34 所示。

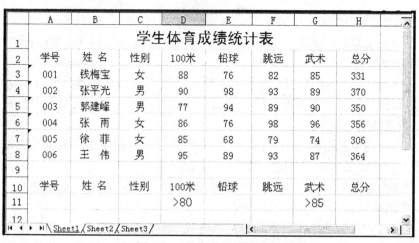

图 8-32 设置高级筛选条件

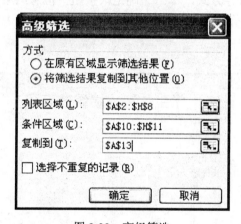

图 8-33 高级筛选

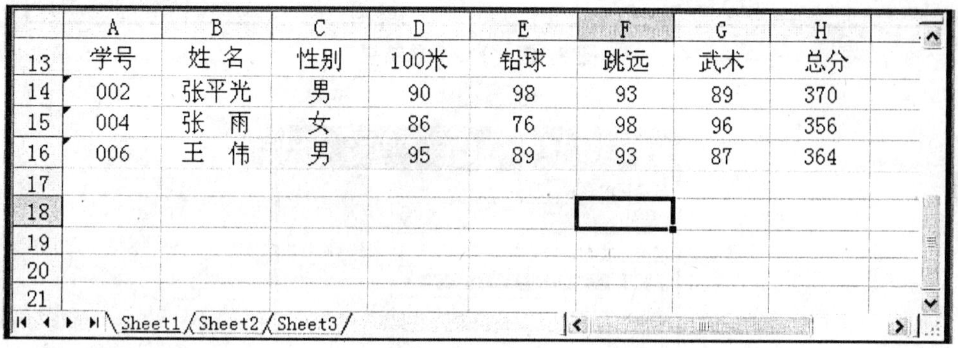

| | A | B | C | D | E | F | G | H |
|---|---|---|---|---|---|---|---|---|
| 13 | 学号 | 姓 名 | 性别 | 100米 | 铅球 | 跳远 | 武术 | 总分 |
| 14 | 002 | 张平光 | 男 | 90 | 98 | 93 | 89 | 370 |
| 15 | 004 | 张 雨 | 女 | 86 | 76 | 98 | 96 | 356 |
| 16 | 006 | 王 伟 | 男 | 95 | 89 | 93 | 87 | 364 |
| 17 | | | | | | | | |
| 18 | | | | | | | | |
| 19 | | | | | | | | |
| 20 | | | | | | | | |
| 21 | | | | | | | | |

图 8-34 高级筛选后的结果

● 筛选结果只能放置在活动工作表中。

### 8.6.4 数据分类汇总

分类汇总是对数据清单中指定的行或列中的数据进行汇总统计，Excel 插入分类汇总后，分级显示列表。

Excel 在分类汇总前，必须先对数据清单按分类的字段进行排序，然后再进行分类汇总。

**1. 单级分类汇总**

建立单级分类汇总的操作方法如下（以图 8-35 所示的数据清单为例）：

① 先对要分类汇总的单元格区域按分类字段进行排除，例如，要按"性别"进行分类汇总，应先按"性别"进行排序。

② 在排序后的单元格区域中单击任一非空单元格，然后单击"数据"菜单中的"分类汇总"命令，打开如图 8-36 所示的分类汇总对话框。

③ 在"分类字段"下拉列表中选择要进行分类的字段，分类字段必须是已经排序的关键字。本例应选择"性别"作为分类字段。

④ 在"汇总方式"下拉列表中选择汇总方式，本例中选择"平均值"作为汇总方式。

⑤ 在"选定汇总项"列表中选择需要汇总的字段。本例中选择"总分"作为汇总项。

⑥ 选择汇总数据的保存方式，单击"确定"按钮，汇总结果分级显示如图 8-37 所示。单击图中的"-"按钮，就会隐藏该级下的所有记录；单击"+"按钮，就会显示该级下的所有记录。

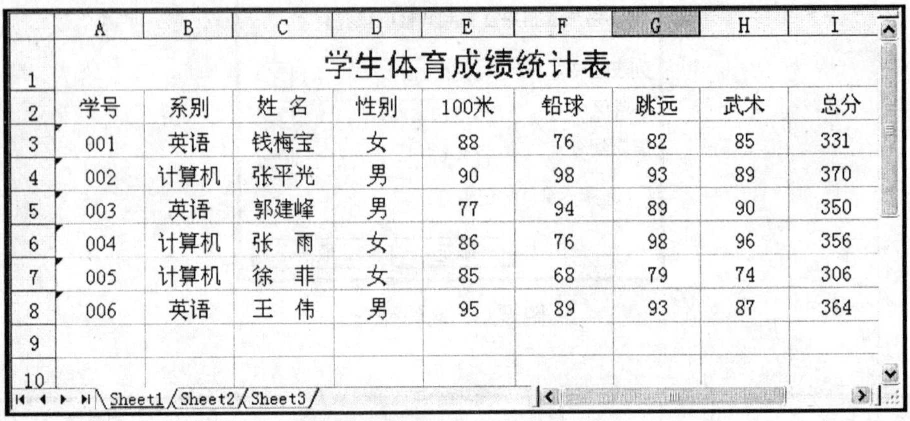

|  | A | B | C | D | E | F | G | H | I |
|---|---|---|---|---|---|---|---|---|---|
| 1 | 学生体育成绩统计表 | | | | | | | | |
| 2 | 学号 | 系别 | 姓 名 | 性别 | 100米 | 铅球 | 跳远 | 武术 | 总分 |
| 3 | 001 | 英语 | 钱梅宝 | 女 | 88 | 76 | 82 | 85 | 331 |
| 4 | 002 | 计算机 | 张平光 | 男 | 90 | 98 | 93 | 89 | 370 |
| 5 | 003 | 英语 | 郭建峰 | 男 | 77 | 94 | 89 | 90 | 350 |
| 6 | 004 | 计算机 | 张 雨 | 女 | 86 | 76 | 98 | 96 | 356 |
| 7 | 005 | 计算机 | 徐 菲 | 女 | 85 | 68 | 79 | 74 | 306 |
| 8 | 006 | 英语 | 王 伟 | 男 | 95 | 89 | 93 | 87 | 364 |
| 9 | | | | | | | | | |
| 10 | | | | | | | | | |

图 8-35　分类汇总结果

图 8-36　分类汇总

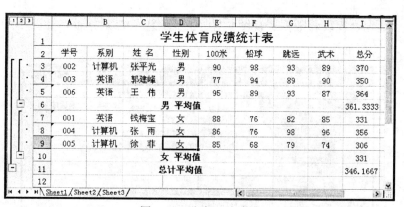

图 8-37　分类汇总结果

### 2. 高级分类汇总

Excel 可以对不同分类进行多重汇总。要进行多重分类汇总，必须先按分类汇总级别进行排序。如果要按系别求平均成绩，每个系再按性别求平均成绩，必须以"系别"为第一关键字排序，以"性别"为第二关键字排序，然后再分类汇总。

用上述方法先建立第一级分类汇总结果，再建立第二级分类汇总结果，在第二级分类汇总时，需要将"替换当前分类汇总"选项前的"√"去掉。

### 3. 清除分类汇总

选中分类汇总数据区域中的任一单元格，单击"数据"菜单中的"分类汇总"命令，在打开的分类汇总对话框中单击"全部删除"按钮，可以清除分类汇总。

## 8.6.5　数据透视表

数据透视表是一个交互式报表，可以快速合并数据和比较数据。下面以一个例子来介绍数据透视表的建立步骤。

有三位运动员，分别是张三、李四、王五，他们参加了跳水、跳高和短跑项目考核。考核数据记录在 Excel 的一个工作表中，其中的部分数据如图 8-38 所示。

| | A | B | C | D | E |
|---|---|---|---|---|---|
| 1 | 序号 | 运动员姓名 | 考核日期 | 考核项目 | 考核成绩 |
| 2 | 1 | 张三 | 2002-6-1 | 跳水 | 80 |
| 3 | 2 | 李四 | 2002-6-1 | 跳水 | 85 |
| 4 | 3 | 王五 | 2002-6-1 | 跳水 | 75 |
| 5 | 4 | 张三 | 2002-6-4 | 跳高 | 88 |
| 6 | 5 | 李四 | 2002-6-4 | 跳高 | 80 |
| 7 | 6 | 王五 | 2002-6-4 | 跳高 | 82 |
| 8 | 7 | 张三 | 2002-6-7 | 短跑 | 85 |
| 9 | 8 | 李四 | 2002-6-7 | 短跑 | 80 |
| 10 | 9 | 王五 | 2002-6-7 | 短跑 | 85 |
| 11 | 10 | 张三 | 2002-6-10 | 跳水 | 88 |
| 12 | 11 | 李四 | 2002-6-10 | 跳高 | 90 |
| 13 | 12 | 王五 | 2002-6-10 | 短跑 | 85 |
| 14 | | | | | |

图 8-38　考核数据表

① 选定数据源中任一非空单元格，单击"数据"菜单中"数据透视表和数据透视图"

命令，打开"数据透视表和数据透视图向导（3步骤之1）"对话框，如图8-39所示。

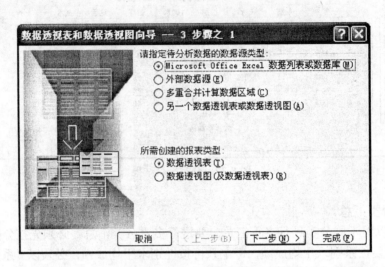

图 8-39 数据透视表和数据透视图向导（3 步骤之 1）

② 指定数据透视表的数据源类型，所需创建的报表类型（数据透视表），单击"下一步"按钮，打开"数据透视表和数据透视图向导（3 步骤之 2）"对话框，如图 8-40 所示。

图 8-40 数据透视表和数据透视图向导（3 步骤之 2）

③ 在对话框中选定数据源所在的连续单元格区域。选定数据源之后，选择"下一步"按钮，打开"数据透视表和数据透视图向导（3 步骤之 3）"对话框，如图 8-41 所示。

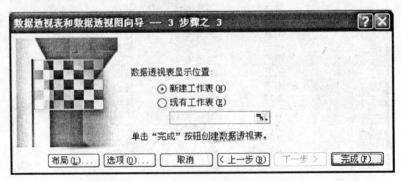

图 8-41 数据透视表和数据透视图向导（3 步骤之 3）

④ 选定"新建工作表"选项，单击"布局"按钮后，打开布局对话框，如图 8-42 所示。

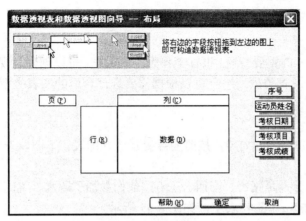

图 8-42 布局

⑤ 依次拖动对话框右侧的按钮到布局中，如图 8-43 所示，单击"确定"按钮返回到"数据透视表和数据透视图向导（3 步骤之 3）"对话框。单击"完成"按钮，建立数据透视表。双击数据透视表中的汇总字段，本例中选择"平均值"，数据透视表如图 8-44 所示。

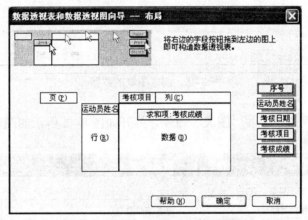

图 8-43 布局结果

| | A | B | C | D | E |
|---|---|---|---|---|---|
| 1 | | | | | |
| 2 | | | | | |
| 3 | 平均值项:考核成绩 | 考核项目 ▼ | | | |
| 4 | 运动员姓名 ▼ | 短跑 | 跳高 | 跳水 | 总计 |
| 5 | 李四 | 80 | 85 | 85 | 83.75 |
| 6 | 王五 | 85 | 82 | 75 | 81.75 |
| 7 | 张三 | 85 | 88 | 84 | 85.25 |
| 8 | 总计 | 83.75 | 85 | 82 | 83.58333333 |
| 9 | | | | | |
| 10 | | | | | |
| 11 | | | | | |
| 12 | | | | | |
| 13 | | | | | |
| 14 | | | | | |

图 8-44 数据透视表结果

## 8.7 使用图表

图表功能是 Excel 的重要特色，根据工作表中的数据。可以创建直观、形象的图表。Excel 给用户提供了十多种图表类型，用户可以根据需要选择合适的图表类型来创建图表。

### 8.7.1 创建图表

Excel 提供了创建图表的向导，按照向导提示建立图表。下面以一个例子来介绍图表建立步骤。

有三位运动员，分别是张三、李四、王五，他们参加了跳水、跳高和短跑项目考核。考核成绩记录在 Excel 的一个工作表中，如图 8-45 所示。

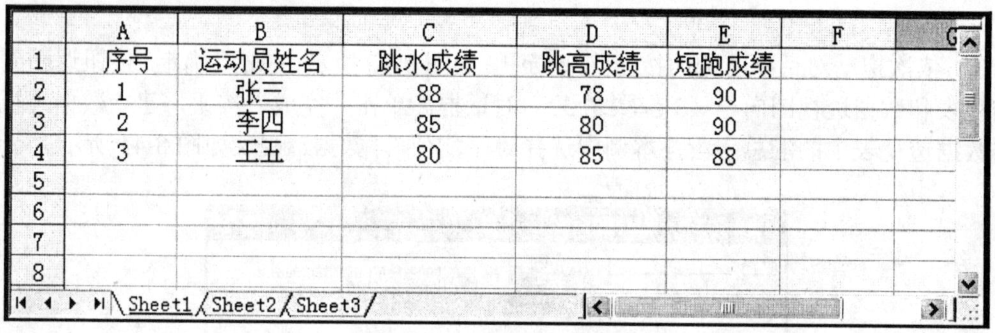

| | A | B | C | D | E | F |
|---|---|---|---|---|---|---|
| 1 | 序号 | 运动员姓名 | 跳水成绩 | 跳高成绩 | 短跑成绩 | |
| 2 | 1 | 张三 | 88 | 78 | 90 | |
| 3 | 2 | 李四 | 85 | 80 | 90 | |
| 4 | 3 | 王五 | 80 | 85 | 88 | |
| 5 | | | | | | |
| 6 | | | | | | |
| 7 | | | | | | |
| 8 | | | | | | |

Sheet1 / Sheet2 / Sheet3

图 8-45 创建图表的数据

① 单击“插入”菜单中的“图表”命令，打开如图 8-46 所示的图表类型对话框。

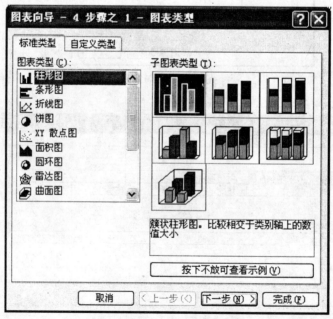

图 8-46 图标类型

② 在图表类型对话框中选择需要的图标类型，如簇状柱形图。单击"下一步"按钮，打开图表数据源对话框。在"数据区域"输入框中指定数据源区域，如图 8-47 所示。

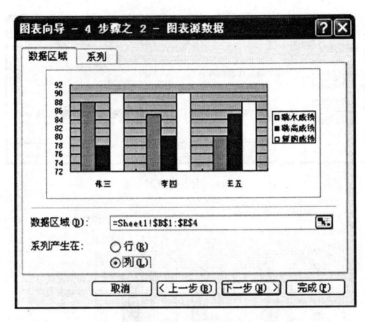

图 8-47　图表源数据

③ 单击"下一步"按钮，打开如图 8-48 所示的表选项对话框。在"标题"选项卡中输入图表标题、X 轴与 Y 轴标题；在"坐标轴"选项卡中指定主坐标轴和数值轴；在"坐标轴"选项卡中指定 X 轴与 Y 轴的网格线；在"图例"选项卡中选择图例的显示位置；在"数据标志"选项卡中选择数据标签。

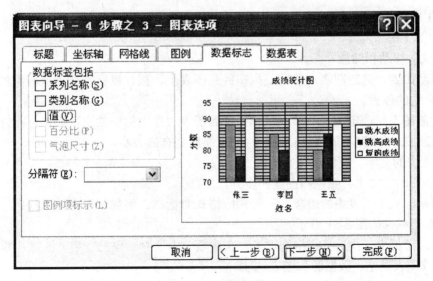

图 8-48　图表选项

④ 单击"下一步"按钮,打开如图 8-49 所示的图表位置对话框。选择一种图表插入方式,单击"完成"按钮,图标显示如图 8-50 所示。

图 8-49　图表位置对话框

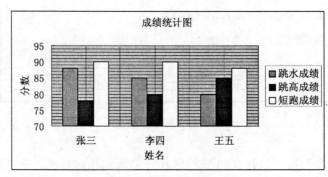

图 8-50　学生成绩统计图

### 8.7.2　编辑和修改图表

图表生成以后,如果工作表中的数据发生改变,则图表信息也发生相应改变。用户可以根据需要更改图表信息。

**1. 图表的移动和缩放**

① 移动图表:选定图表,移动鼠标指针到图表上,按住鼠标左键不放拖动鼠标,将图表移动到合适的位置。

② 缩放图表:选定图表,移动鼠标指针到图表边框上的缩放点,当鼠标指针变成双向箭头时,按住鼠标左键不放拖动鼠标,将图表缩放到合适大小。

**2. 图表中的文字、颜色和图案的设置**

设置图表中的文字、颜色和图案的步骤如下:

① 用鼠标双击图表中的对象,打开相应格式对话框。例如,双击图表标题,打开图表标题格式对话框,如图 8-51 所示。

② 在对话框中依次选择相应选项卡,在选项卡中设置对象的文字、图案、颜色等。

**3. 更改图表类型、数据源和图表选项**

① 更改图表类型:选定图表,鼠标右击选定的图表,在弹出的快捷菜单中单击"图表类型"命令,在打开的图表类型对话框中重新选择新的图表类型后,单击"确定"按钮。

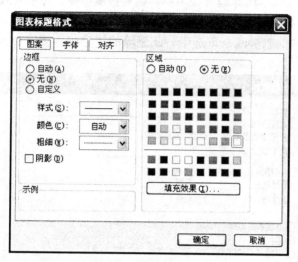

图 8-51 图表标题格式

② 更改数据源：选定图表，鼠标右击选定的图表，在弹出的快捷菜单中单击"数据源"命令，在打开的数据源对话框中重新选择新的数据区域及数据系列，单击"确定"按钮。

③ 更改图表选项：选定图表，鼠标右击选定的图表，在弹出的快捷菜单中单击"图表选项"命令，在打开的图表选项对话框中重新设置图表的标题、坐标轴、网格线、图例、数据标志等，最后单击"确定"按钮。

**4. 使用趋势线**

如果需要分析一串数据的发展趋势，可以使用趋势线进行预测分析，操作步骤如下：

① 在图表中选择要添加趋势线的数据系列。

② 单击"图表"菜单中的"添加趋势线"命令，打开添加趋势线对话框，在"类型"选项卡中选择一种趋势预测/回归分析类型，如图 8-52 所示。

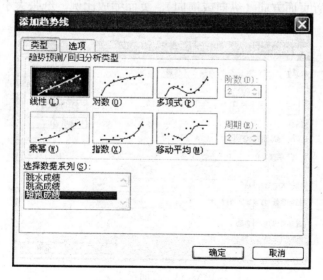

图 8-52 添加趋势线类型

③ 在"选项"选项卡中选择趋势线名称、趋势预测周期、显示公式等，如图 8-53 所示。

④ 单击"确定"按钮，生成趋势线。

如果要删除图表中的趋势线，可选中一起删除的趋势线，按下 Delete 键。

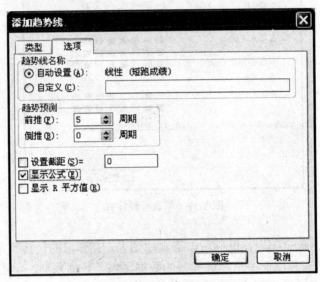

图 8-53　添加趋势线选项

## 8.8　工作表的页面设置与打印

### 8.8.1　页面设置

**1. 页面设置**

单击"文件"菜单中的"页面设置"命令，打开页面设置对话框，选择"页面"选项卡，如图 8-54 所示。设置页面方向（纵向或横向），页面缩放比例、纸张大小、打印质量等。

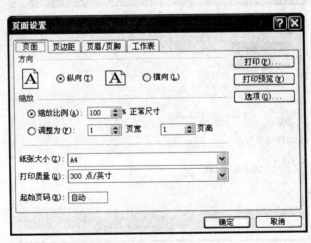

图 8-54　页面设置

## 2. 页边距设置

在页面设置对话框中，选择"页边距"选项卡，如图 8-55 所示。设置页眉与页脚的边距，数据到页边之间的距离，以及数据居中方式。

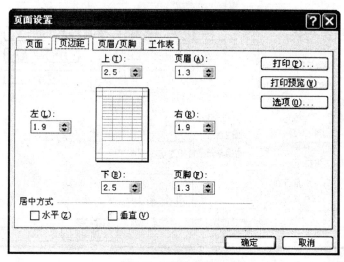

图 8-55　页边距设置

## 3. 页眉/页脚设置

在页面设置对话框中，选择"页眉/页脚"选项卡，如图 8-56 所示。可以直接选择 Excel 提供的页眉与页脚内容，也可以自行定义页眉与页脚。单击"自定义页眉"按钮，输入自定义页眉内容，单击"自定义页脚"按钮，输入自定义页脚内容。

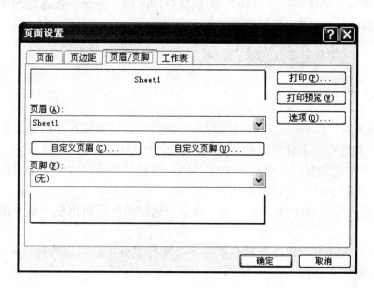

图 8-56　页眉/页脚设置

## 4. 工作表设置

在页面设置对话框中，选择"工作表"选项卡，如图 8-57 所示。选择打印区域、打印标题、打印方式、打印顺序等。

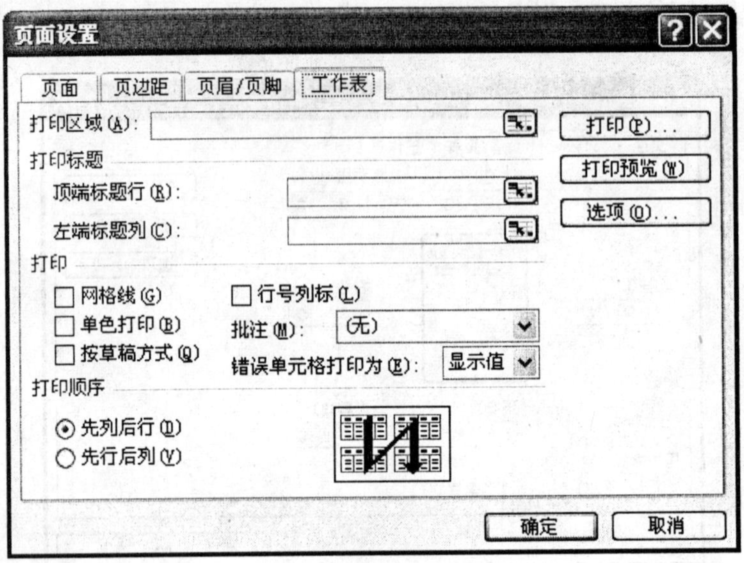

图 8-57　工作表设置

### 8.8.2　打印区域设置

定义打印区域的操作步骤如下：

① 选定要打印的单元格区域。

② 单击"文件"菜单中的"打印区域/设置打印区域"命令，被选定的单元格区域周围出现虚线框。打印时，指打印虚线框内的数据记录。

如果要取消设置的打印区域，单击"文件"菜单中的"打印区域/取消打印区域"命令即可。

### 8.8.3　设置分页

当工作表较大时，Excel 一般会自动为工作表分页，如果用户不满意这种分页方式，可根据需要对工作表进行人工分页，插入分页符，操作步骤如下：

① 在工作表中选定要插入分页的位置。插入的水平分页符将位于选定位置的上边，插入的垂直分页符将位于选定位置的左边。

② 单击"插入"菜单中的"分页符"命令，选定的位置将出现一条长虚线，即插入了一个分页符。

如果要删除插入的分页符，选择分页符下边的行或分页符右边的列，单击"插入"菜单中的"删除分页符"命令即可。

### 8.8.4　打印

打印前应先进行打印预览，单击"文件"菜单中的"打印预览"命令，或者单击常用工具栏中的"打印预览"按钮 ，直接预览打印结果。

打印预览满意后，单击"文件"菜单中的"打印"命令，打开打印对话框，如图 8-58
所示。在对话框中选定打印范围、打印内容、打印份数。单击"确定"按钮，开始打印。

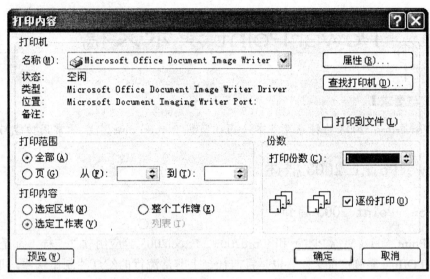

图 8-58　打印

# 第9章　PowerPoint 演示文稿

【学习目的与要求】

了解 PowerPoint2003 的特点及基本应用；掌握 PowerPoint 2003 的常用功能与用法。

## 9.1　PowerPoint 2003 概述

### 9.1.1　PowerPoint 2003 简介

PowerPoint2003（简称 PPT）和 Word2003、Excel2003 等应用软件一样，都是 Microsoft 公司推出的 Office 系列产品之一，也是目前社会上非常流行的幻灯片制作软件，可以用来方便地创建演示文稿。由于其图文并茂的表现方式和简单易行的操作环境，PowerPoint 已经成为学术交流、产品演示、工作汇报、网络会议和个人求职等场合不可缺少的工具。

### 9.1.2　PowerPoint 2003 启动与退出

**1. 启动**

（1）使用"运行"命令启动 PowerPoint

单击桌面"开始"菜单中的"运行"命令选项，在弹出的对话框内输入"PowerPoint"，单击"确定"按钮。

（2）使用 Word 快捷方式启动

安装 Office 软件后，在桌面上会出现一个 PowerPoint 的快捷方式图标，用鼠标双击该快捷方式图标即可启动 PowerPoint。

（3）从"开始"菜单启动

单击桌面"开始"菜单中的"所有程序/Microsoft Office/Microsoft Office PowerPoint 2003"命令，启动 PowerPoint。

（4）其他方式启动

鼠标双击 PowerPoint 文档图标，启动 PowerPoint，并打开该文档。

**2. 退出**

一般采用以下几种方式退出 PowerPoint：

① 单击"文件"菜单中的"退出"命令。

② 单击窗口右上角的关闭按钮 ⊠。

③ 双击窗口左上角的"控制菜单"图标 ▣。

④ 单击"控制菜单"内的"关闭"命令。

⑤ 使用组合键 Alt+F4。

### 9.1.3 PowerPoint 2003 工作窗口

PowerPoint 2003 的工作窗口与 Word2003、Excel2003 结构基本相同，由标题栏、菜单栏、格式工具栏、常用工具栏、工作区、绘图工具栏、状态栏、任务窗格、大纲及视图切换区、备注区等几部分组成，如图 9-1 所示。

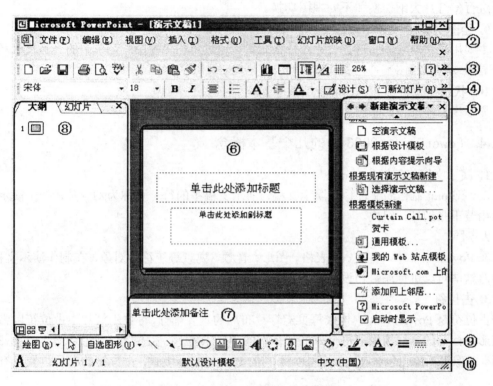

图 9-1 PowerPoint 2003 工作界面

**1. 标题栏**

标题栏位于 PowerPoint 窗口的最上方，用来显示当前文档的标题。左侧有"控制菜单"图标、文档的名称和应用程序的名称，右侧有窗口的"最小化"、"最大化"与"关闭"按钮。

**2. 菜单栏**

菜单栏位于标题栏的下方，由文件、编辑、视图、插入、格式、工具、幻灯片放映、窗口、帮助九个命令菜单组成。用鼠标单击菜单项可以打开对应的菜单。执行菜单中的命令。

**3. 常用工具栏**

主要包括文稿操作命令按钮和编辑命令按钮。

**4. 格式工具栏**

主要包括常用的格式设置命令按钮。

**5. 任务窗格**

用来显示制作演示文稿常用到的命令。通过任务窗格可以迅速访问与特定任务相关的命令，而无需使用菜单和工具栏。单击任务窗格顶部的下拉三角按钮，可以选择不同的任务窗格来编辑和管理幻灯片。

普通高等教育『十二五』规划教材

**6. 工作区**

是窗口中最重要的部分，幻灯片的制作主要在这个区域完成。

**7. 备注区**

用来添加或编辑幻灯片的备注。

**8. 大纲及视图切换区**

进行幻灯片大纲切换和不同视图切换。

**9. 绘图工具栏**

主要用来快速绘制图形、设置图片格式等。通过单击"视图"菜单中的"工具栏/绘图"命令显示或隐藏绘图工具栏。

**10. 状态栏**

显示出当前文档的状态。

### 9.1.4 PowerPoint 2003 中的几个基本概念

**1. 演示文稿与幻灯片**

PowerPoint 制作的文件称作演示文稿，演示文稿中的每一页称为幻灯片，一个演示文稿通常由若干张幻灯片组成。

**2. 对象**

在 PowerPoint 中，将文本、表格、图形、音频、视频等统称为对象，在制作演示文稿时，主要对这些对象进行编辑和设置。

**3. 占位符**

占位符是 PowerPoint 中构成每页幻灯片布局的重要部分，每页幻灯片中占位符以带有虚线或影线标记的方框构成，每个方框都有不同的文字提示。占位符主要以文本为主，表格、图形、图像等对象也包含在占位符中，不同的 PowerPoint 版式，占位符的布局位置也有所不同。

在 PowerPoint 中可以更改幻灯片上出现的占位符，如调整占位符的尺寸、位置以及占位符内文本的字体、字号、颜色等。

**4. 设计模板**

设计模板是 PowerPoint 中包含固定布局、背景和格式的幻灯片。PowerPoint 自带多个设计模板，用户可以根据需要选用设计模板。

**5. 母版**

母版是 PowerPoint 中一种特殊的幻灯片，包含了幻灯片文本和页脚（如日期、时间和幻灯片编号）等占位符。这些占位符，控制了幻灯片的字体、字号、颜色（包括背景色）、阴影和项目符号样式等版式要素。

**6. 配色方案**

配色方案是指幻灯片颜色配置方案，主要由幻灯片设计中使用的八种颜色（用于背景、文本和线条、阴影、标题文本、填充、强调和超链接）组成。

**7. 幻灯片版式**

幻灯片版式是指幻灯片内容在幻灯片上的排列方式。版式有占位符组成，在占位符内可以放置文本、图表、表格等对象。PowerPoint 提供了四类版式：文字版式、内容版式、文字和内容版式、其他版式。用户可以根据需要选择合适的版式。

### 9.1.5　PowerPoint 2003 帮助功能

同 Word2003 一样，PowerPoint 2003 也为用户提供了联机帮助文档，使用它可以随时解决用户在使用过程中遇到的问题。

单击"帮助"菜单中的"Microsoft Office PowerPoint 帮助"命令或者在键盘上按 F1 键，显示 PowerPoint 帮助任务窗格，如图 9-2（a）所示。在"搜索"文本框中输入要查找帮助的主题，再单击"开始搜索"按钮，开始搜索帮助主题。

如果用户的计算机连接在互联网上，系统首先到 Microsoft Office Online 的主页去查询用户要查找的主题信息，并在"搜索结果"任务窗格中列出检索到的帮助信息，如图 9-2（b）所示。如果用户的计算机没有连接互联网，系统会到系统自带的脱机帮助文件中去查找主题信息，并在"搜索结果"任务窗格中列出检索到的信息如图 9-2（c）所示。

|  |  |  |
|---|---|---|
| （a）帮助任务窗格 | （b）网络搜索结果 | （c）本机搜索结果 |

图 9-2

## 9.2　PowerPoint 2003 演示文稿的基本操作

### 9.2.1　创建演示文稿

创建演示文稿的方法很多，最常用的方法主要有：创建空演示文稿、根据设计模板创建演示文稿和使用内容提示向导创建演示文稿。

**1. 新建空白演示文稿**

通常情况下，启动 PowerPoint2003 后，系统会自动创建一个名为"演示文稿 1"的空演示文稿。除此之外，用户还可以通过文件菜单或工具栏来创建空演示文稿。

（1）利用文件菜单创建演示文稿

① 单击"文件"菜单中的"新建"命令，打开新建演示文稿任务窗格，如图 9-3（a）所示。

② 单击"空演示文稿"选项，打开幻灯片版式任务窗格，如图 9-3（b）所示。

③ 选择相应的幻灯片版式。

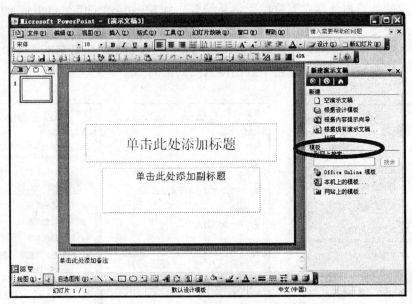

（a）新建演示文稿

（b）幻灯片版式

图 9-3

（2）利用文件菜单创建演示文稿

单击"常用"工具栏中的"新建"命令按钮，在如图9-3（b）所示的幻灯片版式任务窗格中选择相应的幻灯片版式。

**2. 根据模板新建演示文稿**

使用设计模板创建演示文稿，既快捷又美观，PowerPoint 为用户提供了多种精美的设计模板，这些设计模板中预先规定了每张幻灯片的背景、文字样式、布局和颜色，使用非常方便。根据设计模板新建演示文稿的步骤如下：

① 单击"文件"菜单中的"新建"命令，打开新建演示文稿任务窗格，如图 9-3（a）所示。

② 单击"根据设计模板"选项，打开幻灯片设计任务窗格。

③ 在"应用设计模板"选项区中选择一个合适的模板，单击模板缩略图右面的下拉按钮，在下拉列表框中选择要进行的操作。如图 9-4 所示。

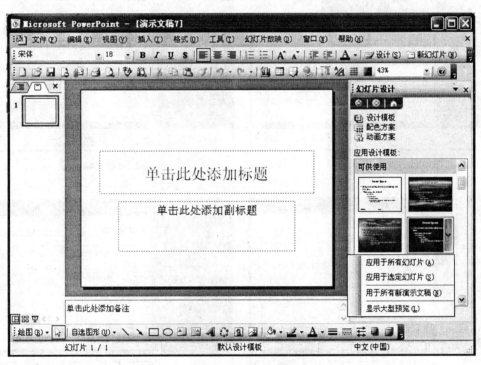

图 9-4  应用设计模板

**3. 根据内容提示向导新建演示文稿**

使用内容提示向导可以一次制作一套完整的演示文稿。内容提示向导主要包括演示文稿类型设置、演示文稿样式设置和演示文稿选项设置三个步骤。具体操作步骤如下：

① 单击"文件"菜单中的"新建"命令，打开新建演示文稿任务窗格。

② 单击"内容提示向导"选项，打开内容提示向导对话框，如图9-5（a）所示。

③ 单击"下一步"按钮，打开如图9-5（b）所示的对话框，选择将使用的演示文稿类型。如单击"常规"按钮，选择"论文"选项。

④ 单击"下一步"按钮，在打开的对话框中选择演示文稿的输出类型，如图 9-5(c)所

示。 演示文稿输出类型的各选项含义如下：

- 屏幕演示文稿：指直接在计算机屏幕上播放的演示文稿，是默认选项。
- Web 演示文稿：将演示文稿发送到 Web 服务器中，以 Web 页的形式供网络中的用户选择。
- 黑白投影机：将演示文稿打印成黑白幻灯片，通过黑白投影机播放。
- 彩色投影机：将演示文稿打印成彩色幻灯片，通过彩色投影机播放。
- 35 毫米幻灯片：将演示文稿制作成 35 毫米的幻灯片。

⑤ 单击"下一步"按钮，打开如图 9-5（d）所示的对话框，输入演示文稿标题和页脚要显示的内容。

⑥ 单击"下一步"按钮，在打开的对话框中单击"完成"按钮。

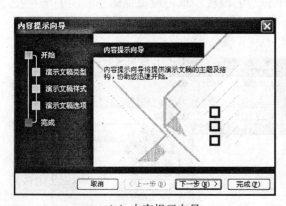

（a）内容提示向导

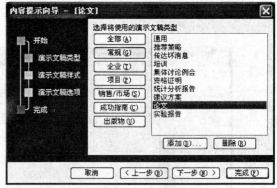

（b）演示文稿类型

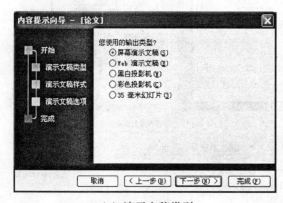

（c）演示文稿类型

（d）演示文稿类型

图 9-5

## 9.2.2 打开演示文稿

若磁盘中存在已经制作好的演示文稿，可以在 PowerPoint 中将其打开。单击"文件"菜单中的"打开"命令，在弹出的对话框中选择需要打开的演示文稿及其路径，再单击"打开"按钮。

### 9.2.3　保存演示文稿

**1. 保存新建的演示文稿**

① 单击"常用"工具栏中的"保存"按钮，或者单击"文件"菜单中的"保存"命令，打开另存为对话框。

② 在"保存位置"列表框中选择保存的路径；在文件名列表框中输入要保存的文件名；在"保存类型"列表框中选择保存文件类型。

③ 单击"保存"按钮。

**2. 保存已经存在的演示文稿**

直接单击"常用"工具栏中的"保存"按钮，或者单击"文件"菜单中的"保存"命令，新保存的文件内容将覆盖原来的文件内容。

### 9.2.4　演示文稿的显示方式

PowerPoint 中的演示文稿有 4 种视图显示方式：普通视图、幻灯片浏览视图、备注页视图、幻灯片放映视图。切换演示文稿显示方式的操作方法为：打开"视图"菜单，单击相应的视图显示命令即可，如单击"视图"菜单中的"幻灯片浏览"命令，以幻灯片浏览视图方式显示演示文稿。

另外，也可以单击大纲区下方的视图切换按钮来切换视图显示方式。

## 9.3　幻灯片的编辑

幻灯片的编辑是演示文稿制作过程中的重要部分，主要通过"插入"菜单提供的命令来完成。

### 9.3.1　插入幻灯片

通常一个演示文稿中包含多张幻灯片，如果要在演示文稿中插入一张新幻灯片，可以单击"插入"菜单中的"新幻灯片"命令，或者按"Ctrl+M"组合键，打开幻灯片版式任务窗格，选择合适的版式。

### 9.3.2　插入文本

在使用自动版式创建的幻灯片中，PowerPoint 为用户预留了输入文本的"占位符"，此时，用户主要单击幻灯片中相应的占位符位置，即可将光标定位其中，输入文本。

如果要在占位符以外的位置输入文本，一般使用文本框来输入文本，具体操作步骤如下：

① 单击"插入"菜单中的"文本框/水平（或垂直）"命令，或者单击绘图工具栏中的"文本框"按钮或"竖排文本框"按钮。

② 拖动鼠标，在幻灯片中"画"出一个文本框，并在该文本框内输入相应文本。如图9-6 所示。

如果在幻灯片中插入文本框后没有即时输入文本，当进行完其他操作后，插入的文本框就会消失，因此，在插入文本框后要及时地输入文本框内容。

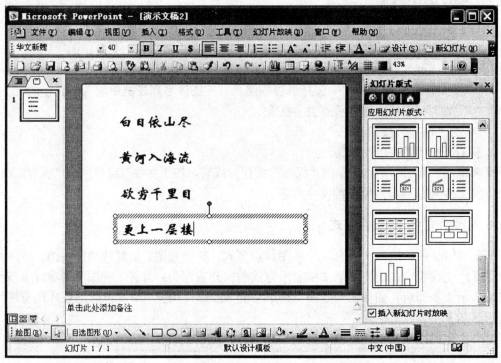

图 9-6　插入文本

插入到幻灯片中的文本框可以任意调整大小和改变位置。选中文本框，将鼠标指针移动到文本框上，当出现四向箭头时，按住鼠标左键，拖动鼠标可以改变文本框的位置；移动鼠标指针到文本框边缘的八个圆点之上，鼠标变成双向箭头时，拖动鼠标左键，拖动鼠标可以改变文本框的大小。

鼠标双击选中的文本框，打开设置文本框格式对话框，可以调整文本框的颜色与线条、位置、尺寸、文本的边距、旋转等。

### 9.3.3　插入图形对象

为了使幻灯片更加美观、生动，可以在幻灯片上插入各种图形对象，例如图片、剪贴画、自选图形、艺术字、公式、表格、图表、组织结构图等。

**1. 插入图片**

（1）通过工具面板插入图片

① 单击"格式"菜单中的"幻灯片版式"命令，打开幻灯片版式任务窗格。

② 在幻灯片任务窗格中，选择带剪贴画的内容版式，例如选择"标题与内容"版式。此时，幻灯片中的占位符中包含一个"插入对象"工具面板。面板中包括"插入表格"、"插入图表"、"插入剪贴画"、"插入图片"、"插入组织结构图或其他图示"、"插入媒体剪辑"等按钮。如图 9-7 所示。

③ 单击占位符中"插入图片"按钮，打开插入图片对话框，选择要插入的图片文件名及文件路径，单击"插入"按钮。

图 9-7　"标题与内容"版式

（2）通过菜单命令插入图片

① 单击"插入"菜单中的"图片/来自文件"命令，打开插入图片对话框，如图 9-8 所示。

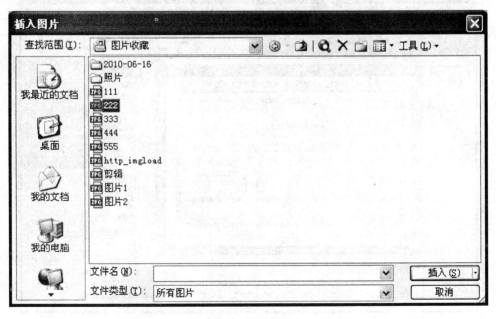

图 9-8　插入图片

② 在插入图片对话框中，选择要插入的图片文件名及文件路径，单击"插入"按钮。

（3）通过工具按钮插入图片

① 单击绘图工具栏中的"插入图片"按钮，打开插入图片对话框。

② 在插入图片对话框中，选择要插入的图片文件名及文件路径，单击"插入"按钮。

以上是介绍插入图片的方法。插入剪贴画和插入图片的方法类似。

同文本框一样，插入到幻灯片中的图片可以任意调整大小和改变位置。选中图片，将鼠标指针移动到图片上，当出现四向箭头时，按住鼠标左键，拖动鼠标可以改变文本框的位置；移动鼠标指针到图片边缘的八个圆点之上，鼠标变成双向箭头时，拖动鼠标左键，拖动鼠标可以改变图片的大小。鼠标双击选中的图片，打开设置图片格式对话框，可以调整文本框的颜色与线条、位置、尺寸、图片裁剪、图像控制等。

**2. 插入艺术字**

将演示文稿中的标题或文字设置成艺术字，不仅能表达文字信息，还可以丰富演示文稿的艺术效果。PowerPoint 中艺术字的插入和编辑与 Word 相同。单击"插入"菜单中的"图片/艺术字"命令，或者单击绘图工具栏中的"插入艺术字"按钮，都可以向幻灯片中插入艺术字。

**3. 插入组织结构图**

组织结构图常用来表示层次关系，如某个机构或部门的结构关系。在 PowerPoint 中，可以方便地创建组织结构图。

（1）通过菜单插入组织结构图

① 单击"插入"菜单中的"图片/组织结构图"命令，在当前幻灯片中出现一个组织结构图模块。同时，打开"组织结构图"工具栏，如图 9-9 所示。

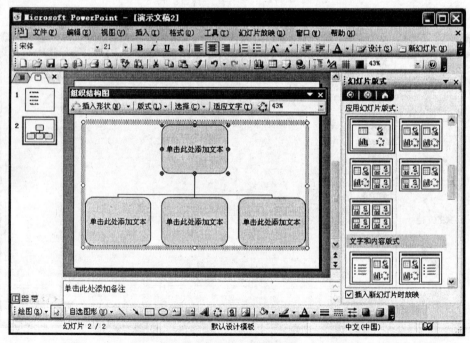

图 9-9　插入组织结构图

② 单击占位符，输入所需要的文本。

③ 选定组织结构图中的某个对象，单击"组织结构图"工具栏上的"插入形状"按钮右边的小三角，在打开的下拉菜单中单击相应命令，在图中添加新的分支。

④ 若要添加预设的设计方案，单击"组织结构图"工具栏中的"版式"按钮右边的小三角，在打开的下拉菜单中选择所需的结构。

（2）通过工具面板或工具按钮插入组织结构图

① 单击绘图工具栏中的"插入组织结构图或其他图示"按钮，或者在带组织结构图的幻灯片版式中，单击占位符中的"插入组织结构图或其他图示"按钮，打开图示库对话框。

② 在图示库对话框中，选择"组织结构图"选项。单击"确定"按钮，打开"组织结构图"工具栏。

③ 单击占位符，输入所需要的文本。

④ 选定组织结构图中的某个对象，单击"组织结构图"工具栏上的"插入形状"按钮右边的小三角，在打开的下拉菜单中单击相应命令，在图中添加新的分支。

⑤ 若要添加预设的设计方案，单击"组织结构图"工具栏中的"版式"按钮右边的小三角，在打开的下拉菜单中选择所需的结构。

**4. 插入图表**

将数据以图表的形式在幻灯片中表达，可以使数据的含义更加形象、直观，并能通过图表直接了解数据之间的关系和变化趋势。在 PowerPoint 中插入图表的主要操作步骤如下：

① 单击"插入"菜单中的"图表"命令，或者单击常用工具栏中的"插入图表"按钮，或者在带图表的幻灯片版式中，单击占位符中的"插入图表"按钮，打开如图 9-10 所示的数据表。

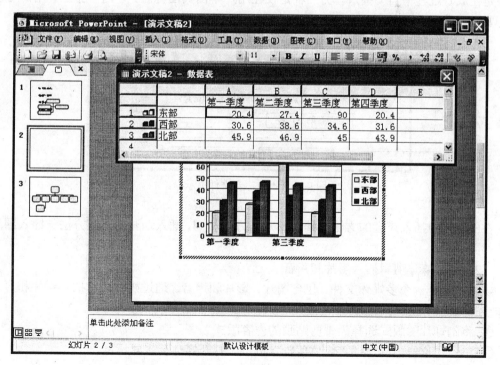

图 9-10　图表与数据表

② 在数据表中输入实际数据，或者导入数据。当数据表中的数据被修改，图标也会相应随之发生变化。

输入数据：单击某个单元格，在该单元格中输入所需的文本或数值。

导入数据：单击要导入数据的起始单元格，单击"编辑"菜单中的"导入文件"命令，在打开的对话框中选择要导入的文件，按导入进行操作。

**5. 插入表格**

在 PowerPoint 中插入表格的操作步骤如下：

① 单击"插入"菜单中的"表格"命令，或者在带有表格的幻灯片版式中单击"插入表格"按钮，打开插入表格对话框。

② 在对话框中输入要插入表格的行数和列数。

③ 单击"确定"按钮。

## 9.3.4 插入多媒体

在幻灯片中可以插入视频、音频、动画等多媒体对象，来增加演示文稿的播放效果。PowerPoint 提供了一些可以播放的声音和影片，用户也可以根据需要，插入本地磁盘上保存的声音和影片。

（1）通过菜单插入影片和声音

① 单击"插入"菜单中的"影片和声音/文件中的影片"命令，打开插入影片对话框，查找要使用的视频文件。

② 选定要使用的视频文件，单击"确定"按钮。

③ 幻灯片中出现视频图标，并提示选择放映方式，如图 9-11 所示。放映方式有两种，一种是在放映过程中自动播放，另一种是仅在用户单击其图标时，才进行播放，用户可以根据需要进行选择。

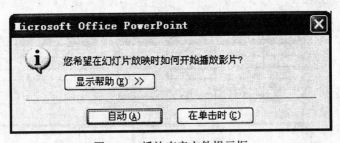

图 9-11　播放声音文件提示框

在幻灯片中插入声音的方法与插入影片的方法相同，插入动画剪辑的方法与插入图片的方法相同。

（2）通过媒体剪辑插入影片和声音

媒体剪辑是一个多媒体文件，包含图片、影片和声音。通过媒体剪辑插入影片和声音的操作步骤如下：

① 将幻灯片的版式选择为带剪贴画的内容版式。

② 单击占位符中的"插入媒体剪辑"按钮，打开媒体剪辑对话框。

③ 选择要插入的对象，单击"确定"按钮。

④ 选中插入媒体剪辑，将鼠标指针移动到影片或声音图标上，当指针变成四向箭头时，按住鼠标左键，拖动鼠标可以移动影片或声音的位置；移动鼠标指针到图标边缘的圆点之上，鼠标变成双向箭头时，拖动鼠标左键，拖动鼠标可以改变文本框的大小。

### 9.3.5 插入 flash 动画

PowerPoint 中不能直接插入 flash 动画，但可以通过控件工具箱来插入 flash 动画，具体操作步骤如下：

① 单击"视图"菜单中的"工具栏/控件工具箱"命令，打开控件工具箱，如图 9-12 所示。

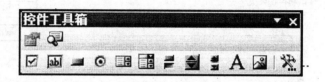

图 9-12 控件工具箱

② 单击"其他控件"按钮 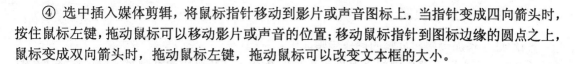，在弹出的下拉列表中，选择"Shockwave Flash Object"选项，这时鼠标变成十字形状，按住左键在工作区中拖拉出一个矩形框（flash 动画播放窗口）。

③ 单击控件工具箱上的"属性"按钮，打开属性对话框，如图 9-13 所示。在"Movie"栏中输入 flash 动画文件名及路径。

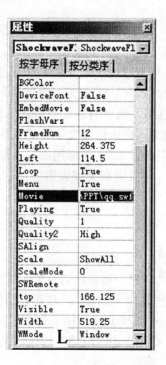

图 9-13 设置对象属性

### 9.3.6 插入页眉与页脚

为幻灯片添加页眉和页脚的操作步骤如下：

① 单击"视图"菜单中的"页眉和页脚"命令，打开页眉和页脚对话框，选择"幻灯片"选项卡。如图 9-14 所示。

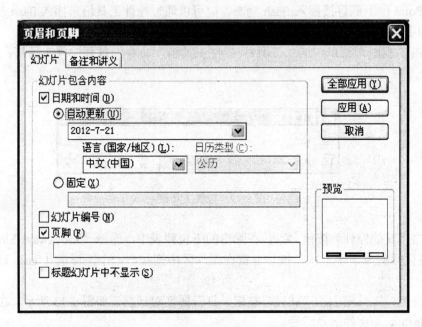

图 9-14 页眉和页脚

② 在"幻灯片"选项卡中，选中"日期和时间"复选框，其中有两种日期与时间表达方式。若选中"自动更新"，可以在下面的列表框中选择日期、时间的样式。以后每次打开该演示文稿，都会按照打开的日期与时间自动更新。如果选中"固定"，则需要在下面的文本框中输入日期和时间，无论何时打开该演示文稿，日期和时间都不会改变。

③ 选中"幻灯片编号"复选框，给所有的幻灯片添加编号。

④ 选中"页脚"，在下面的文本框中添加文字，该文字在所有的幻灯片页脚中显示。

⑤ 如果选中"标题幻灯片中不显示"，则标题幻灯片中的页眉和页脚将被隐藏。

⑥ 单击"全部应用"按钮，将页眉和页脚设置应用在所有幻灯片中；单击"应用"按钮，只将页眉和页脚设置应用在当前幻灯片中。

### 9.3.7 插入其他对象

在幻灯片中插入其他对象的操作步骤如下：

① 单击"插入"菜单中的"对象"命令，打开插入对象对话框。

② 如果要插入新建对象，则选中"新建"，并在右边的列表框中选择对象类型，如图 9-15 所示，再单击"确定"按钮；如果要插入由文件创建的对象，则选中"由文件创建"，在文本框中输入文件名及路径，或者单击"浏览"按钮，在打开的对话框中选择相应的文件名，如图 9-16 所示，最后单击"确定"按钮。

图 9-15　插入新建对象

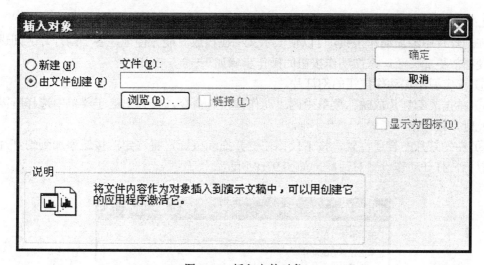

图 9-16　插入文件对象

### 9.3.8　超链接及动作按钮

超级链接是从一个对象（链接源）到另一个对象（链接目标）连接，当鼠标指向链接源时，指针变成"手"形，单击链接源，将打开链接目标。

PowerPoint 中的链接源可以是幻灯片中的各种对象，如文本、图形、图像等，连接目标可以是一张幻灯片，也可以是其他文件或网页。

**1. 创建超级链接**

① 在普通视图中，选定用于创建超级链接的对象（链接源）。

② 单击"插入"菜单中的"超链接"命令，或者按"Ctrl+K"组合键，打开插入超链接对话框，如图 9-17 所示。

③ 选择链接目标，单击"确定"按钮。

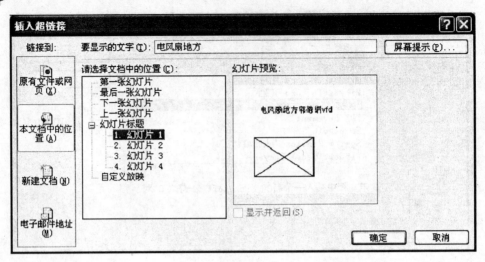

图 9-17　插入超链接

### 2. 设置动作按钮

在幻灯片中添加动作按钮，可以使演示文稿在播放时能方便地在各个幻灯片之间进行切换，使播放更加灵活。添加动作按钮的操作步骤如下：

① 选定要添加动作按钮的幻灯片。

② 单击"幻灯片放映"菜单中的"动作按钮"命令，在弹出的子菜单中选择所需的按钮，此时，鼠标指针变成"十"字形。

③ 在幻灯片的合适位置，按下鼠标左键并拖动鼠标，将选定的按钮添加到幻灯片中。松开鼠标，打开动作设置对话框，如图 9-18 所示。

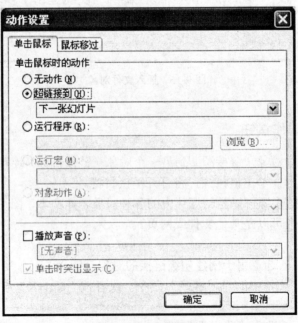

图 9-18　动作设置

④ 选择"单击鼠标"选项卡，选中"超链接到"选项，播放时单击该按钮将切换到所链接的对象（如果选择"鼠标移过"选项卡，播放时鼠标移过该按钮将切换到所链接的对象）；选中"运行程序"选项，在下面的文本框中输入要运行的程序名及路径，播放时单击该按钮将自动运行所设定的程序；选中"播放声音"选项，播放时将出现伴音。

⑤ 单击"确定"按钮。

## 9.4　幻灯片的外观设计与文本格式化

### 9.4.1　文本格式化

#### 1. 设置字体格式

对幻灯片中文本进行格式设置主要有以下几种方法：

① 选择文本，单击格式工具栏中的字体、字号、字形、颜色等按钮进行设置。

② 选择文本，单击"格式"菜单中的"字体"命令，在如图 9-19 所示的字体对话框中分别设置字体、字形、字号、效果、颜色等格式，设置完毕，单击"确定"按钮。

③ 选择文本，鼠标右击选中文本，在弹出的快捷菜单中单击"字体"命令，在如图 9-19 所示的字体对话框中分别设置字体、字形、字号、效果、颜色等格式，设置完毕，单击"确定"按钮。

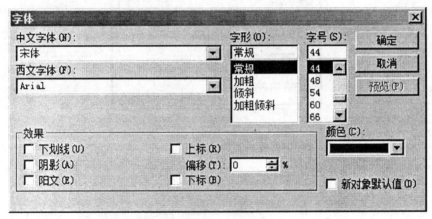

图 9-19　字体设置

#### 2. 设置段落格式

PowerPoint 中，幻灯片的段落格式主要包括字体对齐方式、字体对齐方式、行距、项目符号和编号等。

（1）设置项目符号和编号

选定要设置格式的段落，单击"格式"中的"项目符号和编号"命令，打开项目符号和编号对话框，在该对话框中设定项目符号和编号。或者单击格式工具栏中的相应项目符号或编号按钮。

（2）设置行距

选定要设置格式的段落，单击"格式"中的"行距"命令，打开行距对话框，在该对话

框中设定行距和段距。

（3）设置对齐方式

选定要设置格式的段落，单击"格式"中的"对齐方式"命令，在打开的子菜单中选择相应对齐方式。或者单击格式工具栏中的相应对齐方式按钮。

（4）设置字体对齐方式

选定要设置格式的段落，单击"格式"中的"字体对齐方式"命令，在打开的子菜单中选择相应对齐方式。

## 9.4.2 设置幻灯片背景

在 PowerPoint 中，用户可以自行设置幻灯片的背景，为背景选择不同的颜色、纹理，也可以直接选择一张图片作为幻灯片的背景。设置幻灯片背景及填充效果的操作步骤如下：

① 选定要设置背景颜色的幻灯片，单击"格式"菜单中的"背景"命令，打开背景对话框。在"背景填充"选项组的下拉列表框中选择所需的背景颜色，如图 9-20 所示。

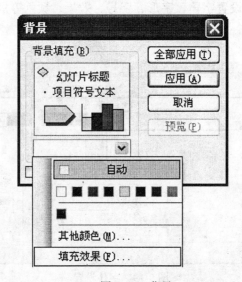

图 9-20　背景

②如果对提供的颜色不满意，可以选择"其他颜色"选项，打开颜色对话框，选择相应的颜色。如果不希望背景是单一的颜色，可以选择"填充效果"选项，打开填充效果对话框，如图 9-21 所示。

- "渐变"选项卡：用来设置幻灯片的背景颜色、透明度、底纹样式等，并可以选择背景的变形样式。
- "纹理"选项卡：将不同材质的纹理作为幻灯片背景。
- "图案"选项卡：用来选择并设置所选图案的前景和背景颜色。
- "图片"选项卡：用来选择图片作为幻灯片的背景。

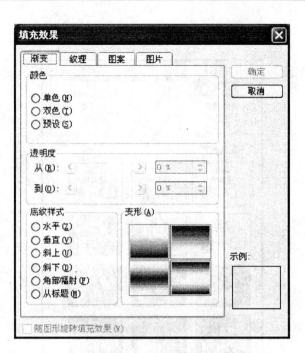

图 9-21　填充效果

### 9.4.3　设计模板

**1. 使用统一的设计模板**

在演示文稿中，使所有的幻灯片都应用同一个设计模板，其操作步骤如下：

① 单击"格式"菜单中的"幻灯片设计"命令，打开"幻灯片设计"任务窗格。

② 单击要选用的模板的缩略图，或者单击缩略图的下拉按钮，打开下拉菜单，选择"应用于所有幻灯片"选项，整个演示文稿都使用选定的设计模板。

**2. 使用多个设计模板**

在演示文稿中，使用多个设计模板的操作步骤如下：

① 选定一张或多张幻灯片，单击"格式"菜单中的"幻灯片设计"命令，打开"幻灯片设计"任务窗格。

② 单击选用模板缩略图的下拉按钮，打开下拉菜单，选择"应用于选定幻灯片"选项，将该模板应用于所选中的幻灯片。

### 9.4.4　使用配色方案

配色方案是指可以应用于幻灯片中的颜色方案，由幻灯片设计中使用于标题文本、正文、背景、线条、阴影、填充、强调和超级链接八种颜色组成。在演示文稿中，用户可以直接使用 PowerPoint 提供的配色方案，也可以创建自己的配色方案。

**1. 使用标准的配色方案**

① 选定要使用配色方案的幻灯片，单击"格式"菜单中的"幻灯片设计"命令，打开"幻灯片设计"任务窗格。

② 单击任务窗格中的"配色方案"选项，在窗格下方显示一个"应用配色方案"列表，

如图 9-22 所示。

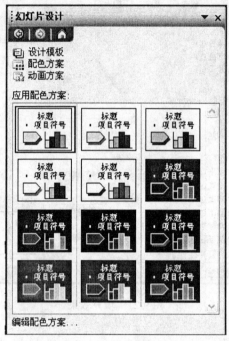

图 9-22　幻灯片配色方案

③ 在列表中选择一种配色方案。

**2. 自定义配色方案**

① 选定要使用配色方案的幻灯片，单击"格式"菜单中的"幻灯片设计"命令，打开"幻灯片设计"任务窗格。

② 单击任务窗格中的"配色方案"选项，在窗格下方显示一个"应用配色方案"列表，在列表下方单击"编辑配色方案"选项。打开编辑配色方案对话框，如图 9-23 所示。

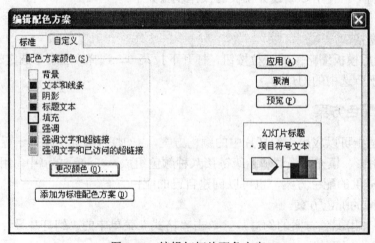

图 9-23　编辑幻灯片配色方案

③ 选择"自定义"选项卡,在"配置方案颜色"选项组中选择要更改的配色方案,单击"更改颜色"按钮,打开颜色对话框。

④ 在颜色对话框中,选择需要的颜色,单击"确定"按钮返回。继续进行其他配色方案更改。

⑤ 单击"添加为标准配色方案"按钮,保存配色方案。

⑥ 单击"预览"按钮,预览修改后的配色方案效果,单击"应用"按钮,将该方案应用到所选的幻灯片中。

### 9.4.5　使用母版

PowerPoint 演示文稿的模板包括幻灯片母版、标题母版、讲义母版和备注母版。

**1. 幻灯片母版**

幻灯片母版是一张记录了演示文稿中所有幻灯片布局信息的特殊幻灯片,它控制幻灯片中文本的字体、字号和颜色,以及幻灯片的背景设计及配色方案等。幻灯片母版包含了文本占位符和页脚占位符。如果要修改多张幻灯片的外观,可以直接通过更改幻灯片母版的格式来改变所有基于该母版的演示文稿中的幻灯片。

更改幻灯片母版的操作步骤如下:

① 单击"视图"菜单中的"母版/幻灯片母版"命令,打开幻灯片母版视图,如图 9-24 所示。

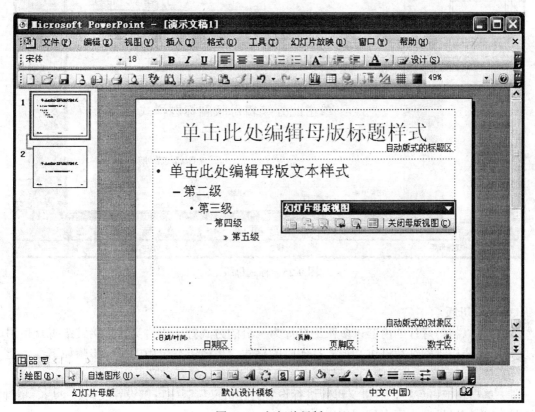

图 9-24　幻灯片母版

② 单击"自动版式的标题区"，对标题进行设置。

③ 单击需要更改的占位符，根据需要改变它的位置、大小和格式。

④ 在母版上设置每张幻灯片上需要设置的内容，如日期、页脚、背景等。

⑤ 设置完毕，单击幻灯片母版视图工具栏中的"关闭母版视图"按钮。

**2. 标题母版**

标题母版是存储标题幻灯片样式信息的幻灯片，包括占位符的位置及大小、背景设计和配色方案。打开幻灯片母版时，通常左边的窗格中有一对通过灰色方括号连接在一起的缩略图，前一张是幻灯片母版，后一张是标题母版。用户也可以单击幻灯片母版视图工具栏中的"插入新标题母版"按钮，可以插入一张标题母版。

单击标题母版缩略图，显示如图 9-25 所示。标题母版包含标题幻灯片的背景设计、颜色、标题和副标题文本及版式。单击相应占位符，可以对标题母版进行设置。

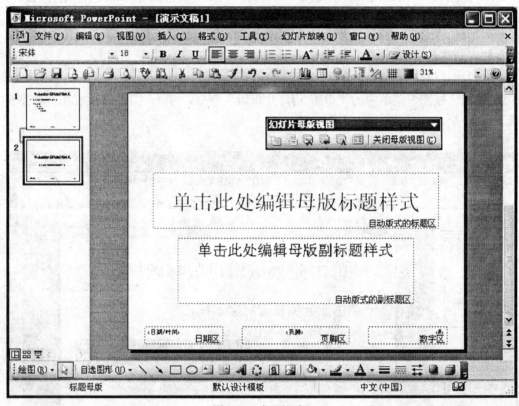

图 9-25 标题母版

**3. 讲义母版**

用户可以将幻灯片的内容以多张幻灯片为一页的方式打印成讲义，直接发给听众使用。讲义母版主要控制幻灯片以讲义形式打印时的格式。更改讲义母版的操作步骤如下：

① 单击"视图"菜单中的"母版/讲义母版"命令，打开讲义母版视图。

② 单击相应占位符，对讲义母版进行设置。在讲义母版中可以设置页码、页眉、页脚、日期等，也可以设置一页中打印幻灯片的张数。

③ 设置完毕，单击幻灯片母版视图工具栏中的"关闭母版视图"按钮。

#### 4. 备注母版

备注母版主要用来控制备注使用的空间以及设置备注幻灯片的格式。单击"视图"菜单中的"母版/备注母版"命令，可以打开备注母版视图。

备注母版主要包括页眉区、页脚区、日期区、幻灯片缩略区、备注文本区、数字区六个设置区。用户根据需要，单击相应占位符进行设置。

## 9.5　幻灯片放映效果设置

### 9.5.1　幻灯片动画效果设置

幻灯片动画效果设置主要指幻灯片中各对象的动态显示效果，在演示文稿中适当增加动画效果，可以使幻灯片更具有感染力，吸引观众注意力。

#### 1. 使用动画方案创建动画效果

动画方案是 PowerPoint 提供给用户的一种动态显示效果序列，用户可以通过简单的操作将动画方案应用到幻灯片的放映中。PowerPoint 中使用动画方案创建动画效果的操作步骤如下：

① 选定要设置动画的幻灯片，单击"幻灯片放映"菜单中的"动画方案"命令，打开"幻灯片设计"任务窗格，如图 9-26 所示。

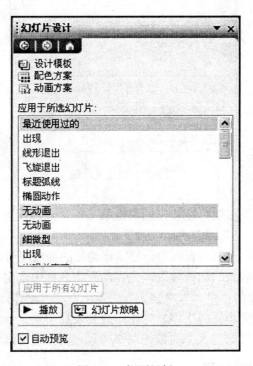

图 9-26　标题母版

② 在"应用于所选幻灯片"列表框中选择一种动画方案，则此方案将被应用于选定的幻灯片。若选中"自动预览"选项，立即显示动画效果。

③ 如果单击"应用于所有幻灯片"按钮，该方案被应用于所有的幻灯片。

如果要删除动画方案，先选定要删除动画方案的幻灯片，再在"应用于所选幻灯片"列表框中选择"无动画"选项。

**2. 使用自定义动画创建动画效果**

用户可以根据需要自行定义幻灯片中的各对象的动画效果，具体操作步骤如下：

① 选定幻灯片中要添加动画的对象，单击"幻灯片放映"菜单中的"自定义动画"命令，打开自定义动画任务窗格，如图 9-27 所示。

图 9-27　自定义动画

② 单击"添加效果"按钮，在弹出的快捷菜单中，分别设置所选对象的"进入"、"强调"、"退出"和"动作路径"相应的动画效果。

③ 动画设置完毕后，动画列表框中会显示该动画的播放序号，播放方式和效果。

④ 如果要更改某个对象的动画效果，先在动画列表框中选定该动作，再单击"更改"按钮，重新设置所选对象的"进入"、"强调"、"退出"和"动作路径"相应的动画效果。

⑤ 如果要更改自定义动画的次序，先在动画列表框中选定该对象，再单击向上或向下"重新排序"按钮；如果要删除某个对象的动画效果，则在选定该动作后单击"删除"按钮。

### 9.5.2　设置幻灯片切换效果

放映演示文稿时，幻灯片是一张一张放映的，这种前一张幻灯片消失，后一张幻灯片出现的过程称为幻灯片切换。用户可以根据需要为幻灯片添加一些切换效果，提高演示文稿的观赏性。设置幻灯片切换方式的操作步骤如下：

① 选定要设置切换效果的幻灯片，单击"幻灯片放映"菜单中的"幻灯片切换"按钮，打开幻灯片切换任务窗格，如图 9-28 所示。

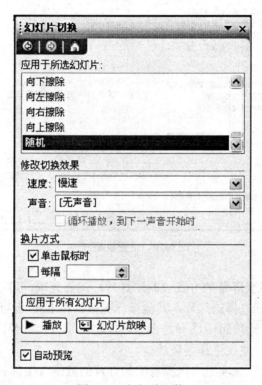

图 9-28  幻灯片切换

② 在"应用于所选幻灯片"列表框中选择切换效果，在速度列表框中选择切换速度，在声音列表框中选择声音。

③ 选择幻灯片换片方式（选择单击鼠标换片或者每隔一段固定时间换片）。

④ 如果要将上述所有的设置应用于所有幻灯片，应单击"应用于所有幻灯片"按钮。

⑤ 单击"播放"按钮，可以预览切换效果。

## 9.6  演示文稿的放映与输出

### 9.6.1  设置放映方式

演示文稿在放映之前可以根据使用情形设置不同的放映方式，具体操作步骤如下：

① 打开需要放映的演示文稿，单击"幻灯片放映"菜单中的"设置放映方式"命令，打开设置放映方式对话框，如图 9-29 所示。

② 在"放映类型"选项组中选择适当的类型。

● 演讲者放映：以全屏方式放映幻灯片，这是最常用的一种放映类型。

● 观众自行浏览：以窗口方式放映幻灯片，在此模式下，可以利用滚动条或 page up 键和 page down 键浏览幻灯片，并且放映时可以移动、编辑、复制和打印幻灯片。

普通高等教育『十二五』规划教材

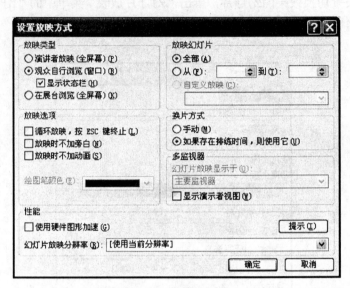

图 9-29　设置放映方式

● 在展台浏览：以全屏幕的方式放映幻灯片，选择此项，可以自动浏览幻灯片。在放映过程中，只能使用鼠标选择幻灯片，其他操作无效，按 ESC 键可以终止放映。

③ 在"放映选项"选项组中选择是否循环放映、是否加入旁白、是否加入动画等。如果选择了展台放映类型，建议选择循环放映。

④ 在"放映幻灯片"选项组中选择放映幻灯片的范围（全部、部分或自定义放映）。

⑤ 在"换片方式"选项组中选择换片方式（手动换片或自动换片）。

⑥ 设置完毕，单击"确定"按钮。

### 9.6.2　排练计时

在展台自动播放演示文稿时，为了保证观众能正常观看每张幻灯片，需要预先进行排练计时，其操作步骤如下：

① 打开演示文稿，单击"幻灯片放映"菜单中的"排练计时"命令，进入排练计时状态，在如图 9-30 所示的预演对话框中，在那时单张幻灯片放映所用的时间和文稿放映所用的总时间。

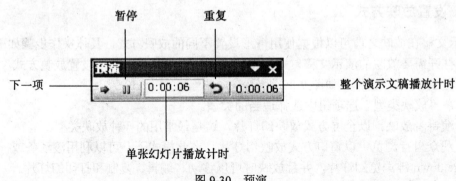

图 9-30　预演

② 在第一张幻灯片播放结束时，单击"下一项"按钮，切换到第二张幻灯片，幻灯片播放时间重新计时，演示文稿播放时间继续计时。

③ 当所有的幻灯片播放完毕，显示是否保留幻灯片排练时间的提示，单击"是"按钮保留此次排练计时。

④ 当保留幻灯片排练计时后返回到幻灯片浏览视图中，可以看到每张幻灯片缩略下面都有排练计时的时间。

### 9.6.3 录制旁白

旁白常用来作为演示文稿的解说，录制幻灯片旁白的操作步骤如下：

① 在电脑上安装并设置好麦克风。

② 打开演示文稿，单击"幻灯片放映"菜单中的"录制旁白"命令，打开录制旁白对话框，如图 9-31 所示。

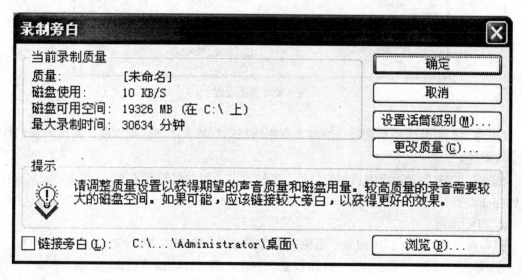

图 9-31 录制旁白

③ 选中"链接旁白"选项，并通过单击"浏览"按钮，指定旁白文件名及路径。

④ 单击"确定"按钮，进入录制旁白状态，一边播放演示文稿，一边对着麦克风朗读旁白。

⑤ 播放结束后，弹出提示框，单击"保存"按钮。

⑥ 旁白录制完毕后，返回到幻灯片浏览视图，可以看到每张幻灯片上都有一个图标。如果某张幻灯片不需要旁白，可以选中相应的幻灯片，将其中的图标删除即可。

### 9.6.4 放映幻灯片

要放映演示文稿，可以通过单击"幻灯片放映"菜单中的"观看放映"命令来放映幻灯片。

如果要从第一页幻灯片开始放映演示文稿，可以按 F5 键；如果从当前幻灯片开始放映演示文稿，可以按 Shift+F5 键。

### 9.6.5 打印演示文稿

**1. 页面设置**

在打印演示文稿之前，应先对幻灯片进行页面设置，操作步骤如下：

① 单击"文件"菜单中的"页面设置"命令，打开页面设置对话框，如图 9-32 所示。

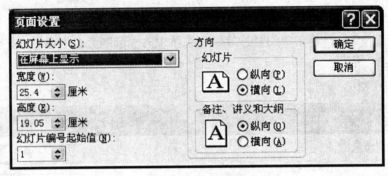

图 9-32 页面设置

② 在"幻灯片大小"选项组的列表框中选择幻灯片大小（包括宽度、高度）和幻灯片编号起始值。

③ 在"方向"选项组中设定幻灯片、备注、讲义和大纲的打印方向，然后单击"确定"按钮完成设置。

**2. 打印预览**

打印预览可以查看打印效果，避免发生打印错误，操作步骤如下：

① 单击"文件"菜单中的"打印预览"命令，进入打印预览模式。

② 根据需要选择"打印内容"下拉列表框中的选项，可以分别以幻灯片、讲义、备注页及大纲视图的效果进行预览。

③ 预览完毕，单击"关闭"按钮，退出打印预览状态。

**3. 打印幻灯片**

在 PowerPoint 中，打印幻灯片的操作步骤如下：

① 单击"文件"菜单中的"打印"命令，打开打印对话框，如图 9-33 所示。

② 在"打印范围"选项组中选择打印范围（全部或部分幻灯片）。

③ 在"打印内容"选项组中选择打印的内容（从幻灯片、讲义、大纲视图、备注页等当中选择一种）。

④ 在"颜色/灰度"选项组中选择幻灯片的打印颜色。

⑤ 选择是否根据纸张调整幻灯片大小、是否为幻灯片加边框，选择幻灯片的打印份数。

⑥ 单击"确定"按钮，开始打印。

图 9-33　打印幻灯片

## 9.6.6　将演示文稿另存为网页

将放映演示文稿转换为网页的操作步骤如下：

① 单击"文件"菜单中的"另存为网页"命令，打开另存为对话框，如图 9-34 所示。

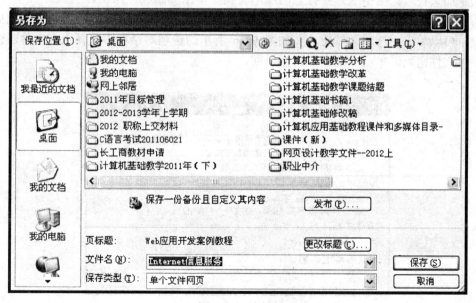

图 9-34　另存为网页

② 在另存为对话框中选择保存类型、输入保存文件名及路径。

③ 单击"保存"按钮，将该演示文稿保存为 Web 页。

### 9.6.7　打包演示文稿

将演示文稿打包后，可以在没有安装 PowerPoint 应用程序的计算机上进行播放。在打包过程中，PowerPoint 将 Microsoft Office PowerPoint View 播放器与演示文稿集成在一起，直接运行一个由打包生成的处理文件就可以播放该演示文稿。将演示文稿打包的操作步骤如下：

① 单击"文件"菜单中的"打包成 CD"命令，打开如图 9-35 所示的对话框。

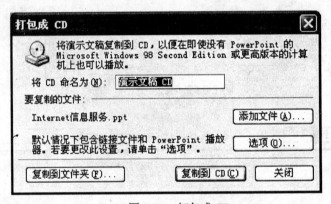

图 9-35　打包成 CD

② 在"将 CD 命名为"文本框中，为将要刻录的光盘指定名字。

③ 如果除了当前演示文稿外，还需要对多个文件打包，应单击"添加文件"按钮，在打开的添加文件对话框中选择要打包的演示文稿，单击"添加"按钮。

④ 默认情况下，打包后的文件夹包含了链接文件和 PowerPoint View 播放器。如果要更改设置，可以单击"选项"按钮，在如图 9-36 所示的选项对话框中选择包含文件、链接文件，设置文件密码。单击"确定"按钮返回。

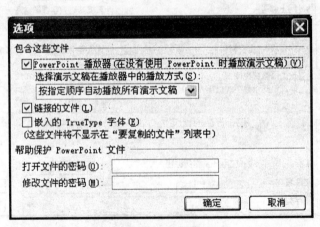

图 9-36　选项

　　⑤ 如果只想将文件打包到某个文件夹，单击"复制到文件夹"按钮，打开复制到文件夹对话框，如图 9-37 所示。单击"浏览"按钮，输入文件夹名称和路径，单击"确定"按钮开始打包。

　　⑥ 如果想将文件打包到 CD，单击"复制到 CD"按钮开始刻录。

图 9-37　复制到文件夹

# 第10章 信息安全基础

【学习目的与要求】

掌握信息安全基本概念；了解处理信息安全问题的常识性方法；熟悉信息安全的管理方法；了解信息安全法律法规。

## 10.1 信息安全概述

信息安全本身包括的范围很大。大到国家军事、政治等机密安全，小到如防范商业企业机密泄露、防范青少年对不良信息的浏览、个人信息的泄露等。网络环境下的信息安全体系是保证信息安全的关键，包括计算机安全操作系统、各种安全协议、安全机制（数字签名、信息认证、数据加密等），直至安全系统，其中任何一个安全漏洞便可以威胁全局安全。信息安全服务主要包括支持信息网络安全服务的基本理论，以及基于新一代信息网络体系结构的网络安全服务体系结构。

### 10.1.1 信息

人类社会赖以生存、发展的三大基础是物质、能量和信息。世界是由物质组成的，能量是一切物质运动的动力，信息是人类了解自然及人类社会的凭据。广义地说，信息就是具有价值的消息，是对某个事件或者事物的一般属性的描述。对人类而言，人的五官生来就是为了感受信息的，它们是信息的接收器，它们所感受到的一切，都是信息。然而，大量的信息是我们的五官不能直接感受的，人类正通过各种手段，发明各种仪器来感知信息，发现信息。人类今天已进入一个信息化时代，信息的传播极大地改变了人们的生活面貌，人类社会的发展令人眩目。

在市场经济条件下，信息已经成为一种极其重要的商品。信息作为一种资源，它的普遍性、共享性、增值性、可处理性和多效用性，使其对于人类具有特别重要的意义。

### 10.1.2 信息安全

信息安全是一门涉及计算机科学、网络技术、通信技术、密码技术、信息安全技术、应用数学、数论、信息论等多种学科的综合性学科。信息安全可通用的定义为：保证信息系统中的数据在存取、处理、传输和服务过程中的保密性、完整性、可用性和防抵赖性，以及信息系统本身的稳定性，并且在被破坏后能迅速恢复正常工作的安全过程。

信息安全的实质就是要保护信息系统或信息网络中的信息资源免受各种类型的威胁、干扰和破坏，即保证信息的安全性。根据国际标准化组织的定义，信息安全性的含义主要是指信息的完整性、可用性、保密性和可靠性。信息安全是任何国家、政府、部门、行业都必须十分重视的问题，是一个不容忽视的国家安全战略。但是，对于不同的部门和行业来说，其对信息安全的要求和重点却是有区别的。

早期的信息安全主要就是要保证信息的保密性、完整性及可用性。但随着信息技术和计算机技术的不断发展，特别是二者结合所产生的计算机网络技术的不断发展和完善，对信息安全又提出了新的要求。现在信息安全通常包括五个特性：信息的可用性、可靠性、完整性、保密性和不可否认性，即防止信息在采集、加工、存储、传输的过程中信息被故意或偶然的非授权泄漏、更改、破坏或使信息被非法辨认、控制，确保信息在传输过程中不被截获、不被破译、不被修改，并且能被控制和合法地使用。

**1. 可用性**

信息的可用性指网络信息可被授权实体正确访问，并按要求能正常使用或在非正常情况下能恢复使用的特征，即在系统运行时能正确存取所需信息，当系统遭受攻击或破坏时，能迅速恢复并能投入使用。可用性是衡量网络信息系统面向用户的一种安全性能。

**2. 可靠性**

信息的可靠性是指信息系统在规定的条件下和规定的时间内，完成规定功能的概率。可靠性是网络信息安全最基本的要求之一。信息系统不可靠，无法提供稳定的功能，自然也就谈不上网络信息的安全。

**3. 完整性**

信息的完整性是指信息在传输、交换、存储和处理过程中保持非修改、非破坏和非丢失的特性，即保持信息原样性，使信息能正确生成、存储、传输，这是最基本的安全特征。影响信息完整性的主要因素有：设备故障、误码、人为攻击、计算机病毒等。保障网络信息完整性的常见方法有以下几种：

（1）协议

通过各种安全协议可以有效地检测出信息中被复制、被删除、被修改及失效的数据。

（2）纠错编码方法

由此完成查错和纠错的功能。最常见的纠错编码方法是奇偶校验法。

（3）密码校验和方法

这是防止信息被非法修改和传输失败的重要方法。

（4）数字签名

用于保证信息的真实性。

（5）公证

请求网络管理或中介机构证明信息的真实性。

**4. 保密性**

信息的保密性是指信息按给定的要求不泄漏给非授权的个人、实体，杜绝有用信息泄漏给非授权个人或实体，强调有用信息只被授权对象使用。保密性是保障网络信息安全的重要手段。常用的保密技术包括：防侦收、防辐射、信息加密、物理保密等。

**5. 不可否认性**

信息的不可否认性指通信双方在信息交互过程中，确信参与者本身，以及参与者所提供的信息的真实同一性，即所有参与者都不可能否认或抵赖本人的真实身份，以及提供信息的原样性和完成的操作与承诺。这一点在电子商务中是极其重要的。

### 10.1.3　威胁信息安全的因素

威胁信息安全的因素很多，有些因素可能是有意的，也可能是无意的；可能是人为的，也可能是非人为的；可能是来自于外部的非授权实体对信息系统的非法使用，总的来说，针对信息安全的威胁主要可以分为来自计算机系统内部的因素和来自系统外部的攻击。

**1. 人为因素**

美国国土安全部一项研究显示，大部分黑客入侵事件都是由于计算机使用者的人为因素造成的。人为因素是网络安全问题中最弱的一环，成功的攻击和信息犯罪往往利用了人性的弱点。人为因素主要包括无意识失误和恶意攻击两方面。

（1）人为的无意失误

如管理员因错误操作或经验不足，安全配置不当造成的系统安全漏洞；安全意识不强，轻易地将自己的账号随意转借他人，或与他人共享等行为都会对网络信息安全带来威胁。

（2）人为的恶意攻击

这是网络信息安全所面临的最大威胁，竞争对手的攻击及计算机网络犯罪就属于此类。恶意攻击可分为两种：一是主动攻击，它以各种方式有选择地破坏信息的有效性和完整性；二是被动攻击，即在不影响信息的有效性和完整性的情况下，截获、窃取、破译以获得重要的信息。这两种攻击均可对网络信息安全造成很大的危害。

**2. 物理安全因素**

物理安全是指保护计算机网络设备、设施以及媒体免遭各种自然灾害、意外环境事故、人为操作失误或错误，以及各种计算机网络犯罪行为导致的破坏。为保证网络信息系统的物理安全，还要防止系统信息在空间的扩散，避免由于电磁泄漏产生信息泄漏，从而干扰他人或受他人干扰。物理安全包括环境安全，设置安全和媒体安全三个方面。

**3. 软件漏洞和"后门"**

软件开发者开发软件时的疏忽，或者是编程语言的局限性，会造成程序的漏洞。而这些漏洞常常成为不法分子进行攻击的目标。此外，在软件的开发阶段，程序员常会在软件内创建后门以便可以修改程序中的缺陷。如果后门被其他人知道，或是在发布软件之前没有删除后门，那么它就成了安全风险。

（1）操作系统

操作系统的安全缺陷是造成计算机网络安全风险的根本原因，目前主流的操作系统均被发现存在网络安全漏洞。操作系统的安全缺陷主要来自于以下几个方面：操作系统结构体制缺陷、创建进程的方式、操作系统提供的某些功能、系统守护进程、操作系统提供的网络服务、操作系统的安全机制缺陷及操作系统隐藏的后门等。

尽管操作系统的缺陷可以通过版本升级或"打补丁"的方法来克服，但往往对系统漏洞的利用往往早于"系统补丁"的更新，使用户的计算机面临受攻击和破坏的风险。

（2）软件组件

目前出现安全漏洞最多的是 Windows 系列的操作系统，但随着 Internet 的普及和网络应用的日益增多，出现了大量的网络应用软件，而如此多的网络应用软件不可避免地或多或少地存在一些安全漏洞。而且，网络用户往往只注意升级操作系统的"补丁"，却忽视了对应用软件的安全更新。目前利用网络应用软件漏洞进行攻击和破坏的事件发生得越来越常见。

（3）网络协议

随着网络的发展，各种网络协议被广泛地应用到各个领域，但某些网络协议本身的安全性缺陷，使得依赖于这些网络协议的众多网络服务都包含了许多不安全的因素，存在许多漏洞。

网络普及使信息共享达到了一个新的层次，同时也使得信息被暴露的机会大大增多。特别是在 Internet 这个开放的网络系统中，通过未受保护的外部环境和线路可能访问信息系统内容，发生窃取信息、远程监控和恶意攻击等事件。

此外，数据处理的可访问性和资源共享的目的性之间是存在着矛盾的，它造成了计算机系统的保密困难。

（4）数据库管理系统

目前，数据库的使用非常广泛，但随之而来产生了数据的安全问题。各种应用系统的数据库中所保存的数据的安全问题、敏感数据防窃取和防篡改问题，越来越引起高度的重视。数据库系统作为信息的聚集体，是计算机系统的核心组件，其安全性至关重要。因此，如何有效地保证数据库系统的安全，实现数据的保密性、完整性和有效性，已经成为当前研究的重要课题之一。

# 10.2 信息保密技术与安全认证

## 10.2.1 信息保密技术

### 1. 数据加密技术

数据加密作为保障数据安全的一种方式，其历史非常久远。它起源于公元前 2000 多年埃及人使用特别的象形文字作为信息编码来保护他们的书面文明，虽然在当时没有被称作加密技术，但作为一种加密思想的体现，它确实早在几个世纪前就诞生了。

数据加密的基本过程就是对"明文"数据按某种算法进行变换，使其成为不可直接解读的"密文"数据，只有在使用相应的密钥进行解密变换之后才能还原出原始信息。通过这样的途径来达到保护数据不被非法窃取、阅读的目的。通常一个完整的密码体制应该包含如下几个基本要素：M、C、K、E、D。

（1）明文空间

原始信息的有限集称为明文空间(记为 M)。

（2）密文空间

明文经过加密后变换到密文空间(记为 C)。

（3）密钥及密钥空间

为了有效地控制加密和解密算法的实现，在加解密过程中要有通信双方掌握的专门信息参与，这种专门信息称为密钥；一切可能的密钥构成的有限集称为密钥空间（记为 K）。

（4）加密算法和解密算法

由明文变成密文的过程称为加密（记为 E）。由密文还原成明文的过程称为解密（记为 D）；对于密匙空间中的任一密钥，有一个加密算法和相应的解密算法，使得 $E_k$: M→C 和 $D_k$: C→M 分别为加密函数和解密函数，满足 $D_k(E_k(x))=x$。

数据加密系统应满足以下基本性能要求。

普通高等教育『十二五』规划教材

① 必须提供高强度的安全性。

② 具有高强度的复杂性，使得破译的开销超过可能获得的利益，同时又便于理解、掌握和推广应用。

③ 安全性应不依赖于算法的保密，其加密的安全性仅以加密密钥的保密为基础。

④ 必须适用于不同的用户和不同的场合，加密、解密变换必须对所有密钥均有效。

⑤ 理想的加密算法对系统性能应该几乎没有负面的影响。

数据加密技术在现实生活中的应用是非常重要的，但是无论多么先进的加密技术也无法提供绝对的安全，因为理论上的数据加密是肯定可以被破解的，只是时间长短而已。因此实际应用中需要的往往是一个特定时期的安全，即密文的破解应该是足够困难的，在现实上几乎是不可能的，尤其在短时间内是不可能的，这样就可以在实际上起到数据保护的效果了。

**2. 对称密码系统**

对称密码算法有时又叫传统密码算法，就是加密密钥能够从解密密钥中推算出来，反过来也成立。在大多数对称算法中，加密与解密的密钥是相同的，加密与解密所使用的密钥序列的施加顺序相反。因此，对称密码系统的安全性依赖于密钥，泄漏密钥就意味着任何人都能对信息进行加密和解密。对称密码系统按照对明文数据的加密方式不同，分为分组密码和流密码。前者按一定的长度对明文进行分组，然后以组为单位用同一个密钥进行加密与解密，比较有名的算法有 DES（数据加密标准）、IDEA（国际数据加密算法）、GOST 算法、AES算法等；后者不进行分组，而是按字符（有时对字节）逐位进行加密与解密，常用的流密码有 RC4。

对称密码技术不仅可以用于数据加密，也可以用于消息认证。对称密码系统的优点是加密、解密速度快，保密强度高。缺点是密钥分发困难，不能提供严格的认证功能，密钥管理困难。

**3. 非对称密码系统**

非对称密码算法中，加密密钥与解密密钥互不相同，而且几乎不可能从加密密钥推导出解密密钥（至少在合理假定的有限时间内）。非对称密码算法也叫公开密钥算法，是因为加密密钥能够公开，即使陌生者也能用加密密钥加密信息，但只有用相应的解密密钥才能解密信息。比较有名的非对称密码算法有（基于整数分解问题的非对称密码系统（如 RSA）、基于离散对数问题的非对称密码系统（如 DSA、DH）、基于椭圆曲线点群上离散对数问题的非对称密码系统（如 ECDSA）等。

非对称密码技术主要优点是可以适应开放性的使用环境，密钥管理问题较为简单，可以方便、安全地实现数字签名和验证；其缺点是算法复杂，加密数据的速率较低。在实际应用中，通常将公开密钥与私有密钥结合起来实现最佳性能，即用公开密钥技术在通信双方之间传递私有密钥，用私有密钥来对实际传输的数据进行加密、解密。

## 10.2.2 信息安全认证

信息安全认证是指通过一定的验证技术，对使用者的身份以及计算机的数字化代号的真实性进行确认的过程，最常用的信息安全认证包括身份认证技术、数字签名和第三方认证。

**1. 身份认证技术**

身份认证技术是在计算机网络中确认操作者身份的过程而产生的解决方法。计算机网络世界中一切信息，包括用户的身份信息都是用一组特定的数据来表示的，计算机只能识别用户的数字身份，所有对用户的授权也是针对用户数字身份的授权。如何保证以数字身份进行操作的操作者就是这个数字身份合法拥有者，也就是说保证操作者的物理身份与数字身份相对应，身份认证技术就是为了解决这个问题，作为防护网络资产的第一道关口，身份认证有着举足轻重的作用。

在真实世界，对用户的身份认证基本方法可以分为以下三种。

① 根据你所知道的信息来证明你的身份（你知道什么）。

② 根据你所拥有的东西来证明你的身份（你有什么）。

③ 直接根据独一无二的身体特征来证明你的身份（你是谁），比如指纹、面貌等。

网络世界中身份认证的手段与真实世界中一致，为了达到更高的身份认证安全性，某些场景会将上面三种挑选两种混合使用，即所谓的双因素认证。

目前主要的认证技术包括以下几种：

（1）口令核对

口令核对是系统为每一个合法用户建立一个用户名/口令对，当用户登录系统或使用某项功能时，提示用户输入自己的用户名和口令，系统通过核对用户输入的用户名、口令与系统内已有的合法用户的用户名/口令对（这些用户名/口令对在系统内是加密存储的）是否匹配，如与某一项用户名/口令对匹配，则该用户的身份得到了认证。这种技术的缺点在于，其安全性仅仅基于用户口令的保密性，而用户口令一般较短且是静态数据，容易猜测，且易被攻击，采用窥探、字典攻击、穷举尝试、网络数据流窃听、重放攻击等很容易攻破该认证系统。

（2）基于智能卡的身份验证

智能卡是一种内置集成电路的芯片，芯片中存有与用户身份相关的数据，智能卡由专门的厂商通过专门的设备生产，是不可复制的硬件。智能卡由合法用户随身携带，登录时必须将智能卡插入或接近专用的读卡器读取其中的信息，以验证用户的身份。智能卡认证是通过智能卡硬件不可复制来保证用户身份不会被仿冒。然而由于每次从智能卡中读取的数据是静态的，通过内存扫描或网络监听等技术还是很容易截取到用户的身份验证信息，因此还是存在安全隐患。

（3）基于 USBKey 的身份验证

基于 USBKey 的身份认证方式是近几年发展起来的一种方便、安全的身份认证技术。它采用软硬件相结合、一次一密的强双因子认证模式，很好地解决了安全性与易用性之间的矛盾。USBKey 是一种 USB 接口的硬件设备，它内置单片机或智能卡芯片，可以存储用户的密钥或数字证书，利用 USBKey 内置的密码算法实现对用户身份的认证。基于 USB Key 身份认证系统主要有两种应用模式：一是基于冲击/响应(挑战/应答)的认证模式，二是基于 PKI 体系的认证模式，目前较多地运用在电子政务、网上银行。

（4）生物识别技术

是通过可测量的身体或行为等生物特征进行身份认证的一种技术。生物特征是指唯一的可以测量或可自动识别和验证的生理特征或行为方式。生物特征分为身体特征和行为特征两类。身体特征包括指纹、掌型、视网膜、虹膜、人体气味、脸型、手的血管和 DNA 等；行为特征包括签名、语音、行走步态等。目前部分学者将视网膜识别、虹膜识别和指纹识别等归为高级生物识别技术；将掌型识别、脸型识别、语音识别和签名识别等归为次级生物识别技术；将血管纹理识别、人体气味识别、 DNA 识别等归为"深奥的"生物识别技术。指纹识别技术目前应用广泛的领域有门禁系统、微型支付等。

**2. 数字签名技术**

数字签名是指信息发送者利用私有密钥产生了一组别人无法伪造的一段信息，没有私有密钥，任何人无法完成非法复制。数字签名建立在公开密钥加密和单向安全哈希函数算法的组合基础之上。它是电子商务安全的一个非常重要的分支，可以解决否认、伪造、篡改及冒充等问题，在大型网络安全通信中的密钥分配、安全认证、公文安全传输以及电子商务系统的防否认等方面具有重要作用。

数字签名的应用过程是：数据源发送方使用自己的私有密钥对数据校验，或对其他与数据内容有关的变量进行加密处理，完成对数据的合法"签名"，数据接收方则利用对方的公开密钥来解读收到的"数字签名"，并将解读结果用于对数据完整性的检验，以确认签名的合法性。数字签名技术是在网络系统虚拟环境中确认身份的重要技术，完全可以代替现实过程中的"亲笔签字"，在技术和法律上有保证。在数字签名应用中，发送者的公开密钥可以很方便地得到，但他的私有密钥则需要严格保密。

**3. 第三方认证技术**

第三方认证是为了验证信息的真实合法身份，最大程度上的杜绝虚假信息，保证用户利益，由权威的第三方认证机构对信息的有效性、合法性进行确认。第三方认证制度于 1903 年发源于英国，是英国工程标准委员会（BSI 的前身）首创。

第三方的认证活动必须公开、公正、公平，才能有效。这就要求第三方必须有绝对的权力和威信，必须独立于第一方和第二方之外，必须与第一方和第二方没有经济上的利害关系，或者有同等的利害关系，或者有维护双方权益的义务和责任，才能获得双方的充分信任。

## 10.2.3 计算机访问控制

所谓访问控制是指按用户身份及其所归属的某项定义组来限制用户对某些信息项的访问，或限制对某些控制功能的使用。访问控制通常用于系统管理员控制用户对服务器、目录、文件等网络资源的访问。

访问控制的主要功能如下：

① 防止非法的主体进入受保护的网络资源。

② 允许合法用户访问受保护的网络资源。

③ 防止合法的用户对受保护的网络资源进行非授权的访问。

访问控制包括三个要素，即主体、客体和访问控制策略，其中访问控制策略是访问控制技术的关键内容。

主体（Subject）是指一个提出请求或要求的实体，是动作的发起者，但不一定是动作的执行者，可以是用户，也可以是任何主动发出访问请求的智能体，包括程序、进程、服务等。传统的访问控制方式对用户的控制方法使用得较为广泛。

客体（Object）是需要接受其他主体访问的被动实体，包括所有受访问控制机制保护下的系统资源，在不同应用场景下可以有着不同的具体定义。比如在操作系统中可以是一段内存空间，磁盘上面某个文件，在数据库中可以是一张表中的某些记录，在 Web 上可以是一张特定的页面，也可以是网络结构中的某个广义上的数据包结构。

访问控制策略(Access Control Policy)是主体对客体的操作行为的约束条件集。简单地讲，访问控制策略是主体对客体的访问规则集，它直接定义了主体对客体可以实施的具体的作用行为和客体对主体的访问行为所做的条件约束。访问控制策略在某种程度上体现了一种授权行为，也就是客体对主体的访问客体的时候，所具有的操作权限的允许。主体进行访问动作的方式取决于客体的类型。一般是对客体的一种操作，比如请求内存空间，文件的操作问题，修改数据库表中记录，以及浏览陌生服务器中的某些页面等。

## 10.3 计算机病毒与木马

### 10.3.1 计算机病毒概述

计算机病毒(Computer Virus)在《中华人民共和国计算机信息系统安全保护条例》中被明确定义。病毒指"编制者在计算机程序中插入的破坏计算机功能，或者破坏数据，影响计算机使用，并且能够自我复制的一组计算机指令或者程序代码"。而在一般教科书及通用资料中被定义为："利用计算机软件与硬件的缺陷，或操作系统漏洞，由被感染机内部发出的破坏计算机数据并影响计算机正常工作的一组指令集或程序代码"。

计算机病毒有着许多的破坏行为，可以攻击系统数据区域，如攻击计算机硬盘的主引导扇区、Boot 扇区、FAT 表、文件目录等内容；可以攻击文件，如删除、修改、替换文件等；可以攻击内存，如占用大量内存、改变内存总量、禁止分配内存等；可以干扰系统正常运行，如拒绝执行用户指令、干扰指令的运行过程、使内部栈溢出、占用特殊数据区、自动重新启动计算机、死机等；可以攻击磁盘，造成无法写入、使写操作变成读操作、写入时丢失数据等；可以对 CMOS 区进行数据修改，破坏 CMOS 中的数据等。

计算机病毒能在计算机系统中长时间驻留、自我复制和传播，它具有：传染性、隐蔽性、潜伏性、破坏性、可触发性、变种性等。

计算机病毒的特性如下：

（1）非授权可执行性

计算机病毒不是一个完整的合法程序，而是一段寄生在其他程序上的可执行的程序代码或指令，它能够享有合法程序所能得到的一切权限。病毒运行时，会与合法程序争夺系统的控制权，因此，计算机病毒只有在计算机内得以运行时，才具有传染性和破坏性。也就是说，计算机系统的控制权是关键所在，即计算机在正常的程序控制下运行（没有运行寄生的病毒程序）时，则这台计算机是可靠的，整个系统是安全的。计算机病毒一旦运行，将与其他程序争夺系统控制权，往往会造成系统的死机或崩溃，导致计算机瘫痪。因此，反病毒技术的重点是能识别计算机病毒的代码和行为，要保证计算机系统的控制权不被非法程序取得。

（2）传染性

计算机病毒不但本身具有破坏性，还具有很强的传染性，一旦病毒被复制或产生变种，其传染速度之快令人难以预防。传染性是病毒的基本特征，计算机病毒通过各种渠道从已被感染的计算机扩散到未被感染的计算机，在某些情况下造成被感染的计算机工作失常甚至瘫痪。计算机病毒程序或程序代码一旦进入计算机系统并得以执行，就会搜寻其他符合其传染条件的程序或存储介质，确定目标后再将自身代码插入其中，达到自我繁殖的目的。计算机一旦感染病毒，如不及时处理，那么病毒会在这台计算机上迅速扩散，并可通过各种可能的渠道，如软盘、计算机网络去感染其他的计算机。是否具有传染性是判别一个程序是否为计算机病毒的最重要条件。 病毒程序通过修改磁盘扇区信息或文件内容并把自身嵌入到其中的方法达到传染和扩散。被嵌入的程序叫做宿主程序。

（3）隐蔽性

计算机病毒是一类通过很高超的编程技巧编写的、短小精悍的可执行程序，一般只有几百到几 K 字节。计算机病毒通常寄生于正常程序之中，或者磁盘的引导区及扇区中，具有明显的非法可存储性。病毒尽一切可能来隐藏自身，就是为了避免被用户发现。

计算机病毒的隐蔽性主要表现在两个方面：即传染的隐蔽性和病毒存在的隐藏性。大多数病毒传播的速度是极快的，且不具有外部表现，不易被用户所注意。另外，病毒程序总是寄生于正常的程序，很难被发现。

（4）潜伏性

计算机病毒并不是随时发作的，而是在满足一定的条件时才能发作，且发作前是没有任何征兆的。一个编制精巧的计算机病毒程序，进入系统之后一般不会马上发作，因此病毒可以静静地躲在磁盘或磁带里呆上几天，甚至几年，一旦时机成熟，就要四处繁殖、扩散，继续为害。另外，计算机病毒的内部往往有一种触发机制，不满足触发条件时，计算机病毒除了传染外不做什么破坏。触发条件一旦得到满足，计算机病毒就开始破坏计算机系统。

（5）破坏性

无论何种病毒程序一旦侵入系统都会对系统的运行造成不同程度的影响。即使不直接产生破坏作用的病毒程序也要占用系统资源。而大多数病毒在造成破坏后，都会出现一些"症状"，影响系统的正常运行，甚至破坏整个系统和数据，使之无法恢复，造成无可挽回的损失。因此，病毒的副作用轻者降低系统工作效率，重者导致系统崩溃、数据丢失。病毒的破坏性是病毒设计者个人意图的直接体现。

（6）可触发性

因某个特定的条件，诱使病毒实施感染或进行攻击的特性称为可触发性。病毒既要隐蔽自己，又要维持破坏力，必须具有可触发性。病毒的触发机制就是用来控制感染和破坏动作的频率的。病毒具有预定的触发条件，这些条件可能是时间、日期、文件类型或某些特定数据等。病毒运行时，触发机制检查预定条件是否满足，如果满足，启动感染或破坏动作，使病毒进行感染或攻击；如果不满足，使病毒继续潜伏。

（7）变种性

计算机病毒的变种性是指计算机病毒的制造者依据个人的主观愿望。对某一个已知病毒程序进行修改而衍生出另外一种或多种与源病毒程序不同的新病毒程序，即源病毒程序的变种。有的病毒能产生几十种甚至更多的变种病毒，这些变种病毒造成的后果比源病毒更加严重。

## 10.3.2　计算机病毒分类

按照计算机病毒的特点及特性，计算机病毒的分类方法有多种。

**1. 按寄生方式分类**

（1）引导型病毒

引导型病毒是指寄生在磁盘引导区或主引导区的计算机病毒。此种病毒利用系统引导时，不对主引导区的内容正确与否进行判别的缺点，在引导型系统的过程中侵入系统，驻留内存，监视系统运行，伺机传染和破坏。按照引导型病毒在硬盘上的寄生位置可分为主引导记录病毒和分区引导记录病毒。主引导记录病毒感染硬盘的主引导区，如大麻病毒、2708

病毒、火炬病毒等；分区引导记录病毒感染硬盘的活动分区引导记录，如小球病毒、Girl 病毒等。

（2）文件型病毒

文件型病毒是指能够寄生在文件中的计算机病毒，主要通过感染计算机中的可执行文件（.exe）和命令文件(.com)。文件型病毒对计算机的源文件进行修改，使其成为新的带毒文件。一旦计算机运行该文件就会被感染，从而达到传播和破坏的目的。还有一些病毒可以感染高级语言程序的源代码，开发库和编译过程所生成的中间文件。病毒也可能隐藏在普通的数据文件中，但是这些隐藏在数据文件中的病毒不是独立存在的，需要隐藏在普通可执行文件中的病毒部分来加载这些代码。例如隐藏在字处理文档或者电子数据表中的宏病毒就是一种文件型病毒。

（3）复合型病毒

复合型病毒是指具有引导型病毒和文件型病毒寄生方式的计算机病毒。这种病毒扩大了病毒程序的传染途径，它既感染磁盘的引导记录，又感染可执行文件。当感染有此种病毒的磁盘用于引导系统，或调用执行感染了病毒的文件时，病毒都会被激活。因此在检测、清除复合型病毒时，必须全面彻底地根治，如果只发现该病毒的一个特性，把它只当做引导型或文件型病毒进行清除。虽然好像是清除了，但还留有隐患，这种经过杀毒后的"洁净"系统更富有攻击性。代表性病毒有 Flip 病毒、新世纪病毒、One-half 病毒等。

**2. 按破坏性分类**

（1）良性病毒

良性病毒是指那些只是为了表现自身，并不彻底破坏系统和数据，但会大量占用 CPU，增加系统开销，降低系统工作效率的一类计算机病毒。这种病毒多数是恶作剧者的产物，目的不是为了破坏系统和数据，而是为了让使用染有病毒的计算机用户通过显示器或扬声器看到或听到病毒设计者的编程技术。这类病毒有小球病毒、1575/1591 病毒、救护车病毒、扬基病毒、Dabi 病毒等。

（2）恶性病毒

恶性病毒是指那些一旦发作后，就会破坏系统或数据，造成计算机系统瘫痪的一类计算机病毒。这类病毒有黑色星期五病毒、火炬病毒、米开朗·基罗病毒等。这种病毒危害性极大，有些病毒发作后可以给用户造成不可挽回的损失。

**3. 按链接方式分类**

由于计算机病毒本身必须有一个攻击对象以实现对计算机系统的攻击，计算机病毒所攻击的对象是计算机系统的可执行部分。

（1）源码型病毒

该病毒攻击高级语言编写的程序，病毒在高级语言所编写的程序编译前插入到原程序中，经编译成为合法程序的一部分。

（2）嵌入型病毒

这种病毒是将自身嵌入到现有程序中，把计算机病毒的主体程序与其攻击的对象以插入的方式链接。这种计算机病毒是难以编写的，一旦侵入程序后也较难消除。如果同时采用多态性病毒技术，超级病毒技术和隐蔽性病毒技术，将给当前的反病毒技术带来严峻的挑战。

（3）外壳型病毒

外壳型病毒将其自身包围在主程序的四周，对原来的程序不做修改。这种病毒最为常见，易于编写，也易于发现，一般测试文件的大小即可知。

（4）操作系统型病毒

这种病毒用它自身的程序意图加入或取代部分操作系统进行工作，具有很强的破坏力，可以导致整个系统的瘫痪。圆点病毒和大麻病毒就是典型的操作系统型病毒。

这种病毒在运行时，用自己的逻辑部分取代操作系统的合法程序模块，根据病毒自身的特点和被替代的操作系统合法程序模块在操作系统中运行的地位与作用，以及病毒取代操作系统的取代方式等，对操作系统进行破坏。

**4. 按寄生部位或传染对象分类**

传染性是计算机病毒的本质属性，根据寄生部位或传染对象分类，也即根据计算机病毒传染方式进行分类，包括以下几种。

（1）磁盘引导区传染的计算机病毒

磁盘引导区传染的病毒主要是用病毒的全部或部分逻辑取代正常的引导记录，而将正常的引导记录隐藏在磁盘的其他地方。由于引导区是磁盘能正常使用的先决条件，因此，这种病毒在运行的一开始（如系统启动）就能获得控制权，其传染性较大。由于在磁盘的引导区内存储着需要使用的重要信息，如果对磁盘上被移走的正常引导记录不进行保护，则在运行过程中就会导致引导记录的破坏。引导区传染的计算机病毒较多，例如，"大麻"和"小球"病毒就是这类病毒。

（2）操作系统传染的计算机病毒

操作系统是一个计算机系统得以运行的支持环境，它包括.com、.exe 等许多可执行程序及程序模块。操作系统传染的计算机病毒就是利用操作系统中所提供的一些程序及程序模块寄生并传染的。通常，这类病毒作为操作系统的一部分，只要计算机开始工作，病毒就处在随时被触发的状态。而操作系统的开放性和不绝对完善性给这类病毒出现的可能性与传染性提供了方便。操作系统传染的病毒目前已广泛存在，"黑色星期五"即为此类病毒。

（3）可执行程序传染的计算机病毒

可执行程序传染的病毒通常寄生在可执行程序中，一旦程序被执行，病毒也就被激活，病毒程序首先被执行，并将自身驻留内存，然后设置触发条件，进行传染。

**5. 按照传播媒介分类**

按照计算机病毒的传播媒介来分类，可分为单机病毒和网络病毒。

（1）单机病毒

单机病毒的载体是磁盘，常见的是病毒从软盘传入硬盘，感染系统，然后再传染其他软盘，软盘又传染其他系统。

（2）网络病毒

网络病毒的传播媒介不再是移动式载体，而是网络通道，这种病毒的传染能力更强，破坏力更大。

计算机病毒的分类方式还有很多，如按照计算机病毒攻击的系统分类、按照病毒的攻击机型分类、按照计算机病毒激活的时间分类等，在此就不赘述了。

### 10.3.3　计算机病毒的传播途径

计算机病毒主要传播途径有以下几种：

① 通过不可移动的计算机硬件设备进行传播，这些设备通常有计算机的专用 ASIC 芯

片和硬盘等。这种病毒虽然极少，但破坏力却极强，目前没有较好的监测手段。

② 通过移动存储设备来进行传播，这些设备包括软盘、U 盘、移动硬盘等。光盘使用不当，也会成为计算机病毒传播和寄生的"温床"。

③ 通过计算机网络进行传播。传统的计算机病毒可以随着正常文件通过网络进入一个又一个系统，而新型的病毒不需要通过宿主程序，便可以独立存在而传播千里。毫无疑问，网络是目前病毒传播的首要途径，从网上下载文件、浏览网页、收看电子邮件等，都有可能会中毒。

④ 通过点对点通信系统和无线通道传播。比如 QQ 连发器病毒，能够通过 QQ 这种点对点的聊天程序进行传播。

### 10.3.4　计算机病毒的防范

计算机病毒在不断发展，传染手段越来越高明，结构也越来越特别，目前人们对计算机病毒主要的手段是预防。预防的方法有下述两种。

**1. 加强对计算机的管理，制定一系列的管理措施和制度**

实际上，截断病毒的传播途径是非常有效地防止病毒入侵的方法。因此，需要制定切实可行的管理制度，加强管理、应用好管理手段，防患于未然。为了加强计算机病毒的预防和治理，保护计算机信息系统安全，保障计算机的应用与发展，各国都有自己的防范规定，我国也制定了多种规章制度。从中华人民共和国公安部第 50 号令《计算机病毒防治管理办法》、国家保密局《计算机信息系统保密管理暂行规定》、《计算机信息系统国际联网保密管理规定》，以及《关于加强政府上网信息保密管理的通知》中，可以看到计算机网络系统的安全性、保密性工作，在网络建设中是必须考虑的。为确保网络运行可靠、安全，系统要有特定的网络安全保密方案。在实际的计算机操作中，我们建议注意以下几点：

① 管理人员、计算机操作人员必须要有很强的安全意识，认清病毒对计算机的危害性，首先在思想上不能放松，要进行病毒防治的教育和培训。

② 建立计算机病毒防治管理制度。为保证计算机处于良好的工作状态，最好是专人使用、专人保管。加强日常管理，切实负责计算机的日常使用和维护，避免使用中感染病毒。

③ 及时检测，进行查毒、消毒。计算机在使用中，每隔一段时间就应该进行一次病毒的检测和查杀，外来软盘进行读写之前都要进行一次病毒的检测和查杀，及时发现病毒的存在，及时消灭。

④ 重要的文件、数据要及时予以保存备份，以免遭受病毒破坏。一旦系统出现故障，进行修复后，可以很快恢复这些重要的文件或数据。

**2. 应用技术手段预防**

① 防火墙是隔离和访问控制的。它根据通信协议，依据预先定义好的安全规则，决定数据在网络上能否通过。防火墙从逻辑上将内部网络与外部网络隔离，具有简单、实用、并且透明度很高的特点，可以避免骇客的入侵或外网病毒的传播。

② 常使用的免疫软件有瑞星、NORTEN、金山毒霸、卡巴斯基、360 杀毒等。这些软件不仅具有检测和查杀病毒功能，使用方法简单易行，用户通过升级其版本就可以不断检测和查杀新病毒品种，还具有查看主引导区的信息，以及系统测试、修复和重建硬盘分区表等功能。

单一的预防手段不能完全预防计算机病毒，需要将多种防护方法综合利用，以保证信息系统中计算机的正常使用。

## 10.3.5 木马病毒及防治

木马（Trojan）这个名字来源于古希腊传说，即代指特洛伊木马。

木马程序是目前比较流行的病毒文件，与一般的病毒不同，它不会自我繁殖，也并不刻意地去感染其他文件，它通过将自身伪装吸引用户下载执行，向施种木马者提供打开被种者电脑的门户，使施种者可以任意毁坏、窃取被种者的文件，甚至远程操控被种者的电脑。

木马病毒隐蔽性强，检测困难，不经电脑用户准许就可获得电脑的使用权。木马通常有两个可执行程序，一个是客户端（控制端）、另一个是服务端（被控制端），服务端一旦被种入他人电脑，骇客就可以通过控制端运行服务端程序，进入被种者的电脑系统，偷窥个人隐私，复制、浏览、删除文件，修改注册表，更改计算机配置等。

**1. 木马病毒的分类**

目前常见的木马病毒主要有以下几类：

（1）网络游戏木马

随着网络在线游戏的普及和升温，我国拥有规模庞大的网游玩家。网络游戏中的金钱、装备等虚拟财富与现实财富之间的界限越来越模糊。与此同时，以盗取网络游戏账号密码为目的的木马病毒也随之发展泛滥起来。网络游戏木马通常采用记录用户键盘输入、Hook 游戏进程 API 函数等方法获取用户的密码和账号。窃取到的信息一般通过发送电子邮件或向远程脚本程序提交的方式发送给木马作者。

（2）网银木马

网银木马是针对网上交易系统编写的木马病毒，其目的是盗取用户的卡号、密码，甚至安全证书。此类木马种类数量虽然比不上网络游戏木马，但它的危害更加直接，受害用户的损失更加惨重。

网银木马通常针对性较强，木马作者可能首先对某银行的网上交易系统进行仔细分析，然后针对安全薄弱环节编写病毒程序。如 2004 年的"网银大盗"病毒，在用户进入工商银行网银登录页面时，会自动把页面换成安全性能较差、但依然能够运转的老版页面，然后记录用户在此页面上填写的卡号和密码；2005 年的"新网银大盗"，采用 API Hook 等技术干扰网银登录安全控件的运行。

（3）即时通信软件木马

常见的即时通信类木马一般有以下三种：

① 发送消息型，通过即时通信软件自动发送含有恶意网址的消息，目的在于让收到消息的用户点击网址中毒，用户中毒后又会向更多好友发送病毒消息。

② 盗号型，主要目标盗取使用即时通信软件的用户的登录账号和密码。

③ 传播自身型，主要通过即时通信软件发送自身进行传播，感染用户计算机。

（4）网页点击类木马

网页点击类木马会恶意模拟用户点击广告等动作，在短时间内可以产生数以万计的点击量。病毒作者的编写目的一般是为了赚取高额的广告推广费用。此类病毒的技术简单，一般只是向服务器发送打开网页请求。

（5）下载类木马

这种木马程序的体积一般很小，其功能是从网络上下载其他病毒程序或安装广告软件。

由于体积很小，下载类木马更容易传播，传播速度也更快。

（6）代理类木马

用户感染代理类木马后，会在本机开启 HTTP、SOCKS 等代理服务功能。骇客把受感染计算机作为跳板，以被感染用户的身份进行骇客活动，达到隐藏自己的目的。

**2. 木马病毒的预防与查杀**

预防木马病毒，首先要做到不要运行任何来历不明的软件或程序，对计算机中的敏感数据(如口令、信用卡账号等)，一定要妥善保护。另外，使用必备防毒软件，目前，大多数杀毒软件如杀毒软件像瑞星、卡林巴斯、360 安全卫士等都能快速查杀木马病毒。

# 10.4 网络安全技术

## 10.4.1 网络安全概述

伴随网络的普及，网络安全日益成为影响网络效能的重要问题，由于网络自身所具有的开放性和自由性等特点，在增加应用自由度的同时，对安全提出了更高的要求。如何使网络信息系统不受骇客和工业间谍的入侵，已成为企业信息化健康发展所要考虑的重要事情之一。在计算机和 Internet 快速发展的同时，数据信息已经成为网络中最宝贵的资源，网上失密，泄密，窃密及传播有害信息的事件屡有发生。一旦网络中传输的用户信息被有意窃取，篡改，则对于用户和企业本身造成的损失都是不可估量的。无论是对于那些庞大的服务提供商的网络，还是小到一个企业的某一个业务部门的局域网，数据安全都十分重要。

信息安全的概念也从早期只关注信息保密的通信保密（Communication Security，COMSEC）发展到关注信息及信息系统的保密性，完整性和可用性的信息安全（Information Security，INFOSEC），再发展到今天的信息保障（Information Assurance，IA），信息安全已经包含了五个主要内容，即信息及信息系统的保密性、完整性、可用性、可控性和不可否认性，单纯的保密和静态的保护已经不能适应时代的需要，而针对信息及信息系统的安全预警、保护、检测、反应、恢复（WPDRR）五个动态反馈环节构成了信息保障模型概念的基础。

**1. 网络安全的重要性**

伴随信息时代的来临，计算机和网络已经成为这个时代的代表和象征，政府、国防、国家基础设施、公司、单位、家庭几乎都成为一个巨大网络的一部分，大到国际间的合作、全球经济的发展，小到购物、聊天、游戏，所有社会中存在的概念都因为网络的普及被赋予了新的概念和意义，网络在整个社会中的地位越来越举足轻重了。据中国互联网络信息中心（CNNIC）发布的《第 26 次中国互联网络发展状况统计报告》显示，截至 2011 年 6 月底，我国网民规模达 9.2 亿人。互联网在中国已进入高速发展时期，人们的工作、学习、娱乐生活已完全离不开网络。

但与此同时，Internet 本身所具有的开放性和共享性对信息的安全问题提出了严峻的挑战，由于系统安全脆弱性的客观存在，操作系统、应用软件、硬件设备等不可避免地会存在一些安全漏洞，网络协议本身的设计也存在一些安全隐患，这些都为骇客采用非正常手段入侵系统提供了可乘之机，以至于计算机犯罪、不良信息污染、病毒木马、内部攻击、网络信息间谍等一系列问题成为困扰社会发展的重大隐患。便利的搜索引擎、电子邮件、上网浏览、软件下载以及即时通信等工具都曾经或者正在被骇客利用进行网络犯罪，数以万计的

Hotmail、谷歌、雅虎等电子邮件账户和密码被非授权用户窃取并公布在网上，使得垃圾邮件数量显著增加。此外，大型骇客攻击事件不时发生，木马病毒井喷式大肆传播，传播途径千变万化让人防不胜防。

计算机网络已成为敌对势力、不法分子的攻击目标；成为很多青少年吸食网络毒品（主要是不良信息，如不健康的网站图片视频等）的滋生源；网络安全问题正在打击着人们使用电子商务的信心，这些不仅严重影响到电子商务的发展，更影响到国家政治经济的发展。因此，提高对网络安全重要性的认识，增强防范意识，强化防范措施，是学习、使用网络的当务之急。

**2. 网络安全的定义**

网络安全从狭义角度来分析，是指计算机及其网络系统资源和信息资源（即网络系统的硬件、软件和系统中的数据）受到保护，不受自然和人为有害因素的威胁和危害；从广义讲，凡是涉及计算机网络上信息的保密性、完整性、可用性、真实性和不可抵赖性的相关技术和理论都是计算机网络安全的研究领域。

网络安全问题实际上包括两方面的内容：一是网络的系统安全，二是网络的信息安全。网络安全从其本质上来讲就是网络上信息的安全，它涉及的内容相当广泛，既有技术方面的问题，也有管理方面的问题，两方面相互补充，缺一不可。技术方面主要侧重于如何防范外部非法攻击，管理方面则侧重于内部人为因素的管理。如何更有效地保护重要的信息数据、提高计算机网络系统的安全性已经成为所有计算机网络应用必须考虑和必须解决的一个重要问题。

## 10.4.2　网络黑客与骇客

"黑客"一词是由英语 Hacker 音译出来的，原指热心于计算机技术，水平高超的电脑专家，尤其是程序设计人员，他们伴随着计算机和网络的发展而产生、成长。黑客对计算机有着狂热的兴趣和执著的追求，他们不断地研究计算机和网络知识，发现计算机和网络中存在的漏洞，喜欢挑战高难度的网络系统并从中找到漏洞，然后向管理员提出解决和修补漏洞的方法。他们的出现推动了计算机和网络的发展与完善。黑客所做的不是恶意破坏，他们追求共享、免费、开放，在黑客圈中，"黑客"一词无疑带有正面的意义，例如 system hacker 熟悉操作系统的设计与维护；password hacker 精于找出使用者的密码，若是 computer hacker 则是通晓计算机。

"骇客"是 Cracker 的音译，就是"破解者"的意思。从事恶意破解商业软件、恶意入侵别人的网站等事务。根据开放原始码计划创始人 Eric Raymond 对此字的解释，黑客与骇客是分属两个不同世界的族群，基本差异在于，黑客是有建设性的，而骇客则专门搞破坏。专门以破坏别人安全为目的的行为并不是黑客的行为，不幸的是，很多记者和作家往往错把"骇客"当成"黑客"，所以被人们误认为在网络上进行破坏的人叫做"黑客"。

## 10.4.3　网络攻击的表现形式

**1. 主动攻击**

主动攻击包含攻击者访问他所需信息的故意行为。主动攻击可以分为以下几类：

（1）欺骗

欺骗是指通过冒充别的对象来达到阻断正常网络服务、提供虚假信息、获取他人信息、入侵系统盗窃信息或进行破坏等目的。欺骗攻击的表现形式主要有：DNS 欺骗、cookie 欺骗、Web 欺骗、IP 欺骗、ARP 欺骗、电子邮件欺骗等。

欺骗通常与其他的网络攻击形式一起使用，如通过消息的重放及篡改，来完成对用户的欺诈行为等。

（2）未授权访问

未授权访问是指未经合法授权的实体获得了使用某个对象的服务或资源的权限。未授权访问通常是通过在不安全通道上截获正在传输的信息或者利用对象的固有缺陷来实现的。

未授权访问没有预先经过同意，就使用系统资源，有意避开系统访问控制机制，对网络设备及资源进行不合法的使用，或擅自扩大权限，越权访问信息。它主要通过欺骗、身份攻击、非法用户进入网络进行违法操作等。

（3）拒绝服务（DoS）

拒绝服务是指故意攻击网络协议实现的缺陷，或直接通过野蛮手段耗尽被攻击对象的资源，目的是让目标计算机或网络无法提供正常的服务或资源访问，使目标系统停止响应、甚至崩溃。服务资源包括网络带宽、文件系统空间容量、开放的进程或者允许的链接，这种攻击会导致资源匮乏，无论计算机的处理速度多快、内存容量多大、网络带宽的速度多快都无法避免这种攻击带来的后果。

事实上，任何事物都有一个极限，所以总能找到一个方法使请求的值大于该极限值，因此就会故意导致所提供的服务资源匮乏，导致服务资源无法满足需求的情况。因此，千万不要认为拥有了足够宽的带宽和足够快的服务器就有了一个不怕拒绝服务攻击的高性能网站，拒绝服务攻击会使所有的资源都变得非常渺小。最常见的拒绝服务攻击包括对计算机网络的带宽攻击和连通性攻击。

带宽攻击是指以极大的通信量冲击网络，使得所有可用网络资源都被消耗殆尽，最后导致合法的用户请求无法通过。连通性攻击是指用大量的连接请求冲击计算机，使得所有可用的操作系统资源都被消耗殆尽，最终计算机无法再处理合法用户的请求。

（4）否认

在一次通信中涉及的那些实体之一事后不承认参加了该通信的全部或一部分。不管原因是故意还是意外，都会导致严重的争执，造成责任混乱。可以采用数字签名等技术来防止这种抵赖行为。

（5）重放

重放攻击（Replay Attacks）又称重播攻击或新鲜性攻击（Freshness Attacks），是指攻击者发送一个目的主机已接收过的包，来达到欺骗系统的目的，主要用于身份认证过程，破坏认证的正确定。

这种攻击会不断恶意或欺诈性地重复一个有效的数据传输，重放攻击可以由发起者，也可以由拦截并重发该数据的敌方进行。攻击者利用网络监听或者其他方式盗取认证凭据，之后再把它重新发给认证服务器。从这个解释上理解，加密可以有效防止会话劫持，但是防止不了重放攻击。重放攻击在任何网络通讯过程中都可能发生。重放攻击是计算机黑客常用的攻击方式之一。

（6）逻辑炸弹

计算机中的"逻辑炸弹"是指在特定逻辑条件满足时，实施破坏的计算机程序，该程序触发后造成计算机数据丢失、计算机不能从硬盘或者软盘引导，甚至会使整个系统瘫痪，并出现物理损坏的虚假现象。与病毒相比,它强调破坏作用本身,而实施破坏的程序不具有传染性。

由于逻辑炸弹不是病毒体,因此无法正常还原和清除,对逻辑炸弹程序实施破解是比较困难的。由于逻辑炸弹内含在程序体内,在空间限制、编写方式、加密方式等各方面比编写病毒要具有更加灵活的空间和余地,所以很难清除。

（7）后门

后门程序一般是指那些绕过安全性控制而获取对程序或系统访问权的程序。在软件的开发阶段,程序员常常会在软件内创建后门程序以便可以修改程序设计中的缺陷。但是,如果这些后门被其他人知道,或是在发布软件之前没有删除后门程序,那么它就成了安全风险,很容易被黑客当成漏洞进行攻击。

（8）恶意代码

恶意代码是一种程序,它通过把代码在不被察觉的情况下嵌入到另一段程序中,从而达到破坏被感染的电脑数据、运行具有入侵性或破坏性的程序、破坏被感染电脑数据的安全性和完整性的目的。按传播方式,恶意代码可以分成病毒、木马、蠕虫、移动代码和复合型病毒等。

（9）不良信息

虚拟的网络世界与现实世界是对等的,现实世界中有美与丑、善与恶,网络世界里同样也有美与丑、善与恶。在互联网发展的早期,网上的不良信息以"知识型"信息为主,但是随着互联网的不断发展,上网成为人们生活、工作、娱乐中不可缺少的一部分时,不良信息也随之发生了很大的变化。特别是近几年,不良信息开始从单纯的"知识型"信息开始向"谋利型"转变,而且手段多样、形式复杂,其中不乏很多违反法律、违反道德的不良信息。

根据"网康互联网内容研究实验室"长期对互联网信息的监控和研究,发现不良信息大致可以分为"违反法律"、"违反道德"、"破坏信息安全"三大类别。"违反法律"类信息是指违背《中华人民共和国宪法》和《全国人大常委会关于维护互联网安全的决定》、《互联网信息服务管理办法》所明文严禁的信息以及其他法律法规明文禁止传播的各类信息；"违反道德"类信息是指违背社会主义精神文明建设要求、违背中华民族优良文化传统与习惯以及其他违背社会公德的各类信息,包括文字、图片、音视频等等；破坏信息安全类信息是指含有病毒、木马、后门的高风险类信息,对访问者电脑及数据构成安全威胁的信息。

**2. 被动攻击**

被动攻击主要是收集信息而不是进行访问,数据的合法用户对这种活动一点也不会觉察到。被动攻击包括嗅探、信息收集等攻击方法。

（1）窃听

窃听是信息泄露的表现,可通过网络监听、物理搭线、后门、接收辐射信息等方式来实施。对窃听的防范非常困难,发现是否存在窃听几乎是不可能的,其严重性非常高。非授权者利用信息处理、传送、存储中存在的安全漏洞截获或窃取各种信息。由于卫星等无线信号可在全球进行接收,因此必须加以重视。我国有关部门明确规定,在无线信道上传输秘密信息时必须安装加密机进行加密保护。

网络监听是一种监视网络状态、数据流程以及网络上信息传输的管理工具,它可以将网络界面设定成监听模式,并且可以截获网络上所传输的信息。

辐射是电缆信号泄露。电缆线路和附加装置（各种电子设备,如计算机、打印机、连接器、放大器等等）泄露一些信号，在一定距离内，泄露的信号能成为可读的数据。

（2）篡改

未授权者用各种方法和手段对系统中的数据进行增加、删除、修改等不合法的操作，破坏数据的完整性，以达到其恶意目的。

（3）业务流量、流向分析

未授权者在信息网络中通过业务流量或流向分析来掌握信息网络或整体部署的敏感信息。虽然这种攻击没有窃取到信息内容，但仍然可获取许多有价值的情报。可以通过业务流量填充来抵御此类攻击。

（4）隐蔽信道

隐蔽信道是指允许进程以危害系统安全策略的方式传输信息的通信信道，是对安全信息系统的重要威胁，并普遍存在于安全操作系统、安全网络、安全数据库系统中。隐蔽信道既可传送未经授权的信息，又不违反访问控制和其他安全机制。隐蔽信道不易探测，即使被探测到，也很难完全清除。

## 10.4.4　网络攻击的常用手段与基本工具

常见的网络攻击多是侵入或破坏网上的服务器主机，盗取服务器中的敏感数据或干扰破坏服务器的正常服务，也有直接破坏网络设备的网络攻击，这种破坏影响较大，会导致网络服务异常甚至中断。

### 1. 网络攻击的步骤

从攻击者的角度出发，将攻击的步骤可分为探测（Probe）、攻击（Exploit）和隐藏（Conceal）。同时，攻击技术据此可分为探测技术、攻击技术和隐藏技术三大类，并在每类中对各种不同的攻击技术进行细分，因此可将网络攻击分为以下几个步骤：

（1）踩点

踩点是指攻击者结合各种工具和技巧，以正常合法的途径对攻击目标进行窥探，对其安全情况建立完整的剖析图。在这个步骤中，主要收集的信息包括各种联系信息（包括名字、邮件地址和电话号码、传真号）、IP 地址范围、DNS 服务器、邮件服务器等。

（2）扫描

扫描是攻击者获取活动主机、开放服务、操作系统、安全漏洞等关键信息的重要技术。通过扫描，攻击者可以对直接截获数据包进行信息分析、密码分析或流量分析，获得攻击目标的相关信息及安全漏洞。

扫描技术包括 Ping 扫描（确定哪些主机正在活动）、端口扫描（确定有哪些开放服务）、操作系统辨识（确定目标主机的操作系统类型）和安全漏洞扫描（获得目标上存在着哪些可利用的安全漏洞）等。

（3）模拟攻击

根据上一步工作所获取的信息，建立模拟环境，然后对目标进行一系列的攻击。通过模拟攻击找到最佳攻击方案，并了解在攻击过程中会在目标机中留下哪些"痕迹"，以便攻击者在完成攻击后来消除"痕迹"。

（4）查点

查点是攻击者常采用的从目标系统中抽取有效账号或导出资源名的技术。通常这种信息是通过主动同目标系统建立连接来获得的，因此这种查询在本质上要比踩点和端口扫描更具有入侵效果。查点技术通常和操作系统有关，所收集的信息包括用户名和组名信息、系统类型信息、路由表信息和 SNMP 信息等。

（5）获取访问权限

攻击者要想入侵一台主机，首先要有该主机的一个账号和密码，否则连登录都无法进行。攻击者先设法盗窃账户文件，进行破解，从中获取某用户的账户和口令，再寻觅合适时机以此身份进入主机。另外，利用某些工具或系统漏洞登录主机也是攻击者常用的一种技法。

（6）提升权限

一旦攻击者通过前面的工作获取了系统的访问权限后，攻击者会试图通过某些技术手段将普通用户权限提升至管理员权限，以便实现对系统的完全控制。攻击者可以通过破解系统上其他用户名及密码，或者利用操作系统及服务的漏洞，以及利用管理员的不正确配置等方式来获取更高的权限。

（7）窃取数据

攻击者在获取了系统的完全控制权后，就可以对系统中的敏感数据进行篡改、删除、复制等操作。同时，通过对获取到敏感数据进行分析，为进一步的攻击打下基础。

（8）掩盖痕迹

攻击者在入侵系统的过程中，势必留下"痕迹"。此时，攻击者的首要工作就是清理所有的入侵"痕迹"，以免被管理员发现，以便在需要的时候再次入侵系统或将被入侵的服务器当做继续入侵其他系统的跳板。"痕迹"清理的主要工作有禁止系统审计、清空事件日志、隐藏攻击工具及用新的工具替换常用的操作系统命令等。

（9）留后门

攻击者在完成入侵工作后，通常还会在受害的系统上留下一些后门或陷阱，以便攻击者在需要的时候再次卷土重来。创建后门的主要方法有创建具有特权用户权限的虚假用户账号、安装批处理、安装远程控制工具、使用木马程序、安装监控机制及感染启动文件等。

**2. 网络攻击的常用手段**

网络攻击可分为拒绝服务型（DoS 攻击）、扫描窥探攻击和畸形报文攻击三大类。

① 拒绝服务型（Deny of Service，简称 DoS）攻击是使用大量的数据包攻击系统，使系统无法接受正常用户的请求，或者主机挂起不能提供正常的工作。主要 DoS 攻击有 SYN Flood 、Fraggle 等。拒绝服务攻击和其他类型的攻击不大一样，攻击者并不是去寻找进入内部网络的入口，而是去阻止合法的用户访问资源或路由器。

② 扫描窥探攻击是利用 ping 扫描，包括 ICMP 和 TCP 来标识网络上存活着的系统，从而准确的指出潜在的目标。利用 TCP 和 UCP 端口扫描，就能检测出操作系统和监听着的潜在服务。攻击者通过扫描窥探就能大致了解目标系统提供的服务种类和潜在的安全漏洞，为进一步侵入系统做好准备。

③ 畸形报文攻击是通过向目标系统发送有缺陷的 IP 报文，使得目标系统在处理这样的 IP 包时会出现崩溃，给目标系统带来损失。主要的畸形报文攻击有 Ping of Death、Teardrop 等。

**3. 网络攻击的基本工具**

（1）扫描器

扫描器是一种自动检测远程或本地主机安全脆弱点的程序，通过使用扫描器可以不留痕迹的发现远程服务器的各种 TCP/IP 端口的分配及提供的服务，以及远程主机所存在的安全漏洞。扫描器采用模拟攻击的形式对目标可能存在的已知安全漏洞进行逐项检查。目标可以是工作站、服务器、交换机、数据库等各种对象。然后根据扫描结果提供周密可靠的安全性分析报告。

扫描器并不是一个直接的攻击网络漏洞的程序，但它能帮助用户发现目标机的某些存在的弱点。一个好的扫描器能对它得到的数据进行分析，帮助用户查找目标主机的漏洞。扫描器一般有三项功能，即发现一个主机和网络的能力，发现有什么服务正运行在这台主机上的能力，通过测试这些服务发现漏洞的能力。

扫描器对 Internet 安全很重要，因为它能揭示一个网络的脆弱点。在任何一个现有的网络平台上都有几百个熟知的安全脆弱点。在大多数情况下，这些脆弱点都是唯一的，仅影响一个网络服务。人工测试单台主机的脆弱点是一项极其繁琐的工作，而扫描程序能轻易地解决这些问题。扫描程序开发者利用可得到的常用攻击方法并把它们集成到整个扫描中，这样使用者就可以通过分析输出的结果发现系统的漏洞。

（2）口令入侵工具

口令入侵工具是指任何可以解开口令或屏蔽口令保护的程序。实际上，逆向破解加密口令比较困难。攻击者通常使用口令入侵工具是仿真对比工具，利用与原口令程序相同的方法，通过对比分析，用不同的加密口令去匹配原口令。许多口令入侵工具都以很高的速度，一个口令接一个口令地去试，最终碰到正确的口令。

（3）木马

木马是一种具有隐藏性的、自发性的可被用来进行恶意行为的程序，多以控制对方电脑为主，不会直接对电脑产生危害。与一般的病毒不同，木马不会自我繁殖，也并不"刻意"地去感染其他文件，它通过将自身伪装吸引用户下载执行，向施种木马者提供打开被种者电脑的门户，使施种者可以任意毁坏、窃取被种者的文件，甚至远程操控被种者的电脑。

木马病毒不经电脑用户准许就可获得电脑的使用权。程序容量十分轻小，运行时不会浪费太多资源，不使用专业软件是难以发觉的；运行时很难阻止它的行动，运行后，立刻自动登录在系统引导区，之后每次在 Windows 加载时自动运行；或立刻自动变更文件名，甚至隐形；或马上自动复制到其他文件夹中，运行连用户本身都无法运行的动作。

（4）网络嗅探器

网络嗅探器最早是为网络管理人员配备的工具，有了嗅探器，网络管理员可以随时掌握网络的实际情况，查找网络漏洞和检测网络性能，当网络性能急剧下降的时候，可以通过嗅探器分析网络流量，找出网络阻塞的来源。

网络嗅探器用来截获网络上传输的信息，利用它截获的口令和各种信息，可以用来攻击网络中的计算机系统。

（5）系统破坏工具

常见的系统破坏工具有邮件炸弹和病毒等。其中邮件炸弹的危害性相对较小，而病毒的危害性则非常大。

邮件炸弹是指邮件发送者，利用特殊的电子邮件软件，在很短的时间内连续不断地将邮件邮寄给同一个收信人，在这些数以千万计的大容量信件面前收件箱肯定不堪重负，而最终发生"爆炸"。邮件炸弹可以大量消耗网络资源，常常导致网络堵塞，使大量的用户不能正常地工作。例如，网络用户的信箱容量是很有限的，如果用户在短时间内收到成千上万封电子邮件，那么电子邮件的总容量很容易就把用户的邮箱"挤垮"，造成用户的邮箱将没有多余的空间接收新的邮件，那么这些新邮件将会被丢失或者被退回，邮箱也就失去了正常的作用。另外，邮件炸弹所携带的大容量信息不断在网络上来回传输，很容易堵塞传输信道，加重服务器的工作强度，减缓了处理其他用户的电子邮件的速度，从而导致了整个过程的延迟。

病毒是具有很强的自我复制传播的功能，一旦网络中有某台计算机感染了病毒，则网络中其他的计算机就有很大的机会被病毒所感染，从而危害整个网络系统。

### 10.4.5　VPN 技术

VPN 即虚拟专用网，是通过一个公用网络（通常是因特网）建立一个临时的、安全的逻辑连接，是一条穿过混乱的公用网络的安全通道。通常，VPN 是对企业内部网的扩展，通过它可以帮助远程用户、公司分支机构、商业伙伴及供应商同公司的内部网建立可信的安全连接，并保证数据的安全传输。虚拟专用网是利用公用网络组建起来的功能性网络，用户实际上使用的不是独立、专用的物理网络，用户既不需要建设或租用专线，也不需要装备专用的设备。不同类型的公用网络，通过网络内部的软件控制就可以组建不同种类的虚拟专用网。

目前 VPN 主要采用四项技术来保证安全，这四项技术分别是隧道技术、加解密技术、密钥管理技术、使用者与设备身份认证技术。

隧道技术（Tunneling）是一种通过使用互联网络的基础设施在网络之间传递数据的方式。使用隧道传递的数据（或负载）可以是不同协议的数据帧或包。隧道协议将其他协议的数据帧或包重新封装然后通过隧道发送。隧道技术包括了数据封闭、传输和解包在内的全过程。

加解密技术的基本思想是通过变换信息的表示形式来伪装需要保护的敏感信息，使非受权者不能了解被保护信息的内容。

密钥管理技术的主要任务是如何在公用数据网上安全地传递密钥而不被窃取。现行的密钥管理技术分为 SKIP 和 ISAKMP/OAKLEY 两种。

使用者与设备身份认证技术是保证 VPN 方案必须能够验证用户身份，并严格控制只有被授权用户才能访问 VPN。使用者与设备身份认证技术最常用的是使用名称与密码或卡片式认证等方式。

### 10.4.6　入侵检测与网络隔离

#### 1. 入侵检测概述

入侵检测（Intrusion Detection）是对入侵行为的检测。它通过收集和分析网络行为、安全日志、审计数据、其他网络上可以获得的信息以及计算机系统中若干关键点的信息，检查网络或系统中是否存在违反安全策略的行为和被攻击的迹象。入侵检测作为一种积极主动的安全防护技术，提供了对内部攻击、外部攻击和误操作的实时保护，在网络系统受到危害之前拦截和响应入侵。因此被认为是防火墙之后的第二道安全闸门，在不影响网络性能的情况下能对网络进行监测。

入侵检测通过执行以下任务来实现：
① 监视、分析用户及系统活动。
② 审计系统构造和弱点。
③ 识别反映已知进攻的活动模式并向相关人士报警。
④ 异常行为模式的统计分析。

⑤ 评估重要系统和数据文件的完整性。

⑥ 操作系统的审计跟踪管理，并识别用户违反安全策略的行为。

入侵检测是防火墙的合理补充，帮助系统对付网络攻击，扩展了系统管理员的安全管理能力（包括安全审计、监视、进攻识别和响应），提高了信息安全基础结构的完整性。

**2. 入侵检测的分类**

按照原始数据的来源，可以将入侵检测系统分为基于网络的入侵检测系统、基于主机的入侵检测系统和混合的入侵检测系统。

（1）基于网络的入侵检测系统

基于网络的入侵检测系统（NIDS）放置在比较重要的网段内，不停地监视网段中的各种数据包。对每一个数据包进行特征分析。如果数据包与系统内置的某些规则吻合，入侵检测系统就会发出警报甚至直接切断网络连接。目前，大部分入侵检测系统是基于网络的。

基于网络的入侵检测系统使用原始网络包作为数据源，通常利用一个运行在随机模式下的网络适配器来实时监视并分析通过网络的所有通信业务。它的攻击辨识模块通常使用四种常用技术来识别攻击标志：即模式、表达式或字节匹配；频率或穿越阈值；低级事件的相关性；统计学意义上的非常规现象检测。

一旦检测到了攻击行为，入侵检测系统的响应模块就提供多种选项以通知、报警形式对攻击采取相应的反应。

（2）基于主机的入侵检测系统

基于主机的入侵检测系统（HIDS）通常是安装在被重点检测的主机之上，主要是对该主机的网络实时连接以及系统审计日志进行智能分析和判断。如果其中主体活动十分可疑（特征或违反统计规律），入侵检测系统就会采取相应措施。

基于主机的入侵检测系统使用验证记录，并发展了精密的、可迅速做出响应的检测技术。通常，基于主机的入侵检测系统可监探系统、事件和 Window 下的安全记录以及 UNIX 环境下的系统记录。当有文件发生变化时，入侵检测系统将新的记录条目与攻击标记相比较，看它们是否匹配。如果匹配，系统就会向管理员报警并向别的目标报告，以采取措施。

基于主机的 IDS 在发展过程中融入了其他技术，是对关键系统文件和可执行文件的入侵检测的一个常用方法。

（3）混合的入侵检测系统

基于网络的入侵检测系统和基于主机的入侵检测系统都有不足之处，单纯使用一类系统会造成主动防御体系不全面。如果这两类入侵检测系统能够无缝结合起来部署在网络内，则会构架成一套完整立体的主动防御体系，综合了基于网络和基于主机两种结构特点的入侵检测系统，既可发现网络中的攻击信息，也可从系统日志中发现异常情况。

**3. 入侵检测技术分类**

入侵检测技术通过对入侵行为的过程与特征的研究，使安全系统对入侵事件和入侵过程能做出实时响应，主要包括特征检测、异常检测、协议分析。

（1）基于知识的特征检测（模式发现）技术

特征检测又称误用检测，是利用已知系统和应用软件的弱点攻击模式来检测入侵。这种检测假设入侵者活动可以用一种模式来表示，检测系统的目标是检测主体活动是否符合这些模式，那么所有已知的入侵方法都可以用匹配的方法发现。模式发现的关键是如何表达入侵的模式，把真正的入侵与正常行为区分开来。

模式发现的优点是误报少,局限是它只能发现已知的攻击,对未知的攻击无能为力,同时由于新的攻击方法不断产生、新漏洞不断发现,如果攻击特征库不能及时更新也将造成入侵检测漏报。

（2）基于行为的异常检测（异常发现）技术

通过将过去观察到的正常行为与受到攻击时的行为加以比较,根据使用者的异常行为或资源的异常使用状况来判断是否发生入侵活动,其原则是任何与已知行为模型不符合的行为都认为是入侵行为。

异常检测的优点是可以发现未知的入侵行为。异常检测的难题在于如何建立"活动简档"以及如何设计统计算法,从而不把正常的操作当做"入侵"（误报）或忽略真正的"入侵"行为（漏报）。

### 4. 入侵检测技术发展方向

在入侵检测技术发展的同时,入侵技术也在更新,攻击者将试图绕过入侵检测系统（IDS）或攻击 IDS 系统。交换技术的发展以及通过加密信道的数据通信,使通过共享网段侦听的网络数据采集方法显得不足,而大通信量对数据分析也提出了新的要求。将来的入侵检测技术大致有下述几个发展方向。

（1）分布式入侵检测

传统的入侵检测系统局限于单一的主机或网络架构,对异构系统及大规模的网络检测明显不足,不同的入侵检测系统之间不能协同工作。为解决这一问题,需要发展分布式入侵检测技术与通用入侵检测架构。

（2）智能化入侵检测

使用智能化的方法与手段来进行入侵检测,现阶段常用的智能化入侵检测有神经网络、遗传算法、模糊技术、免疫原理等方法,这些方法常用于入侵特征的辨识与泛化。利用专家系统的思想来构建入侵检测系统也是常用的方法之一。特别是具有自学习能力的专家系统,实现了知识库的不断更新与扩展,使设计的入侵检测系统的防范能力不断增强,具有更广泛的应用前景。

（3）应用层入侵检测

许多入侵的语义只有在应用层才能理解,而目前的入侵检测系统仅能检测如 Web 之类的通用协议,而不能处理如 Lotus Notes、数据库系统等其他的应用系统。许多基于客户/服务器结构、中间件技术及对象技术的大型应用,也需要应用层的入侵检测。

（4）高速网络的入侵检测

在入侵检测系统中,截获网络中的每一个数据包,并分析、匹配其中是否具有某种攻击的特征需要花费大量的时间和系统资源,因此大部分现有的入侵检测系统只有几十兆的检测速度,随着百兆甚至千兆网络的大量应用,需要研究高速网络的入侵检测。

（5）入侵检测系统的标准化

在大型网络中,网络的不同部分可能使用了多种入侵检测系统,甚至还有防火墙、漏洞扫描等其他类别的安全设备,这些入侵检测系统之间以及入侵检测系统和其他安全组件之间如何交换信息,共同协作来发现攻击、做出响应并阻止攻击是关系整个系统安全性的重要因素。

### 5. 网络隔离概述

网络隔离（Network Isolation）,主要是指把两个或两个以上可路由的网络（如 TCP/IP）

通过不可路由的协议（如 IPX/SPX、NetBEUI 等）进行数据交换而达到隔离目的。由于其原理主要是采用了不同的协议，所以通常也叫协议隔离（Protocol Isolation）。1997 年，信息安全专家 Mark Joseph Edwards 在他编写的《Understanding Network Security》一书中，就对协议隔离进行了归类。在书中他明确地指出了协议隔离和防火墙不属于同类产品。隔离概念是在为了保护高安全度网络环境的情况下产生的，到目前为止，隔离技术的发展经历了五个时代。

（1）完全隔离

此方法使得网络处于信息孤岛状态，做到了完全的物理隔离，需要至少两套网络和系统，更重要的是信息交流的不便和成本的提高，这样给维护和使用带来了极大的不便。

（2）硬件卡隔离

在客户端增加一块硬件卡，客户端硬盘或其他存储设备首先连接到该卡，然后再转接到主板上，通过该卡能控制客户端硬盘或其他存储设备。而在选择不同的硬盘时，同时选择了该卡上不同的网络接口，连接到不同的网络。这种隔离产品仍然需要将网络布线为双网线结构，产品存在着较大的安全隐患。

（3）数据转播隔离

利用转播系统分时复制文件的途径来实现隔离，切换时间非常长，甚至需要手工完成，不仅明显地减缓了访问速度，更不支持常见的网络应用，失去了网络存在的意义。

（4）空气开关隔离

它是通过使用单刀双掷开关，使得内外部网络分时访问临时缓存器来完成数据交换，但在安全和性能上存在有许多问题。

（5）安全通道隔离

此技术通过专用通信硬件和专有安全协议等安全机制，来实现内外部网络的隔离和数据交换，不仅解决了以前隔离技术存在的问题，并有效地把内外部网络隔离开来，而且高效地实现了内外网络数据的安全交换，透明支持多种网络应用，成为当前隔离技术的发展方向。

**6. 隔离技术需具备的安全要点**

（1）要具有高度的自身安全性

隔离产品要保证自身具有高度的安全性，至少在理论和实践上要比防火墙高一个安全级别。从技术实现上，除了和防火墙一样对操作系统进行加固优化或采用安全操作系统外，关键在于要把外网接口和内网接口从一套操作系统中分离出来。也就是说至少要由两套主机系统组成，一套控制外网接口，另一套控制内网接口，然后在两套主机系统之间通过不可路由的协议进行数据交换，即便黑客攻破了外网系统，仍然无法控制内网系统，从而达到了更高的安全级别。

（2）要确保网络之间是隔离的

保证网间隔离的关键是网络包不可路由到对方网络，无论中间采用了什么转换方法，只要最终使得一方的网络包能够进入到对方的网络中，都无法达到隔离效果。那些只是对网间的包进行转发，并且允许建立端到端连接的防火墙，是没有任何隔离效果的。

（3）要保证网间交换的只是应用数据

要达到网络隔离，就必须做到彻底防范基于网络协议的攻击，即不能够让网络层的攻击到达要保护的网络中，必须进行协议分析，完成应用层数据的提取，然后进行数据交换，这样就把诸如 TearDrop、Land、Smurf 和 SYN Flood 等网络攻击包，彻底地阻挡在可信网络之

外，从而明显地增强了可信网络的安全性。

（4）要对网间的访问进行严格的控制和检查

作为一套适用于高安全度网络的安全设备，要确保每次数据交换都是可信的和可控的，严格防止非法通道的出现，以确保信息数据的安全和访问的可审计性，必须施加以一定的技术，保证每一次数据交换过程都是可信的，并且内容是可控制的。这些可采用基于会话的认证技术和内容分析与控制引擎等技术来实现。

（5）要在坚持隔离的前提下保证网络畅通和应用透明

隔离产品会部署在多种多样的复杂网络环境中，并且往往是数据交换的关键点，因此，产品要具有很高的处理性能，不能够成为网络交换的瓶颈，要有很好的稳定性；不能够出现时断时续的情况，要有很强的适应性，能够透明接入网络，并且透明支持多种应用。

## 10.5 防火墙技术

### 10.5.1 防火墙的概念

防火墙是一种用来加强网络之间访问控制的特殊网络设备，常常被安装在受保护的内部网络，它对传输的数据包和连接方式按照一定的安全策略对其进行检查，来决定网络之间的通信是否被允许。防火墙能有效地控制内部网络与外部网络之间的访问及数据传输，从而达到保护内部网络的信息不受外部非授权用户的访问和对不良信息的过滤。防火墙的主要目的是限制网络用户从一个特别的控制点进入，防止侵入者接近内部设施；限定网络用户从一个特别的点离开，有效地保护内部资源。

防火墙要求所有进出网络的通信流都应该通过防火墙，所有穿过防火墙的通信流必须有安全策略图计划的确认及授权。防火墙按照规定好的配置和规则，监测并过滤所有通向外部网和从外部网传来的信息，只允许授权的数据通过，防火墙还能够记录有关的连接来源、服务器提供的通信量以及试图闯入者的任何企图，以方便管理员的监测和跟踪。

目前业界优秀的防火墙产品有 Check Point 的 Firewall-1、Cisco 的 PIX 防火墙、NetScreen 防火墙等。国产防火墙主要有东软 NetEye 防火墙、天融信 NGFW 防火墙、南大苏富特 Softwall 防火墙等。

### 10.5.2 防火墙的功能与分类

#### 1. 防火墙的功能

（1）访问控制功能

这是防火墙最基本的功能，通过禁止或允许特定用户访问特定资源，保护网络的内部资源和数据。防火墙识别用户的权限，禁止未授权的访问，即哪个用户可以访问哪些资源。

（2）内容控制功能

根据数据内容进行控制，如防火墙可以在电子邮件中过滤掉垃圾邮件，可以过滤掉内部用户访问外部服务的图片信息，也可以限制外部访问，使它只能访问本地 Web 服务器中的一部分信息。

（3）全面的日志管理功能

防火墙的日志功能非常重要。防火墙需要完整的记录网络访问情况，包括内外网进出的情况，需要记录访问是在什么时候进行了什么操作，以备检查网络访问情况。一旦网络发生了入侵或被破坏，就可以通过对日志进行审计和查询来获得信息。

（4）集中管理功能

防火墙是一种安全设备，针对不同的网络情况和需要，制定不同的安全策略，然后在防火墙上实施，在使用过程中还可以根据情况的变化来随时改变安全策略。在一个网络系统中，防火墙可能不止一个，防火墙能够进行集中管理，便于管理员方便地实施安全策略。

（5）自身的安全性和可用性

防火墙首先要保证自身的安全，不被非法的入侵，才能保证正常工作。如果防火墙被入侵，防火墙的安全策略被修改，这样防火墙就无法起到保护网络安全的目的。另外，防火墙还要保证可用性，否则网络将变得不稳定或不可用。

**2. 防火墙的分类**

防火墙有如下几种基本类型：嵌入式防火墙、基于软件的防火墙、基于硬件的防火墙和特殊防火墙。

（1）嵌入式防火墙

嵌入式防火墙内嵌于路由器或交换机，是某些路由器的标准配置。用户可以购买防火墙模块，安装到已有的路由器或交换机中。由于互联网使用的协议多种多样，所以不是所有的网络服务都能得到嵌入式防火墙的有效处理。嵌入式防火墙工作于 IP 层，所以无法保护网络免受病毒和木马程序的威胁。就本质而言，嵌入式防火墙常常是处于无监控状态的，它在传递信息包时并不考虑以前的链接状态。

（2）基于软件的防火墙

基于软件的防火墙是能够安装在操作系统和硬件平台上的防火墙软件包。如果用户的服务器安装了企业级操作系统，购买基于软件的防火墙是合理的选择。如果用户是一家小企业，并且想把防火墙与应用服务器（如网站服务器）结合起来，添加一个基于软件的防火墙是最实用的。

（3）基于硬件的防火墙

基于硬件的防火墙捆绑在"交钥匙"系统（Turnkey system）内，是一个已经装有软件的硬件设备。

（4）特殊防火墙

特殊防火墙是侧重于某一应用的防火墙产品。目前，市场上有一类防火墙是专门为过滤内容而设计的，例如 MailMarshal 和 WebMarshal 就是侧重于消息发送与内容过滤的特殊防火墙。

## 10.5.3　常用的防火墙介绍

**1. Windows 防火墙**

从 Windows XP 操作系统开始，微软公司就在其后续的操作系统中集成了 Windows 防火墙。仅就防火墙功能而言，Windows 防火墙只阻截所有未经请求传入的流量，对主动请求传出的流量不作理会。如果入侵已经发生或间谍软件已经安装，并主动连接到外部网络，那么 Windows 防火墙是束手无策的。不过由于攻击多来自外部，如果间谍软件偷偷开放端口来让外部请求连接，则 Windows 防火墙会立刻阻断连接并弹出安全警告。Windows 防火墙类似宾馆里的房门，外面的人要进入房间必须用钥匙开门，而房间内的人要出门，只要拉一下门把手就可以了。

**2.360 网络防火墙**

360 网络防火墙是一款保护用户上网安全的产品，帮助用户在浏览网页、玩网络游戏、即时聊天时阻截各类网络风险。360 防火墙拥有云安全引擎，解决了传统防火墙频繁拦截，识别能力弱的问题，可以轻巧快速地保护上网安全。它的智能云监控功能，可以拦截不安全的上网程序，保护隐私、账号安全；它的上网信息保护功能，可以对不安全的共享资源、端口等网络漏洞进行封堵；它的入侵检测功能可以解决常见的网络攻击，让电脑不受黑客侵害；它的 ARP 防火墙功能可以解决局域网互相使用攻击工具限速的问题。

360 网络防火墙的主要特点如下。

① 智能云监控：拦截不安全的上网程序，保护隐私、账号安全。

② 上网信息保护：对不安全的共享资源、端口等网络漏洞进行封堵。

③ 入侵检测：解决常见的网络攻击，让电脑不受黑客侵害。

④ ARP 防火墙：解决局域网互相使用攻击工具限速的问题。

## 10.6 信息安全管理

### 10.6.1 信息安全风险分析

在考虑信息安全时，人们需要考虑或回答以下问题：

网络面临的最大威胁是什么?有哪些安全问题？什么是最关键的信息资产？网络设备是否安全？操作系统、数据库系统是否安全？在系统中采用了哪些安全措施？是否有效？用户需要什么风险控制手段？用户需要什么安全技术保障?对于安全事故，是否具备应急响应与恢复能力？

面对这些问题，人们会自然地想到对信息系统，应该保护什么？应该如何恰当地保护？这些问题有的看似简单，有的非常复杂，要准确回答比较困难。

风险管理是识别、评估风险，将这种风险减少到可接受的程度，并实行正确的机制以保持这种程度的风险的过程。没有绝对安全和可靠的信息系统。每个系统都有其脆弱性，都存在一定程度的风险。解决信息安全问题关键在于识别这些风险，评估它们发生的可能性和带来的影响，然后采取相应的措施减少风险，这就是风险分析和评估。

风险分析就是利用适当的风险分析辅助工具，对评估客体的威胁（threat）、影响（impact）、弱点（vulnerability）以及三者发生的可能性进行调查、研究，确定风险削减和控制优先等级。风险分析的目的，是为了识别风险大小，从而采取适当的控制目标与控制方式对其进行风险控制（Risk Control），以达到风险要求。人们追求的所谓安全的信息系统，实际上是指信息系统在实施了风险分析并做出风险控制后，仍然存在可以被接受的残余风险的信息系统。

**1. 基于知识的风险分析方法**

基于知识的分析方法又称为经验方法。评估主要是依靠经验进行的，组织不需要付出很多精力、时间和资源，但是要通过多种途径采集相关信息，识别组织存在风险和已采取的安全措施，将搜集到的信息与特定的标准或最佳惯例进行比较，从中找出不符合的地方，并按照标准或最佳惯例推荐的安全措施来削减和控制风险。这种方法的优越性是能够直接提供推荐的保护措施、结构框架和实施计划。市场上有很多基于知识的评估工具，*Cobra* 就是典型的一种。

### 2. 基于模型的风险分析方法

基于模型的风险分析方法，应用了 UML 面向对象建模技术。所有的分析过程都是基于面向对象的模型来进行的。通过促进对安全相关特性描述的精确性、促进不同评估方法的互操作和沟通来提高风险分析的质量和效率，通过增加评估方法重用的可能性来减少维护费用。

### 3. 定量分析

定量分析就是试图从数字上对安全风险进行分析评估的一种方法。对构成风险的各个要素（资产价值、威胁频率、弱点利用程度、安全措施的效率和成本等）和潜在损失赋予数值或货币金额。理论上讲，通过定量分析可以对安全风险进行精确的分级，但是，由于信息系统复杂性，定量分析所依据的数据的可靠性很难保证，数据统计缺乏长期性，计算过程又极易出错，这就给分析的细化带来了很大困难，所以，目前的信息安全风险分析，较少采用定量分析方法。

### 4. 定性分析

定性分析是目前采用最广泛的一种方法，它带有很强的主观性，往往需要凭借分析者的经验和直觉，或者业界的标准和惯例，为风险管理诸要素（资产价值，威胁的可能性，弱点被利用的容易度等）的大小或高低程度定性分级，例如"高"、"中"、"低"三级。同定量分析相比较，定性分析的准确性稍好但精确性不够，定性分析没有定量分析那样繁多的计算负担，但要求分析者具备一定的经验和能力。

## 10.6.2 信息安全策略

### 1. 什么是信息安全策略

信息安全策略是一组规则，它们定义了一个组织要实现的安全目标和实现这些安全目标的途径。信息安全策略可以划分为两个部分，问题策略（issue policy）和功能策略（functional policy）。问题策略描述了一个组织所关心的安全领域和对这些领域内安全问题的基本态度。功能策略描述如何解决所关心的问题，包括制定具体的硬件和软件配置规格说明、使用策略以及用户的行为策略。

信息安全策略的内容有别于技术方案，信息安全策略只是描述一个组织保证信息安全的途径的指导性文件，它不涉及具体做什么和如何做的问题，只需指出要完成的目标。信息安全策略是宏观的，只提供全局性指导，为具体的安全措施和规定提供一个全局性框架。信息安全策略可以被审核，即能够对组织内各个部门信息安全策略的遵守程度给出评价。

### 2. 信息安全策略的制定

制定信息安全策略的基础是业务系统的组成，信息安全策略的制定者首先要确定哪些业务部分是孤立的，哪些业务部分是相互连接的，系统内部采用什么通信方式，如何预防风险等。衡量一个信息安全策略的首要标准就是现实可行性，因此，信息安全策略既要符合现实业务状态，又要能包容未来一段时间的业务发展要求。

### 3. 信息安全策略框架

信息安全策略的制定者综合风险评估、信息对业务的重要性，管理考虑所遵从的安全标准，制定的信息安全策略，可能包括下面的内容。

- 加密策略：描述组织对数据加密的安全要求。
- 使用策略：描述设备使用、计算机服务使用和雇员安全规定、以保护组织的信息和资源安全。

- 线路连接策略：描述诸如传真发送和接收、模拟线路与计算机连接、拨号连接等安全要求。
- 反病毒策略：给出有效减少计算机病毒对组织的威胁的一些指导方针，明确在哪些环节必须进行病毒检测。
- 应用服务提供策略：定义应用服务提供者必须遵守的安全方针。
- 审计策略：描述信息审计要求，包括审计小组的组成、权限、事故调查、安全风险估计、信息安全策略符合程度评价、对用户和系统活动进行监控等活动的要求。
- 电子邮件使用策略：描述内部和外部电子邮件接收、传递的安全要求。
- 数据库策略：描述存储、检索、更新等管理数据库数据的安全要求。
- 非武装区域策略：定义位于"非军事区域"（Demilitarized Zone）的设备和网络分区。
- 第三方的连接策略：定义第三方接入的安全要求。
- 敏感信息策略：对于组织的机密信息进行分级，按照它们的敏感度描述安全要求。
- 内部策略：描述对组织内部的各种活动安全要求，使组织的产品服务和利益受到充分保护。
- Internet 接入策略：定义在组织防火墙之外的设备和操作的安全要求。
- 口令防护策略：定义创建，保护和改变口令的要求。
- 远程访问策略：定义从外部主机或者网络连接到组织的网络进行外部访问的安全要求。
- 路由器安全策略：定义组织内部路由器和交换机的最低安全配置。
- 服务器安全策略：定义组织内部服务器的最低安全配置。
- VPN 安全策略：定义通过 VPN 接入的安全要求。
- 无线通信策略：定义无线系统接入的安全要求。

**4. 信息安全策略管理工具支持**

信息安全策略管理工具可以帮助存储信息安全策略，提供不同的模板帮助用户撰写信息安全策略，帮助建立内部的信息安全策略网站，将高层的信息安全策略目标或者已有的行业规定转换成相符合的低层可操作的策略、监视配置改变。

目前，常用的工具有 PWC ESAS，PoliVec、PentaSafe、Symantec 等。这些工具在支持信息安全策略管理方面也各有自己的特点，例如 PoliVec 使用四个 D 来描述策略：自动化过程定义（Define）、探测（Detect），展开（Deploy）和文档（Document）。PentaSafe 是一个集成的信息安全策略管理工具，具有支持策略开发与发布、员工训练、策略符合度评估等内容。

## 10.6.3　系统防护

入侵防护系统（Intrusion Prevention System，IPS）整合了防火墙技术和入侵检测技术，采用 In-line 工作模式，所有接收到的数据包都要经过入侵防护系统检查之后决定是否放行，或者执行缓存、抛弃策略，发生攻击时及时发出警报，并将网络攻击事件及所采取的措施和结果进行记录。

入侵防护系统主要由嗅探器、检测分析组件、策略执行组件、状态开关、日志系统和控制台组成。入侵防护系统倾向于提供主动防护，其设计宗旨是预先对入侵活动和攻击性网络流量进行拦截，避免其造成损失，而不是简单地在恶意流量传送时或传送后才发出警报。入侵防护系统是通过直接嵌入到网络流量中实现这一功能的，即通过一个网络端口接收来自外部系统的流量，经过检查确认其中不包含异常活动或可疑内容后，再通过另外一个端口将它传送到内部系统中。这样一来，有问题的数据包，以及所有来自同一数据流的后续数据包，都能在入侵防护系统设备中被清除掉。

入侵防护系统拥有数目众多的过滤器，能够防止各种攻击。当新的攻击手段被发现之后，入侵防护系统就会创建一个新的过滤器。如果有攻击者利用网络的第二层（数据链路层的介质访问控制子层）至第七层（应用层）的漏洞发起攻击，入侵防护系统能够从数据流中检查出这些攻击并加以阻止。传统的防火墙只能对第三层（网络层）或第四层（传输层）进行检查，不能检测应用层的内容。防火墙的包过滤技术不会针对每一字节进行检查，因而也就无法发现攻击活动，而入侵防护系统可以做到逐一字节地检查数据包，所有流经入侵防护系统的数据包都被分类，分类的依据是数据包中的报头信息，如源 IP 地址和目的 IP 地址、端口号和应用域。每种过滤器负责分析相对应的数据包，通过检查的数据包可以继续前进，包含恶意内容的数据包就会被丢弃，被怀疑的数据包需要接受进一步的检查。

针对不同的攻击行为，入侵防护系统需要不同的过滤器。每种过滤器都设有相应的过滤规则，为了确保准确性，这些规则的定义非常广泛。在对传输内容进行分类时，过滤引擎还需要参照数据包的信息参数，并将其解析至一个有意义的域中进行上下文分析，以提高过滤准确性。

### 10.6.4  应急响应与灾难恢复

#### 1. 应急响应概述

应急响应通常是指一个组织为了应对各种意外事件的发生所做的准备，以及在事件发生后所采取的措施。

应急响应的第一项任务就是要尽快恢复系统或网络的正常运转。在有些情况下，用户最关心的是多长时间能恢复正常，因为系统或网络的中断是带来损失的主要方面。这时候应急工作的一个首要任务就是尽快使一切能够相对正常地运行。

应急响应的第二项任务就是要使系统和网络操作所遭受的破坏最小化。通过收集积累准确的数据资料，获取和管理有关证据。在应急的过程中注意记录和保留有关的原始数据资料，为下一阶段的分析和处理提供准确可信的资料。

我国在应急响应方面的起步较晚，按照国外有关材料的总结，通常把应急响应分成准备、检测、抑制、根除、恢复、报告和总结等阶段。

（1）准备阶段

在事件真正发生之前应该为事件响应做好准备，这一阶段十分重要。准备阶段的主要工作包括建立合理的防御/控制措施、建立适当的策略和程序、获得必要的资源和组建响应队伍等。

（2）检测阶段

检测阶段要做出初步的动作和响应，根据获得的初步材料和分析结果，估计事件的范围，制订进一步的响应战略，并且保留可能用于司法程序的证据。

（3）抑制阶段

抑制的目的是限制攻击的范围。抑制措施十分重要，因为太多的安全事件可能迅速失控。典型的例子就是具有蠕虫特征的恶意代码的感染可能的抑制策略一般包括：关闭所有的系

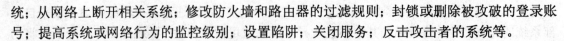

统；从网络上断开相关系统；修改防火墙和路由器的过滤规则；封锁或删除被攻破的登录账号；提高系统或网络行为的监控级别；设置陷阱；关闭服务；反击攻击者的系统等。

（4）根除阶段

在事件被抑制之后，通过对有关恶意代码或行为的分析结果，找出事件根源并彻底清除。对于单机上的事件，主要可以根据各种操作系统平台的具体的检查和根除程序进行操作就可以了；但是大规模爆发的带有蠕虫性质的恶意程序，要根除各个主机上的恶意代码，是十分艰巨的一个任务。很多案例的数据表明，众多的用户并没有真正关注他们的主机是否已经遭受入侵，有的甚至持续一年多，任由他感染蠕虫的主机在网络中不断地搜索和攻击别的目标。造成这种现象的重要原因是各网络之间缺乏有效的协调，或者是在一些商业网络中，网络管理员对接入到网络中的子网和用户没有足够的管理权限。

（5）恢复阶段

恢复阶段的目标是把所有被攻破的系统和网络设备彻底还原到它们正常的任务状态。恢复工作应该十分小心，避免出现误操作导致数据的丢失。另外，恢复工作中如果涉及机密数据，需要额外遵照机密系统的恢复要求。对不同任务的恢复工作的承担单位，要有不同的担保。如果攻击者获得了超级用户的访问权，一次完整的恢复应该强制性地修改所有的口令。

（6）报告和总结阶段

这个阶段的目标是回顾并整理发生事件的各种相关信息，尽可能地把所有情况记录到文档中。这些记录的内容，不仅对有关部门的其他处理工作具有重要意义，而且对将来应急工作的开展也是非常重要的积累。

**2. 灾难恢复**

灾难恢复是指计算机系统在遭受自然灾害、意外事故、恶意攻击等灾难性事故时，利用系统恢复、数据备份等措施，及时地对原系统进行恢复，以保证数据的安全性以及业务的连续性。灾难恢复包括系统恢复、数据恢复和应用恢复等。

要实现计算机系统的灾难恢复，必须具备以下几个条件：

① 有预先做好的安全数据备份。

② 有能接替现有运行系统的备份运行系统。

③ 有将终端用户连接到灾难备份中心的网络通信设施。

④ 有完善的灾难恢复处理程序。

⑤ 有相应的管理制度。

# 10.7　信息安全政策与法规

随着信息化时代的到来、信息化程度的日趋深化以及社会各行各业计算机应用的广泛普及，计算机犯罪也越来越猖獗。面对这一严峻形势，为有效地防止计算机犯罪，且在一定程度上确保计算机信息系统安全地运行，不仅要从技术上采取一些安全措施，还要在行政管理方面采取一些安全手段。因此，制定和完善信息安全法律法规，制定及宣传信息安全伦理道德规范就显得非常必要和重要。

早在1981年，我国政府就对计算机信息安全及系统安全予以极大关注。1983年7月，公安部成立了计算机管理监察局，主管全国的计算机安全工作，并于1987年10月推出了《电子计算机系统安全规范（试行草案）》，这是我国第一部有关计算机安全工作的管理规范。

表 10-1 列出了我国部分保护计算机安全的法规名称及其发布的时间。

表 10-1

| 1991 年 10 月 1 日 | 《计算机软件保护条例》 |
| --- | --- |
| 1994 年 2 月 18 日 | 《中华人民共和国计算机信息系统安全保护条例》 |
| 1995 年 2 月 28 日 | 《警察法》 |
| 1996 年 2 月 1 日 | 《中华人民共和国计算机信息网络国际互联网管理暂行规定》 |
| 1997 年 3 月 | 《中华人民共和国刑法》 |
| 1997 年 5 月 20 日 | 《中华人民共和国计算机信息网络国际联网管理暂行规定》 |
| 1997 年 12 月 12 日 | 《计算机信息系统安全专用产品检测和销售许可证管理办法》 |
| 1997 年 12 月 30 日 | 《计算机信息网络国际联网安全保护管理办法》 |
| 1999 年 10 月 7 日 | 《商用密码管理条例》 |
| 2000 年 4 月 26 日 | 《计算机病毒防治管理办法》 |
| 2000 年 12 月 | 《全国人民代表大会常务委员会关于维护互联网安全的决定》 |
| 2000 年 1 月 | 《计算机信息系统国际联网保密管理规定》 |
| 2004 年 9 月 15 日 | 《关于信息安全等级保护工作的实施意见》 |
| 2006 年 3 月 1 日 | 《互联网安全保护技术措施规定》 |

# 参 考 文 献

[1] 贾昌传等主编. 计算机应用基础. 北京：清华大学出版社，2009.

[2] 关焕梅等主编. 大学计算机应用基础. 武汉：武汉大学出版社，2009.

[3] 袁启昌等主编. 新编计算机应用基础教程. 北京：清华大学出版社，2010.

[4] 汪同庆等主编. 大学计算机概论.武汉：武汉大学出版社，2010.

[5] 周苏等主编. 多媒体技术. 北京：中国铁道出版社，2010.

[6] 教育部主编. 高等学校文科类专业大学计算机教学基本要求. 北京：高等教育出版社，2008.

[7] 教育部主编. 高等学校计算机基础教学发展战略研究报告暨计算机基础课程教学基本要求. 北京：高等教育出版社，2009.